NCS 국가직무능력표준 교육과정 반영
빈출문제 10회

김미나 저

다락원

머리말

　고용노동부와 한국산업인력공단의 조사에 따르면 메이크업이나 미용관련 자격증의 응시율이 높아지고 있다고 합니다. 비교적 친숙하게 도전할 수 있고 자격증을 취득한 후에도 취업 또는 창업에도 경쟁력이 있기 때문이겠죠?

　메이크업 전문가는 모델의 얼굴과 신체를 특정 상황과 목적에 맞게 아름답게 표현할 수 있어야 합니다. 이미지를 분석하고 디자인 계획을 수립할 수 있어야 하며 메이크업과 뷰티 코디네이션 등을 실행하기 위해 이론 지식을 바탕으로 제품과 기기를 적절하게 사용할 수 있어야 합니다.

　메이크업 아티스트가 되기 위한 첫 번째 발걸음은 국가자격증입니다. 메이크업은 일상이 되었기 때문에 누구나 그에 대한 지식을 많이 가지고 있지만 '시험'이라는 형식 때문에 어떻게 시작하면 좋을지 엄두가 나지 않습니다. 이 책은 국가자격 메이크업 필기를 단시간에 쉽게 합격할 수 있도록 기출유형에 맞는 문제를 많이 풀어보는 것으로 합격할 수 있게 준비했습니다.

　주관 및 시행처인 산업인력공단의 출제기준에 맞춰 1) 메이크업 개론 2) 공중위생관리학 3) 화장품학의 순으로 그 핵심적인 내용을 면밀히 분석해서 파트별 출제예상문제를 실었습니다. 실제 시험과 유사하게 구성한 모의고사 10회와 기출문제 2회를 반복해 문제 풀이를 통해 내용을 이해할 수 있습니다.

　현재 한국의 뷰티 산업은 k-뷰티라는 신조어와 함께 전 세계적으로 확대되고 있으며 뷰티 산업이 국가 경쟁력으로 인정받고 있습니다.
　저자는 세계 각국에서 개최된 다양한 대회 심사위원 활동과 강의를 통해 만난 수많은 제자들과 미용산업 전문가들을 만나면서 한 사람 한 사람이 가지고 있는 꿈과 열정이 모여 k-뷰티라는 신드롬을 일으킬 수 있는 저력을 현장에서 체감하고 있습니다.

　이 책을 통해 메이크업 아티스트를 희망하는 수험생들이 해당 분야를 즐겁게 공부하고 전문가로서 역량을 발전시키는데 조금이나마 도움이 되기를 희망합니다.

저자 김 미 나

이 책에 대한 문의사항은
원큐패스 카페(http://cafe.naver.com/1qpass)로 하시면 친절히 대답해 드립니다.

시험안내

자격종목 미용사(메이크업)

응시방법 **한국산업인력공단 홈페이지**
회원가입 → 원서접수 신청 → 자격선택 → 종목선택 → 응시유형 → 추가입력 → 장소선택 → 결제하기

시험일정 상시시험
* 자세한 일정은 Q-net(http://q-net.or.kr)에서 확인

검정방법 객관식 4지 택일형, 60문항

시험시간 1시간(60분)

합격기준 100점 만점에 60점 이상

합격발표 CBT 시험으로 시험 후 바로 확인

시험과목 및 활용 국가직무능력표준(NCS)

국가기술자격의 현장성과 활용성 제고를 위해 국가직무능력표준(NCS)을 기반으로 자격의 내용(시험과목, 출제기준 등)을 직무 중심으로 개편하여 시행합니다(적용시기 2022.1.1.부터).

과목명	이미지연출 및 메이크업 디자인
활용 NCS 능력단위	메이크업 위생관리, 메이크업 고객서비스, 메이크업 카운슬링, 퍼스널 이미지 제안, 메이크업 기초화장품 사용, 베이스 메이크업, 색조 메이크업, 속눈썹 연출, 속눈썹 연장, 본식웨딩 메이크업, 응용메이크업, 트렌드 메이크업, 미디어캐릭터 메이크업, 무대공연캐릭터 메이크업, 공중위생관리

출제기준

1	메이크업 위생관리	메이크업의 이해	메이크업의 개념, 메이크업의 역사
		메이크업 위생관리	메이크업 작업장 관리
		메이크업 재료·도구 위생관리	메이크업 재료, 도구, 기기 관리, 메이크업 도구, 기기 소독
		메이크업 작업자 위생관리	메이크업 작업자 개인 위생관리
		피부의 이해	피부와 피부 부속 기관, 피부유형분석, 피부와 영양, 피부와 광선, 피부면역, 피부노화, 피부장애와 질환
		화장품 분류	화장품 기초, 화장품 제조, 화장품의 종류와 기능
2	메이크업 고객서비스	고객 응대	고객 관리, 고객 응대 기법, 고객 응대 절차
3	메이크업 카운슬링	얼굴특성 파악	얼굴의 비율, 균형, 형태 특성, 피부 톤, 피부유형 특성, 메이크업 고객 요구와 제안
		메이크업 디자인 제안	메이크업 색채, 메이크업 이미지, 메이크업 기법
4	퍼스널 이미지 제안	퍼스널컬러 파악	퍼스널컬러 분석 및 진단
		퍼스널 이미지 제안	퍼스널 컬러 이미지, 컬러 코디네이션 제안
5	메이크업 기초화장품 사용	기초화장품 선택	피부 유형별 기초화장품의 선택 및 활용
6	베이스 메이크업	피부표현 메이크업	베이스제품 활용, 베이스제품 도구 활용
		얼굴윤곽 수정	얼굴 형태 수정, 피부결점 보완
7	색조 메이크업	아이브로우 메이크업	아이브로우 메이크업 표현, 아이브로우 수정 보완, 아이브로우 제품 활용
		아이 메이크업	눈의 형태별 아이섀도우, 눈의 형태별 아이라이너, 속눈썹 유형별 마스카라
		립&치크 메이크업	립&치크 메이크업 컬러, 립&치크 메이크업 표현
8	속눈썹 연출	인조속눈썹 디자인	인조속눈썹 종류 및 디자인
		인조속눈썹 작업	인조속눈썹 선택 및 연출
9	속눈썹 연장	속눈썹 연장	속눈썹 위생관리, 속눈썹 연장 제품 및 방법
		속눈썹 리터치	연장된 속눈썹 제거
10	본식웨딩 메이크업	신랑신부 본식 메이크업	웨딩 이미지별 특징, 신랑신부 메이크업 표현
		혼주 메이크업	혼주 메이크업 표현
11	응용 메이크업	패션이미지 메이크업 제안	패션이미지 유형 및 디자인 요소
		패션이미지 메이크업	TPO 메이크업, 패션이미지 메이크업 표현
12	트렌드 메이크업	트렌드 조사	트렌드 자료수집 및 분석
		트렌드 메이크업	트렌드 메이크업 표현
		시대별 메이크업	시대별 메이크업 특성 및 표현
13	미디어 캐릭터 메이크업	미디어 캐릭터 기획	미디어 특성별 메이크업, 미디어 캐릭터 표현
		볼드캡 캐릭터 표현	볼드캡 제작 및 표현
		연령별 캐릭터 표현	연령대별 캐릭터 표현, 수염 표현
14	무대공연 캐릭터 메이크업	작품 캐릭터 개발	공연 작품 분석 및 캐릭터 메이크업 디자인
		무대공연 캐릭터 메이크업	무대공연 캐릭터 메이크업 표현
15	공중위생관리	공중보건	공중보건 기초, 질병관리, 가족 및 노인보건, 환경보건, 식품위생과 영양, 보건행정
		소독	소독의 정의 및 분류, 미생물 총론, 병원성 미생물, 소독방법, 분야별 위생·소독
		공중 위생관리 법규(법, 시행령, 시행규칙)	목적 및 정의, 영업의 신고 및 폐업, 영업자 준수사항, 면허, 업무, 행정지도감독, 업소 위생등급, 위생교육, 벌칙, 시행령 및 시행규칙 관련 사항

이 책의 활용법

STEP 1

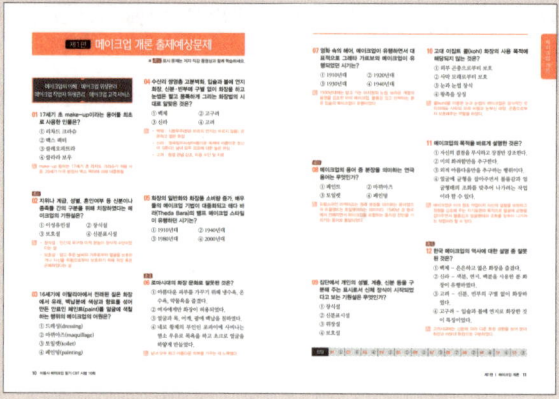

중요 문제풀이
저자 직강
무료동영상

기본 개념 다지기
파트별 출제예상문제를 풀어보면서 핵심 개념을 파악한다.

저자 직강 동영상 보기
시험에 자주 나오는 문제 풀이 저자 직강 동영상을 시청한다.

동영상 보는 법

1. **QR코드** 휴대폰으로 표지에 있는 QR코드 인식
2. **유튜브** 원큐패스 계정에서 바로 보기

STEP 2

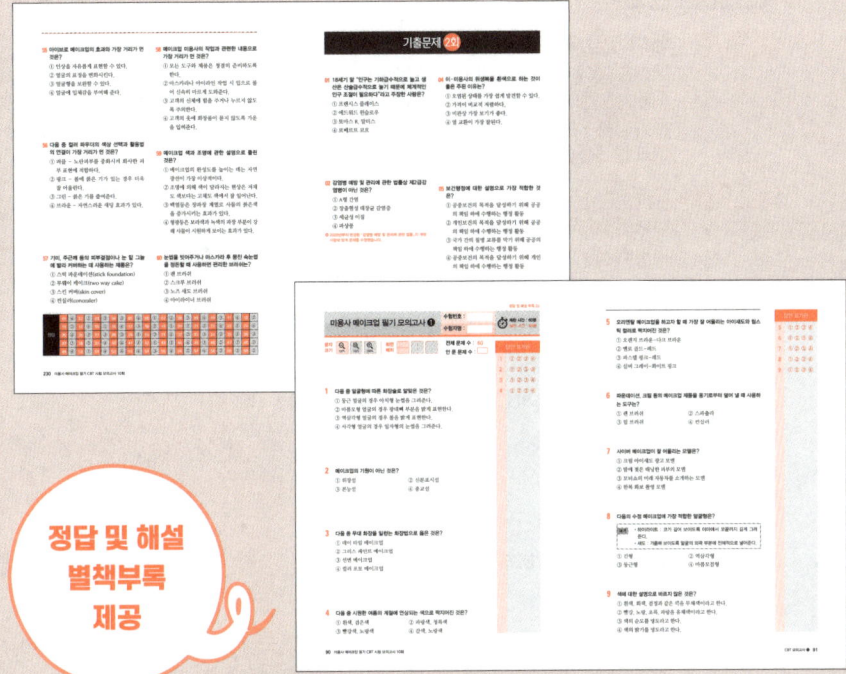

실제 시험 유형 익히기
새 출제기준에 꼭 맞는 출제빈도 높은 모의고사 10회와 기출문제 2회를 반복해서 풀어본다.

정답 및 해설
별책부록
제공

STEP 3

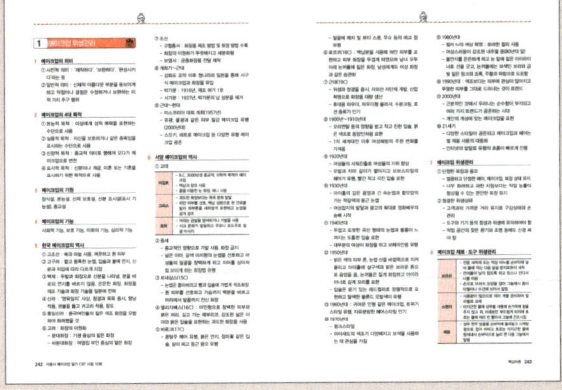

시험 직전
마무리
핵심이론

핵심이론 복습하기
새 출제기준에 꼭 맞게 정리한 이론을 핵심만 빠르게 학습한다.

차례

출제예상문제

제1장 메이크업 개론 10
메이크업의 이해, 메이크업 위생관리, 메이크업 작업자 위생관리, 메이크업 고객 서비스 / 메이크업 카운슬링 / 퍼스널 이미지 제안 / 메이크업 재료·도구 위생관리, 메이크업 기초화장품 사용, 베이스 메이크업, 색조 메이크업 / 속눈썹 연출, 속눈썹 연장, 본식웨딩 메이크업, 응용 메이크업, 트렌드 메이크업, 미디어 캐릭터 메이크업, 무대공연 메이크업

제2장 피부학 47
피부와 피부 부속 기관 / 피부 유형분석 /
피부와 영양·광선·면역·노화·장애와 질환

제3장 공중위생관리학 60
공중보건학 / 질병과 미생물 / 식품위생과 영양 / 소독학 / 공중위생관리법

제4장 화장품학 76
화장품학 개론 / 화장품 제조 / 화장품의 종류와 기능

모의고사

CBT 시험 안내 88
모의고사 1~10회 90

기출문제

기출문제 1회 222
기출문제 2회 231

핵심이론

메이크업 위생관리 242
메이크업 고객 서비스 254
메이크업 카운슬링 255
퍼스널 이미지 제안 257
메이크업 기초화장품 사용 258
베이스 메이크업 258
색조 메이크업 259
속눈썹 연출 260
속눈썹 연장 262
본식웨딩 메이크업 263
응용 메이크업/트렌드 메이크업 263
미디어 캐릭터 메이크업 265
무대공연 캐릭터 메이크업 265
공중위생관리 265

특별부록

정답 및 해설 2

출제예상문제

제1편 메이크업 개론
제2편 피부학
제3편 공중위생관리학
제4편 화장품학

제1편 메이크업 개론 출제예상문제

※ 중요 표시 문제는 저자 직강 동영상과 함께 학습하세요.

메이크업의 이해 / 메이크업 위생관리 / 메이크업 작업자 위생관리 / 메이크업 고객 서비스

01 17세기 초 make-up이라는 용어를 최초로 사용한 인물은?
① 리차드 크라슈
② 맥스 팩터
③ 클레오파트라
④ 클라라 보우

📖 make-up 용어는 17세기 초 리차드 크라슈가 처음 사용, 20세기 미국 분장사 맥스 팩터에 의해 대중화됨

중요
02 지위나 계급, 성별, 혼인여부 등 신분이나 종족들 간의 구분을 위해 치장하였다는 메이크업의 기원설은?
① 이성유인설   ② 장식설
③ 보호설   ④ 신분표시설

📖 • 장식설 : 인간의 욕구와 미적 본능이 장식적 수단이었다는 설
• 보호설 : 덥고 추운 날씨의 기후로부터 얼굴을 보호하거나 자신을 위험으로부터 보호하기 위해 위장 혹은 은폐하였다는 설

03 16세기에 이탈리아에서 전래된 짙은 화장에서 유래, 백납분에 색상과 향료를 섞어 만든 안료인 페인트(paint)를 얼굴에 색칠하는 행위의 메이크업의 어원은?
① 드레싱(dressing)
② 마뀌아즈(maquillage)
③ 토일렛(toilet)
④ 페인팅(painting)

04 수산리 쌍영총 고분벽화, 입술과 볼에 연지 화장, 신분·빈부에 구별 없이 화장을 하고 눈썹은 짧고 뭉툭하게 그리는 화장법의 시대로 알맞은 것은?
① 백제   ② 고구려
③ 신라   ④ 고려

📖 • 백제 : 시분무주(분은 바르되 연지는 바르지 않음), 은은하고 엷은 화장
• 신라 : 영육일치사상(아름다운 육체에 아름다운 정신이 깃든다), 남녀 모두 외모에 대한 높은 관심
• 고려 : 청결 관념 강조, 미용 수단 및 치료

05 화장의 일반화와 화장품 소비량 증가, 배우들의 메이크업 기법이 대중화되고 테다 바라(Theda Bara)의 뱀프 메이크업 스타일이 유행하던 시기는?
① 1910년대   ② 1940년대
③ 1980년대   ④ 2000년대

중요
06 로마시대의 화장 문화로 잘못된 것은?
① 아름다운 피부를 가꾸기 위해 냉수욕, 온수욕, 약물욕을 즐겼다.
② 여자에게만 화장이 허용되었다.
③ 얼굴과 목, 어깨, 팔에 백납을 칠하였다.
④ 네로 황제의 부인인 포파이에 사비나는 염소 우유로 목욕을 하고 초크로 얼굴을 하얗게 만들었다.

📖 남녀 모두 희고 아름다운 피부를 가꾸는 데 노력했다.

07 영화 속의 헤어, 메이크업이 유행하면서 대표적으로 그레타 가르보의 메이크업이 유행되었던 시기는?

① 1910년대　② 1920년대
③ 1930년대　④ 1940년대

1930년대에는 얇고 가는 아치형의 눈썹, 브라운 계열의 음영을 강조한 아이 메이크업, 볼륨감 있고 반짝이는 붉은 입술의 메이크업이 유행이었다.

중요
08 메이크업의 용어 중 분장을 의미하는 연극 용어는 무엇인가?

① 페인트　② 마뀌아즈
③ 토일렛　④ 페인팅

프랑스어인 마뀌아즈는 원래 분장을 의미하는 용어였으며 뜨왈렛뜨는 토일렛이라는 의미이다. 1540년 경 영국에서 전해지면서 메이크업을 포함하는 몸치장 전반을 가리키는 용어로 통일되었다.

09 집단에서 개인의 성별, 계층, 신분 등을 구분해 주는 표시로서 신체 장식이 시작되었다고 보는 기원설은 무엇인가?

① 장식설
② 신분표시설
③ 위장설
④ 보호설

10 고대 이집트 콜(kohl) 화장의 사용 목적에 해당되지 않는 것은?

① 외부 곤충으로부터 보호
② 사막 모래로부터 보호
③ 눈과 눈썹 장식
④ 왕족을 상징

콜(kohl)을 이용한 눈과 눈썹의 메이크업은 장식적인 멋 이외에도 사막의 모래 바람과 눈부신 태양, 곤충으로부터 보호해주는 역할을 하였다.

11 메이크업의 목적을 바르게 설명한 것은?

① 자신의 결점을 무시하고 장점만 강조한다.
② 미의 화려함만을 추구한다.
③ 외적 아름다움만을 추구하는 행위이다.
④ 얼굴에 균형을 잡아주면서 볼륨감과 얼굴형태의 조화를 맞추어 나가려는 작업이라 할 수 있다.

메이크업은 미의 창조 작업이자 자신의 결점을 보완하고 장점을 강조해 주는 자기표현의 목적으로 얼굴에 균형을 잡아주면서 볼륨감과 얼굴형태의 조화를 맞추어 나가려는 작업이라 할 수 있다.

중요
12 한국 메이크업의 역사에 대한 설명 중 잘못된 것은?

① 백제 – 은은하고 엷은 화장을 즐겼다.
② 신라 – 색분, 연지, 백분을 사용한 분 화장이 유행하였다.
③ 고려 – 신분, 빈부의 구별 없이 화장하였다.
④ 고구려 – 입술과 볼에 연지로 화장한 것이 특징이었다.

고려시대에는 신분에 따라 다른 화장 경향을 보여 분대 화장과 비분대 화장으로 구분하였다.

정답 01 ①　02 ④　03 ④　04 ②　05 ①　06 ②　07 ③　08 ②　09 ②　10 ④　11 ④　12 ③

13 1950년대 메이크업 스타일에 대한 설명으로 잘못된 것은?
① 마릴린 먼로 스타일 – 피부톤을 어둡고 강하게 표현
② 마릴린 먼로 스타일 – 피부톤을 밝게 표현하고 아웃커브 형태의 붉은 입술과 애교점을 찍은 섹시 메이크업
③ 오드리 햅번 스타일 – 굵고 짧은 눈썹, 꼬리를 살짝 올린 아이라인과 오렌지 메이크업
④ 소피아 로렌 스타일 – 굵고 각진 검은색의 눈썹과 강하게 치켜 올린 메이크업

14 1960년대 메이크업 형태로 꿈과 같이 환상적 세계를 표현하는 하나의 가면 같은 장식적인 메이크업은?
① 내추럴 메이크업 ② 판타지 메이크업
③ 섹시 메이크업   ④ 바디 페인팅

> 1960년대의 메이크업은 자연에서 영감을 얻어 다양한 오브제를 사용한 판타지 메이크업의 등장으로 페이스 페인팅과 바디 페인팅 등 바디 아트의 발판이 되었다.

15 우리나라 화장의 역사에 대한 설명으로 틀린 것은?
① 신라시대에는 쌀로 만든 가루인 백분을 사용해 화장을 했다.
② 조선시대에는 백분, 연지, 화장수, 향낭 등을 사용했다.
③ 조선 중기에는 백분이나 연지 등을 팔러 다니는 사람이 등장하기도 했다.
④ 고구려시대에는 백분을 사용했고 향낭(향주머니)을 몸에 지니고 다녔다.

> 고려시대에는 백분을 사용했고 향낭(향주머니)을 몸에 지니고 다녔다.

16 삼국시대의 화장법에 대한 설명으로 바르지 못한 것은?
① 고구려인은 뺨과 입술에 연지를 사용하여 화장을 하지 않았다.
② 신라인은 남성인 화랑도 여성 못지않게 화장하였다.
③ 고구려인은 남녀 모두 입술과 볼을 붉게 화장하였다.
④ 백제인은 은은하고 세련된 화장을 좋아했다.

> 고구려인은 뺨과 입술에 연지를 사용하여 화장하였다.

17 다음 중 고려시대 '분대 화장'에 대한 설명으로 바르지 않은 것은?
① 백분을 이용하여 하얗게 화장을 함
② 곡선형의 눈썹을 가늘고 선명하게 강조
③ 눈썹과 연지의 색조 화장이 일반화되었으며 치장을 중시
④ 머릿기름을 발라 반지르르한 머리

> 눈썹과 연지의 색조 화장이 일반화되었으며 치장을 중시한 화장법은 고구려시대 화장에 대한 설명이다.

18 우리나라 근대 개화기시대의 화장법에 대한 설명으로 바르지 못한 것은?
① 여염집 여성들과 기생, 신여성들의 화장 구분이 없어졌다.
② 화장품의 수입으로 화장품 산업화의 촉진제가 되었다.
③ 종래의 쪽진 머리에서 퍼머와 짧은 헤어스타일이 유행하게 되었다.
④ 수입 화장품의 도입으로 수입 화장품이 인기를 끌었다.

> 여염집 여성들과 기생, 신여성들의 화장 구분이 더욱 심화되었다.

19 다음은 무엇에 대한 설명인지 고르시오.

> 일제 강점기인 1916년에 상표 등록하여 판매한 화장품으로 공산품으로서 제작, 판매된 한국 최초의 화장품이다.

① 박가분 ② 머릿기름
③ 향유   ④ 유액

📖 박가분이 성공하자 서가분, 정가분, 장가분 등 유사상품 외에 미용백분과 서울분, 설화분 등이 제작·발매되기 시작하였다.

20 기초 미용 마사지법이 국내에 보급되기 시작하고 서울시 위생과의 관리하에 우리나라 최초 미용사 자격시험이 제정된 시기는 언제인가?

① 1940년대 이후
② 1930년대 이후
③ 1950년대 이후
④ 1960년대 이후

📖 1945년 해방이 되면서 서양 문물이 대거 몰려들었으며 일본이나 유럽 등지에 나가있던 사람들이 귀국하면서 기초 미용, 마사지법이 국내에 보급되기 시작하였다.

21 다음은 무엇에 대한 설명인지 고르시오.

> 고대 이집트시대(B.C. 2,850~525년)에는 식물성 염료 잎사귀를 이용하여 머리와 손톱에 진한 오렌지색 물을 들였다.

① 콜(kohl)
② 헤나(henna)
③ 공작석
④ 헤타이라(hetaira)

📖 • 콜(kohl) – 눈썹에 사용되는 부드러운 아이브로 펜슬
• 헤타이라(hetaira) – 춤을 추거나 악기를 다루는 여자들을 가리키는 말
• 공작석 – 이집트 색조 화장의 재료

[중요] 22 다음은 어느 시대의 메이크업에 대한 설명인가?

> • 귀족들의 미적 욕구가 왕성하였던 시기이다.
> • 여성들은 청교도의 제약에도 불구하고 화장품을 지나치게 사용하였다.
> • 패치를 붙이고, 뷰티 스폿, 무슈 등의 애교점을 찍는 것이 16세기에 이어 남녀노소를 막론하고 유행하였다.

① 바로크시대
② 로코코시대
③ 르네상스시대
④ 그리스시대

23 다음 중 로코코시대의 미용과 메이크업에 대한 설명으로 바르지 않은 것은?

① 메이크업은 창백한 피부에, 뺨의 위치보다 약간 밑에 볼 화장을 하고, 깨끗하고 밝게 강조한 눈썹, 장미꽃 봉우리 같은 입술이다.
② 하얀 피부를 찬미하여 피부 화장을 두껍게 하였으며 남녀 모두 아래눈꺼풀에 짙은 화장을 하였다.
③ 여성들의 머리스타일이 거대하고 조형적이며 환상적인 것의 극치였다.
④ 이 시대의 미인형은 긴 웨이브에 퐁탕주를 쓰고 흰색 분을 바른 얼굴에 홍조를 띠거나 붉은 연지를 칠하였다.

📖 바로크시대 – 긴 웨이브에 퐁탕주(주름 잡은 레이스를 탑처럼 높게 쌓아 리본으로 꾸민 머리 장식)를 쓰고 흰색 분을 바른 얼굴에 홍조를 띠거나 붉은 연지를 칠하였다.

정답 13 ① | 14 ② | 15 ④ | 16 ① | 17 ③ | 18 ① | 19 ① | 20 ① | 21 ② | 22 ① | 23 ④

24 서양의 근대 메이크업 역사에서 창백한 얼굴을 꾸미는 데 사용했던 재료로 알맞은 것은?

① 콜
② 아교
③ 진흙
④ 백납분

25 고대에 피부에 발라 피부를 부드럽게 하고 동상을 예방하기 위해서 바른 것은?

① 돼지기름
② 조개껍데기
③ 꿀
④ 헤나

> 고대에는 돼지기름을 피부 미백의 수단으로 삼았다.

26 바로크시대 미용과 메이크업의 설명으로 옳은 것은?

① 하얀 피부를 찬미하여 피부 화장을 두껍게 하였으며 남녀 모두 아래눈꺼풀에 짙은 화장을 하였다.
② 이 시대의 미인형은 긴 웨이브에 퐁탕주를 쓰고 흰색 분을 바른 얼굴에 홍조를 띠거나 붉은 연지를 칠하였다.
③ 여성들의 머리 스타일이 거대하고, 조형적이며 환상적인 것의 극치였다.
④ 메이크업은 창백한 피부에 뺨의 위치보다 약간 밑에 볼 화장을 하고, 깨끗하고 밝게 강조한 눈썹, 장미꽃 봉우리 같은 입술이다.

> ①, ③, ④는 로코코시대의 메이크업에 대한 설명이다.

중요

27 다음은 우리나라 화장의 역사에 대한 설명이다. 알맞은 시기는?

> 계절별(봄은 입술 화장, 여름은 자외선 차단, 가을은 눈화장, 겨울은 기초 손질)로 중점 미용법이 정착된 시기

① 1910년대
② 1920년대
③ 1930년대
④ 1970년대

> 1970년대에는 서양의 미적 기준에 따라 자연스럽게 이어지던 화장이 부드러운 색상을 사용하여 동양인의 얼굴에 맞도록 자연스럽게 바뀌었다.

28 다음은 서양 어느 시대의 메이크업에 대한 설명인가?

> 러시아 발레단의 공연으로 동양적인 색채와 스타일이 새롭게 등장하여 화장의 색조도 오리엔탈 풍의 영향을 많이 받게 되었다. 작고 진한 입술과 붉은 색조로 동양인처럼 표현하는 기법이 유행하였다.

① 1900년대
② 1920년대
③ 1930년대
④ 1910년대

중요

29 17세기 후반 젊고 매력적인 모습으로 보이게 하고 또한 주근깨와 여드름을 감추기 위한 데커레이션 기법으로 유행하였던 것으로 맞는 것은 어느 것인가?

① 퐁탕주(fontange)
② 패치(patch)
③ 콜(kohl)
④ 플럼프(plump)

> 17세기 후반 바로크시대에 패치(patch)라는 초승달, 별, 혜성, 달 같은 모양을 만들어 얼굴에 붙였다.

30 20세기 이후 서양의 시대별 메이크업에 대한 설명 중 바르지 못한 것은 어느 것인가?

① 1920년 – 여성스러움을 강조한 가는 활 모양의 눈썹과 적갈색으로 둥글게 그린 눈썹이 유행하였다.
② 1930년 – 아이홀의 깊은 음영과 긴 속눈썹으로 신비함을 더해주었다.
③ 1940년 – 두껍고 또렷한 곡선 형태의 눈썹과 볼륨이 느껴지는 도톰한 입술이 유행하였다.
④ 1910년 – 무성 영화 배우들의 메이크업이 대중화되면서 눈썹은 일자형으로 검게 그렸다.

여성스러움을 강조한 가는 활 모양의 눈썹은 1930년대 유행하였다.

31 눈가에 콜(kohl)을 사용하여 화장을 한 나라는?

① 아랍   ② 인도
③ 이집트 ④ 미국

32 분대 화장(짙은 화장)을 처음으로 시행한 시기는?

① 삼한시대 ② 삼국시대
③ 고려시대 ④ 조선시대

분대 화장은 고려시대 기생 중심의 짙은 화장이다.

33 화장품 산업이 급속히 성장하면서 파우더, 루주, 아이섀도 펜슬 등의 화장품이 개발된 시기는?

① 1930년대 ② 1920년대
③ 1940년대 ④ 1950년대

34 1990년대 메이크업의 특징에 대한 설명 중 틀린 것은?

① 복고풍 메이크업으로 1950년대 두껍고 진한 눈썹을 연출하였다.
② 다양한 분위기에 어울리는 메이크업이 일상화되었다.
③ '에콜로지 풍'의 영향으로 리퀴드 파운데이션을 이용한 자연스러운 피부를 연출하였다.
④ 20대 초반의 여성들 사이에 유행했던 화장을 하지 않은 듯한 자연스러운 누드 메이크업이 유행하였다.

1990년대 메이크업은 1930년대의 복고풍 메이크업으로 가는 아치형 눈썹을 연출하였다.

35 메이크업의 정의에 대한 설명 중 틀린 것은?

① 메이크업(makeup)이라는 용어가 최초로 사용된 것은 17세기 초 영국이다.
② 메이크업은 단순히 얼굴에 치장을 하는 것에 국한된다.
③ 화장품이나 도구를 사용하여 신체의 아름다운 부분을 돋보이도록 한다.
④ 메이크업은 얼굴 또는 신체의 결점을 수정·보완하는 것이다.

메이크업은 단순히 얼굴에 치장을 하는 개념을 넘어서 아름다움을 표현하는 행위이자 자기표현의 방식이다.

정답 24 ④ 25 ① 26 ② 27 ④ 28 ① 29 ② 30 ① 31 ③ 32 ③ 33 ① 34 ① 35 ②

36 다음 중 목적에 따른 메이크업의 분류가 아닌 것은?
① 오디너리 메이크업
② 소셜 메이크업
③ 그리스 페인트 메이크업
④ 스테이지 메이크업

> 오디너리 메이크업은 일상생활의 평범한 메이크업을 의미한다.

37 메이크업의 기능에 대한 설명으로 바른 것은?
① 사회적 기능 – 메이크업으로 개인의 지위, 직업, 신분, 역할을 표시한다.
② 미적 기능 – 메이크업으로 외부 환경으로부터 피부를 보호한다.
③ 보호의 기능 – 메이크업으로 개인의 사고방식이 나타난다.
④ 심리적 기능 – 메이크업으로 그 시대의 유행이나 경향을 표현한다.

> • 미적 기능 – 메이크업으로 외형의 아름다움을 만들어 준다.
> • 보호의 기능 – 메이크업으로 외부의 환경으로부터 피부를 보호한다.
> • 심리적 기능 – 메이크업으로 개인의 사고방식이나 가치, 심리 상태가 나타난다.

38 입술과 연지 화장의 재료로 쓰이는 것은?
① 홍화 ② 팥
③ 진달래 ④ 벽돌

39 다음 중 고대 메이크업의 발상지로 알맞은 나라는?
① 그리스 ② 이집트
③ 로마 ④ 바빌론

> 최초의 메이크업에 대한 기록이 남아있는 것은 B.C. 3,000년경의 고대 이집트시대이다.

중요
40 르네상스시대에 대한 설명 중 틀린 것은?
① 인간 존중, 개성의 해방을 목표로 하였다.
② 상류 계층 여성들은 향수, 머리 염색, 미용법을 환영하였다.
③ 인위적이고 유해한 화장품의 과도한 사용을 자제하였다.
④ 의학부분에 속해있던 향장학이 하나의 독립된 분야로 발전하였다.

> 인위적이고 유해한 화장품의 과도한 사용을 자제한 시기는 19세기이다.

41 18세기에 얼굴을 통통하게 보이기 위하여 뺨이 들어간 부분에 넣었던 것은?
① 스푼 ② 플럼프
③ 패치 ④ 콜

> 플럼프라는 호두를 볼에 넣어 얼굴을 통통해 보이게 하였다.

42 여러 가지 두발 형태와 입술, 눈썹 그리는 방법, 화장품 제조 방법 등이 수록되어 있는 조선시대의 책은 어느 것인가?

① 삼국사기 ② 고려도경
③ 규합총서 ④ 삼국유사

- 삼국사기 : 삼국시대
- 고려도경 : 고려시대

43 하얀 얼굴에 커다란 눈, 입술은 빨간색으로 작고 각진 듯 앵두 같은 여성스러운 입술을 그렸던 시기는 언제인가?

① 1940년대 ② 1920년대
③ 1960년대 ④ 1980년대

1차 세계대전 이후 많은 여성들이 사회에 진출하여 여성들의 지휘 향상과 함께 사고방식도 자유로워졌다. 눈썹은 가늘게 다듬고 다시 정교하게 연필로 그렸으며 하얀 얼굴에 커다란 눈, 빨간색으로 작고 각진 듯 앵두 같은 입술을 그렸다.

44 우리나라 현대 화장의 역사에서 계절별(봄은 입술 화장, 여름은 자외선 차단, 가을은 눈 화장, 겨울은 기초 손질)로 중점 미용법이 정착된 시기는 언제인가?

① 1980년대 ② 1960년대
③ 1970년대 ④ 1950년대

1970년대 우리나라 화장은 서양의 미적 기준에 따라 부자연스럽게 이어지던 화장이 부드러운 색상을 사용하여 동양인의 얼굴에 맞도록 자연스럽게 바뀌었다.

45 고대 메이크업의 특징에 대한 설명 중 잘못된 것은?

① 이집트의 화장은 볼이나 입술을 빨갛게 하고 정맥은 푸른기를 띠게 했고 아이 메이크업도 중시하였다.
② 로마시대의 여인들은 신체의 모든 구멍을 닦고 긁어내며 가슴, 팔, 겨드랑이, 다리, 코털 등을 제거하였다.
③ 이집트의 화장은 정교한 분장과 향유를 사용해 노출이 많은 피부를 보호하였다.
④ 그리스시대 여인들은 정성스러운 메이크업에 백분이나 입술 연지를 바르는 것은 물론이고, 손과 발 손질도 흔히 하였다.

그리스시대 여성의 아름다움은 온화하고 조화로워야 하며 화장하는 여인은 판도라처럼 자연의 섭리를 어기는 비정상적인 태도라 여겼다.

46 중세시대 여성들이 선호하였던 화장법은 무엇인가?

① 창백한 이미지 ② 아름다운 이미지
③ 건강한 이미지 ④ 귀여운 이미지

중세시대에는 여성들의 얼굴을 창백하게 하고 치아를 상아처럼 보이게 하는 화장법이 유행하였다.

정답 36 ① 37 ① 38 ① 39 ② 40 ③ 41 ② 42 ③ 43 ② 44 ③ 45 ④ 46 ①

47 다음 중 그리스시대의 화장법의 특징으로 바르지 않은 것은?

① 곡물의 가루를 반죽해서 얼굴에 붙이고 우유로 씻어내는 등 오늘날의 팩의 시초를 제공하였다.
② 하얀 피부를 선호하여 백랍 성분으로 된 안료를 발라 피부를 하얗게 표현하였다.
③ 피부를 부드럽게 하기 위해서 향유, 연고를 바르고, 콜을 이용해서 눈 화장을 하였다.
④ 과학적 원리에 기초를 두고 식이요법, 마사지, 햇빛, 목욕 등을 주로 하였다.

고대 이집트시대 : 피부를 부드럽게 하기 위해서 향유, 연고를 바르고 콜(kohl)을 이용해서 눈 화장을 하였다.

중요
48 메이크업 시술에 관한 설명으로 틀린 것은?

① 고객의 의견과 관계없이 유행을 고려하여 시술한다.
② 작업자와 고객 위생관리를 청결히 한다.
③ 메이크업 용품, 시설, 도구 등을 안전하게 사용할 수 있도록 관리·점검한다.
④ 메이크업의 기본을 숙지 후 메이크업을 실행할 수 있다.

고객과의 충분한 상담을 통해 메이크업 TPO(Time, Place, Occasion)를 파악한다.

49 메이크업 아티스트의 사명으로 옳지 않은 것은?

① 최고의 아름다움을 창출하고자하는 창조적 마인드를 가진다.
② 새로이 유행하는 정보를 빨리 습득한다.
③ 공중위생에 유의하고 철저히 한다.
④ 모델의 개성보다는 유행하는 스타일로 아름다움을 살린다.

모델의 특징을 잘 살피고 개성을 살려야 한다.

50 다음 중 전문 미용인이 갖추어야 할 자세로 바르지 않은 것은?

① 건강한 삶의 방식을 가지고 있어야 한다.
② 각기 다른 고객의 개성을 최대한 살려줄 수 있도록 한다.
③ 미용의 단순한 테크닉을 습득하여 행한다.
④ 미용인으로서 항상 깔끔하고 매력 있는 자신의 모습을 가꾼다.

창조적 마인드로 단순한 테크닉 이상으로 아름다움을 창출해내고자 하는 자세가 필요하다.

중요
51 메이크업 종사자의 위생관리에 대한 설명으로 틀린 것은?

① 메이크업 브러쉬는 한 달에 한 번 정도 세척한다.
② 작업 공간의 환기, 조명 상태 체크에도 주의를 기울인다.
③ 고객과의 거리가 매우 가깝기 때문에 되도록 마스크를 착용하거나 손 관리에도 유의한다.
④ 깨끗하고 단정한 복장과 능률적인 편안한 옷차림으로 임한다.

고객의 얼굴에 밀접하게 사용되는 브러쉬, 퍼프 등의 도구는 청결 상태를 수시로 체크하여 세척하도록 한다.

52 메이크업 시술자의 자세로 바르지 않은 것은?

① 메이크업 시술 시 좌우 밸런스를 맞추기 위해 자주 왔다 갔다 방향을 바꾼다.
② 메이크업 도구가 청결하고 시술하기 편한 위치에 준비되어 있는가를 점검한다.
③ 시술하는 도중 중간중간 거울에 비친 모델의 얼굴을 잘 관찰하고 확인하면서 좌우 밸런스를 맞춘다.
④ 메이크업 시작 전 손을 깨끗이 씻으며, 부득이한 경우 손 소독을 한다.

메이크업을 시술하는 동안 자주 방향을 바꾸게 되면 전문가의 신뢰도가 떨어질 수 있고 산만해보일 수 있으니 주의를 요한다.

53 메이크업 시술 시 안전관리를 위한 내용 중 바르지 못한 것은?

① 색조 화장 시 고객의 눈이나 코, 입속으로 이물질이 들어가지 않도록 주의한다.
② 메이크업의 도구는 항상 청결 및 소독을 한 후 고객에게 시술한다.
③ 고객의 눈썹 수정 시 눈썹 칼과 눈썹 가위 사용은 주의한다.
④ 메이크업 시술 시 고객의 피부 트러블에는 신경쓰지 않아도 된다.

메이크업 시술 시 고객의 피부 트러블 유무에 유의하여야 한다.

54 메이크업 시술 후 고객 불만이 있을 경우 메이크업 시술자가 우선적으로 대처해야 할 행동으로 알맞은 것은?

① 고객이 불만족한 부분을 파악하고 해결 방안 모색
② 숍 입장에서의 불만족 해소
③ 할인이나 서비스 티켓으로 상황 마무리
④ 만족할 수 있는 주변의 메이크업 숍 소개

55 미용 작업의 자세 중 틀린 것은?

① 미용사의 신체적 안정감을 위해 힘의 배분을 적절히 한다.
② 명시 거리는 안구에서 25~30cm를 유지한다.
③ 다리를 어깨 폭보다 많이 벌려 안정감을 유지한다.
④ 작업의 위치는 심장의 높이에서 행한다.

56 메이크업 시술 시 고객 상담에 대한 목적으로 옳지 않은 것은?

① 고객과의 상담을 통해 성격과 경제력을 파악한다.
② 고객 상담을 통해 원하는 스타일, 컨셉 등을 파악할 수 있다.
③ 메이크업 디자인 정보를 고객에게 전달할 수 있다.
④ 고객의 직업, 연령, 환경 등의 정보를 파악한다.

정답 47 ③ 48 ① 49 ④ 50 ③ 51 ① 52 ① 53 ④ 54 ① 55 ③ 56 ①

57 메이크업 시술 시 올바른 자세라고 볼 수 없는 것은?

① 시술할 때는 손목에 힘을 너무 많이 주지 않도록 한다.
② 시술을 하는 동안 한 방향에서 하는 것이 좋다.
③ 고객의 몸과 가볍게 밀착하여 친근감을 느끼도록 한다.
④ 의자의 높이를 시술하기 편한 자세로 맞춘다.

> 고객의 몸에 지나치게 가깝게 다가가거나 고객의 몸에 손을 의지하지 않도록 한다.

58 미용 시술 시 올바른 작업 자세를 설명한 것 중 잘못된 것은?

① 적정한 힘을 배분하여 시술할 것
② 항상 안정된 자세를 취할 것
③ 작업 대상의 위치는 심장의 높이보다 낮게 할 것
④ 작업 대상과 눈과의 거리는 약 30cm를 유지할 것

> 작업 대상의 위치를 심장보다 낮게 하면 혈액의 흐름이 감소하기 때문에 적절하지 못하며 심장의 높이에 작업 대상이 위치하도록 한다.

59 메이크업 미용사의 자세로 가장 거리가 먼 것은?

① 공중위생을 철저히 지켜야 한다.
② 고객의 연령, 직업, 얼굴 모양 등을 살펴 표현해 주는 것이 중요하다.
③ 시대의 트렌드를 대변하고 전문인으로서의 자세를 취해야 한다.
④ 고객에게 메이크업 미용사의 개성을 적극 권유한다.

> 메이크업 미용사는 고객의 특징을 살리고 개성을 맞추어야 한다.

60 메이크업 시술 시 고객 상담에 대한 목적으로 틀린 것은?

① 관찰을 통해 얼굴 형태, 특성 등을 파악한다.
② 메이크업 시행 전 피부 상태 파악은 피부관리 분야이므로 생략한다.
③ 고객의 심리적, 정서적 특성을 파악한다.
④ 메이크업 방향과 보완책을 고객에게 설명한다.

> 메이크업 시행 전 피부 상태를 문진표, 기기 등을 통해 파악한다.

정답 57 ③ 58 ③ 59 ④ 60 ②

메이크업 카운슬링

01 메이크업 카운슬링을 할 때 질문으로 잘못된 것은?
① 눈의 질병이나 수술 등을 한 적이 있는지 확인한다.
② 아이패치에 부작용이나 이물감이 없는지 확인한다.
③ 타 샵을 이용하고 있는지 확인한다.
④ 속눈썹 펌이나 연장에 대해 이해를 하고 있는지 확인한다.

> 카운슬링은 시술기법, 건강상태 등을 확인하고 고객과의 친밀과 신뢰를 쌓기 위한 것이다.

02 다음 중 안면근의 설명으로 틀린 것은?
① 구륜근 – 입술을 둥글게 감싸고 있는 근육
② 추미근 – 미간 주름에 관여하는 근육
③ 모상건막 – 전두근과 후두근을 연결해 주는 근육
④ 소근 – 삼각형 모양의 근육으로 턱을 올려줌

> 소근 : 입꼬리를 수평으로 잡아당기는 근육

03 얼굴을 이루는 뼈와 거리가 먼 것은?
① 누골　　② 서골
③ 전두골　④ 하비갑개

> 두개골은 뇌를 보호하는 역할을 하며 뇌두개골을 구성하는 전두골(1개), 두정골(2개), 사골(1개), 접형골(1개), 후두골(1개), 측두골(2개)과 안면두개골을 구성하는 비골(2개), 누골(2개), 관골(또는 협골 2개), 상악골(2개), 하악골(1개), 구개골(2개), 서골(1개), 하비갑개(2개) 등이 있다.

04 안면의 피부와 저작근에 존재하는 감각 신경과 운동 신경의 혼합 신경으로 뇌신경 중 가장 큰 것은?
① 시신경　　② 삼차 신경
③ 안면 신경　④ 미주 신경

> 삼차 신경은 각막, 누선, 상순, 윗니, 아랫니, 지각 등의 감각 신경 기능과 저작 운동의 운동 신경 기능이 있다.

05 구각을 끌어올리고 웃을 때 사용되는 근육으로 바른 것은?
① 광경근　　② 대협골근
③ 이근　　　④ 흉쇄유돌근

> • 광경근 : 넓고 얇은 근육으로 목의 주름을 만들고, 아래턱을 내리는 역할
> • 이근 : 턱에 위치하고 있으며 아랫입술을 위로 밀어 올리게 하는 근육
> • 흉쇄유돌근 : 목을 양쪽으로 돌릴 수 있게 하는 근육

06 상악과 하악의 악관절에 작용하여 음식물을 씹는 데 관여하는 근육이 아닌 것은?
① 교근　　② 측두근
③ 익돌근　④ 이근

> 이근은 턱끝에 위치하고 아랫입술을 내밀어 불쾌한 표정을 나타내는 근육이다.

| 정답 | 01 ③ | 02 ④ | 03 ④ | 04 ② | 05 ② | 06 ④ |

07 작은 얼굴에서 느껴지는 이미지와 거리가 먼 것은?

① 귀여움 ② 총명함
③ 너그러움 ④ 당돌함

- 작은 얼굴에서 느껴지는 이미지 : 귀여움, 깜찍함, 총명함, 당돌함, 애교
- 큰 얼굴에서 느껴지는 이미지 : 듬직함, 장대함, 포용, 너그러움, 늠름함

08 윗입술과 아랫입술의 가장 이상적인 비율은 다음 중 무엇인가?

① 2:1 ② 1:1
③ 1:1.5 ④ 1.5:1

09 분위기에 맞는 입술 화장법으로 옳은 것은?

① 지적인 이미지 : 브라운 계열을 사용하고 스트레이트형으로 메이크업한다.
② 부드럽고 여성스러운 이미지 : 퍼플 계열을 사용하고 아웃커브형으로 메이크업한다.
③ 우아하고 세련된 이미지 : 오렌지 계열을 사용하고 스트레이트형으로 메이크업한다.
④ 발랄하고 활동적인 이미지 : 레드 계열을 사용하고 아랫입술을 아웃커브형으로 메이크업한다.

- 부드럽고 여성스러운 이미지 : 핑크 계열을 사용하고 자연스러운 곡선을 살려 메이크업한다.
- 우아하고 세련된 이미지 : 레드 계열을 사용하고 아랫입술을 아웃커브형으로 메이크업한다.
- 발랄하고 활동적인 이미지 : 오렌지 계열을 사용하고 스트레이트형으로 메이크업한다.

10 눈썹을 그리는 테크닉에 대한 설명으로 틀린 것은?

① 눈썹산이 너무 높으면 강한 이미지를 줄 수 있어 부드럽고 완만한 곡선으로 그려 준다.
② 눈썹 앞머리가 너무 진하지 않도록 주의한다.
③ 눈에 음영을 주어 입체감을 강조한다.
④ 눈썹의 컬러는 헤어 컬러와 비슷하게 맞춘다.

눈에 음영을 주는 것은 아이섀도의 사용 방법이다.

11 파운데이션을 바르는 테크닉으로 옳지 않은 것은?

① 안쪽에서 바깥쪽으로 펴 준다.
② 한꺼번에 다량 사용하면 베이스 메이크업에 걸리는 시간을 절약할 수 있다.
③ 눈 밑의 다크서클은 컨실러나 밝은색의 파운데이션을 커버한다.
④ 입체적인 느낌을 원할 때는 두 가지 이상의 파운데이션을 사용하여 입체감을 줄 수 있다.

파운데이션을 소량씩 넓게 펴 발라 주어야 뭉치지 않는다.

12 아이섀도 컬러의 설명으로 바르지 않은 것은?

① 블루 계열 : 차가우면서도 시원한 색상으로 여름 메이크업에 많이 사용한다.
② 브라운 계열 : 대중적인 색으로 자연스럽고 차분한 느낌을 준다.
③ 핑크 계열 : 부드럽고 섬세하여 여성적인 느낌을 주는 색이다.
④ 오렌지 계열 : 신비롭고 화려하면서도 고상한 느낌을 준다.

> 바이올렛 계열 : 신비롭고 화려하면서도 고상한 느낌을 준다.

13 아이브로의 역할이 아닌 것은?

① 얼굴의 인상 결정
② 얼굴형이나 눈매 보완
③ 얼굴의 이미지와 개성 창출
④ 눈의 색감과 입체감 강조

> 눈의 색감을 주고 입체감을 강조하는 것은 아이섀도의 역할이다.

14 아이브로의 사용 목적에 대한 설명이 틀린 것은?

① 다양하게 개성 창출을 할 수 있다.
② 얼굴의 전체적인 이미지를 만들어 준다.
③ 눈에 음영을 주어 입체감을 강조한다.
④ 눈매를 보완한다.

> 눈에 음영을 주는 것은 아이섀도의 사용 목적이다.

15 눈썹 그리는 테크닉에 대한 설명이 틀린 것은?

① 눈썹 산의 위치가 너무 뒤에 있으면 얼굴이 넓어 보이므로 주의한다.
② 눈썹 머리가 너무 진하지 않도록 주의한다.
③ 눈썹의 색상은 모발색보다 밝은색을 선택한다.
④ 눈썹산이 너무 높으면 강한 이미지를 주므로 부드럽고 완만한 곡선으로 그려준다.

> 눈썹의 색상은 모발색과 비슷한 색으로 선택한다.

16 피부 색상이 결정지어지는 요소가 아닌 것은?

① 멜라닌 색소   ② 엘라스틴
③ 카로틴 색소   ④ 헤모글로빈

> 엘라스틴은 피부의 색상보다 탄력과 관련이 있다.

17 다음은 어떤 메이크업 제품에 대한 설명인가?

- 피부에 얇은 막을 형성해 피부색을 조절한다.
- 피부의 결점을 커버해 준다.
- 자외선, 바람, 먼지, 기후 등의 외부 자극으로부터 피부를 보호한다.
- 하이라이트 컬러와 어두운 컬러를 이용하여 얼굴을 입체적으로 윤곽 수정한다.

① 파우더   ② 파운데이션
③ 메이크업 베이스 ④ 컨실러

정답 07 ③ 08 ③ 09 ① 10 ③ 11 ② 12 ④ 13 ④ 14 ③ 15 ③ 16 ② 17 ②

18 주근깨가 많은 얼굴의 화장법으로 바르지 않은 것은?

① 밝은 계열의 백분을 두껍게 발라준다.
② 입술과 눈을 강조한다.
③ 볼연지는 암색계를 사용한다.
④ 밝은 색상의 립스틱으로 시선을 옮겨준다.

> 밝은색은 주근깨를 커버하지 못하고 백분을 두껍게 바르면 지저분한 화장이 된다.

19 볼 부분으로 피부에 볼륨감이 있고 양쪽 귀 밑 선에서 턱 선까지의 움직임이 적은 부분이어서 화장이 쉽게 흐트러지지 않는 부위는?

① S-zone   ② Y-zone
③ T-zone   ④ O-zone

> - Y-zone : 양쪽 눈 밑과 턱 부분으로 하이라이트를 하는 곳
> - T-zone : 이마와 콧등으로 하이라이트를 하는 곳, 번들거리기 쉬움
> - O-zone : 얼굴에서 움직임이 가장 많은 입 주위로 파운데이션을 소량만 바름

중요
20 눈썹형에 따른 이미지의 설명이 틀린 것은?

① 둥근형 눈썹 : 여성적이며 고전적인 이미지
② 각진 눈썹 : 부드러워 보이고 현대적 세련미와 지적인 이미지
③ 직선형 눈썹 : 남성적으로 활동적인 이미지
④ 꼬리가 처진 눈썹 : 코미디나 희극적인 이미지

> 각진 눈썹은 부드러워 보이는 것이 아니라 사무적이고 딱딱한 이미지를 준다.

21 아이섀도 제품의 특성에 대한 설명 중 옳은 것은?

① 펜슬 타입의 아이섀도는 사용이 편리하고 그라데이션 효과를 내는 데 매우 효과적이다.
② 크림 타입의 아이섀도는 선을 강조해 표현하고자 할 때 용이하다.
③ 크림 타입의 아이섀도는 부드럽고 매끄럽게 펴지며 밀착성이 우수하다.
④ 케이크 타입의 아이섀도는 시간이 경과하면 번들거린다는 단점이 있다.

> - 펜슬 타입의 아이섀도는 사용이 편리하지만 그라데이션 효과를 표현하기 쉽지 않다.
> - 케이크 타입의 아이섀도는 선을 강조해 표현하고자 할 때 용이하다.
> - 크림 타입의 아이섀도는 시간이 경과하면 번들거린다는 단점이 있다.

22 메이크업 시술 시 크고 둥근 눈의 아이라인 테크닉 중 잘못된 것은?

① 눈의 중앙을 굵게 그려 크게 강조한다.
② 아이라인을 너무 강조하지 않는다.
③ 펜슬타입으로 가볍게 그려준다.
④ 눈 앞머리와 눈꼬리 부분을 자연스럽게 그린다.

> 둥근 눈은 더 둥글게 보이지 않게 하기 위해 눈동자 중간 부분을 생략하고 눈 앞머리와 꼬리부분만 살짝 그려준다.

23 메이크업 아티스트가 얼굴을 입체적으로 보이게 하기 위해 명암을 주는 방법으로 하이라이트 처리를 해야 하는 부분으로 적합하지 않은 것은?

① 눈의 아이홀 부분 ② 콧대
③ 눈 밑   ④ 눈썹 뼈

> 얼굴을 입체적으로 보이기 위해서는 가장 돌출되는 부분을 더욱 드러내는 하이라이팅 처리를 한다.

24 기본 메이크업 시술 순서로 가장 적합한 것은?

① 기초 제품 – 베이스 메이크업 – 아이 메이크업 – 립&치크 메이크업 – 스타일링
② 베이스 메이크업 – 기초 제품 – 립&치크 메이크업 – 아이 메이크업 – 스타일링
③ 기초 제품 – 베이스 메이크업 – 스타일링 – 립&치크 메이크업 – 아이 메이크업
④ 베이스 메이크업 – 기초 제품 – 아이 메이크업 – 립&치크 메이크업 – 스타일링

중요
25 파운데이션을 펴바르기 위해 스펀지를 밀 듯이 활용하는 기법은?

① 페더링 기법
② 패팅 기법
③ 슬라이딩 기법
④ 스트록 컷 기법

> • 페더링 기법 – 그려진 선을 브러쉬로 가볍게 털어서 베이스 컬러와 자연스럽게 혼합하여 펴주는 기법
> • 패팅 기법 – 손가락 끝으로 가볍게 두드리는 기법, 메이크업의 밀착력과 커버력을 높일 때 사용하는 기법으로 기미나 주근깨 등 잡티가 많은 부분에 효과적
> • 스트록 컷 기법 – 헤어에서 사용하는 용어로 가위를 흔들어 층을 내는 기법

26 파운데이션을 선택하는 방법으로 적절하지 않은 것은?

① 자신의 피부색에 잘 어울리는 색을 선택하여야 한다.
② 파운데이션이 고르게 펴지고 다크닝 현상이 적은 제품을 선택한다.
③ 지성 피부에는 크림 타입의 파운데이션을 선택하여 메이크업의 지속력을 높여준다.
④ 피부에 무리가 없고 가볍게 밀착되는 파운데이션을 선택하여야 한다.

> 지성 피부에는 오일 프리(oil-free) 제품을 사용하는 것이 효과적이다.

중요
27 피부 타입에 맞는 파운데이션 선택 방법에 대한 설명 중 옳지 않은 것은?

① 지성 피부의 경우 유분기를 제거할 수 있는 파우더 파운데이션이 적합하다.
② 잡티가 많은 얼굴의 경우 커버력과 지속력이 우수한 스틱 파운데이션이 적당하다.
③ 건성 피부의 경우 수분이나 유분이 부족하므로 리퀴드 타입이나 크림 타입의 파운데이션이 적합하다.
④ 지성 피부의 경우 수분을 많이 함유한 리퀴드 타입의 오일 베이스드(oil-based) 제품이 적합하다.

> 지성 피부의 경우 수분을 많이 함유한 리퀴드 타입의 오일 프리(oil-free) 제품이 적합하다.

| 정답 | 18 | ① | 19 | ① | 20 | ② | 21 | ③ | 22 | ① | 23 | ① | 24 | ① | 25 | ③ | 26 | ③ | 27 | ④ |

28 넓은 얼굴을 좁아 보이게 할 때 주로 사용하는 컬러는?

① 베이스 컬러
② 하이라이트 컬러
③ 섀도 컬러
④ 악센트 컬러

> 섀도 컬러는 음영을 주어 얼굴이 좁아 보이는 효과를 준다.

29 입술 모양을 수정하는 방법으로 잘못된 것은?

① 윗입술과 아랫입술의 비율은 3:1 정도로 만든다.
② 파운데이션과 컨실러를 사용하여 원래 입술 선을 교정한다.
③ 입술 라인 수정 시 위아래로 1~2mm 이상은 나가지 않도록 한다.
④ 입술산을 기준으로 좌우대칭이 되도록 한다.

> 윗입술과 아랫입술의 적당한 비율은 1:1.5 정도이다.

30 인조 속눈썹의 사용 방법에 대한 설명으로 적합하지 않은 것은?

① 인조 속눈썹의 길이를 눈의 길이보다 짧게 사용하여야 자연스럽게 연출된다.
② 인조 속눈썹의 길이와 숱이 부자연스러우면 자연스럽게 커팅하여 사용한다.
③ 인조 속눈썹을 눈 모양대로 잡고 살짝 휘어주어 부드럽게 만든 후 사용한다.
④ 인조 속눈썹을 붙인 후 자연 속눈썹과 함께 한 번 더 살짝 집어주어 두 속눈썹의 사이가 뜨지 않도록 한다.

> 인조 속눈썹은 눈의 길이와 같게 하거나 살짝 길게 잘라 주는 것이 좋다.

31 시술 동의서가 필요한 이유로 잘못된 것은?

① 카운슬링을 정확하게 하고 양식을 기재하며 고객의 자필 서명을 받는다.
② 시술 승인서와 사전 양식 매뉴얼이 필요하다.
③ 고객 매뉴얼과 시술 승인서는 고객과의 기록이므로 꼭 보관하도록 한다.
④ 고객과의 충돌이 일어날 경우 평계를 대기 위해 필요하다.

> 시술 동의서는 혹시 일어날 수 있는 트러블의 원인을 조사할 때 필요하다.

32 고객 시술 시의 주의사항으로 옳지 않은 것은?

① 속눈썹 시술 시 제품은 천연제품으로 눈에 들어가도 상관없다.
② 시술 전에 카운슬링을 실시해 트러블을 피할 수 있도록 한다.
③ 피부 트러블이나 발진이 있는 경우 시술을 하지 않는다.
④ 눈 주위에 패치 사용 시 약간의 발진이나 자극으로 붉은 현상이 나타날 수 있으니 고객에게 미리 설명한다.

> 속눈썹 제품은 천연제품이라도 절대 눈에 들어가지 않게 주의하고 눈에 들어갔을 경우 깨끗한 물이나 생수 등을 이용해 세척해야 한다.

33 고객관리에 관한 방법으로 잘못된 것은?

① 고객의 가족 구성원에 대해 기록한다.
② 고객의 시술 날짜를 기록한다.
③ 고객이 선호하는 속눈썹에 대해 기록한다.
④ 고객의 전화번호를 기록한다.

> 고객의 개인정보 사생활에 관한 내용은 기록하지 않도록 한다.

정답 28 ③ | 29 ① | 30 ① | 31 ④ | 32 ① | 33 ①

퍼스널 이미지 제안

01 가시광선에 대한 설명으로 틀린 것은?
① 파장의 길이에 따라 보라색에서 붉은색의 빛깔을 띤다.
② 눈으로 볼 수 있는 빛의 범위를 말한다.
③ 적외선은 가시광선보다 파장이 길다.
④ 가시광선 중 780nm 부근은 보라색을 띤다.

> 가시광선 중 780nm 부근은 붉은색을 띠고 380nm에서 보라색을 띤다.

02 다음 색에 관한 설명 중 틀린 것은?
① 색의 순도를 채도라 한다.
② 색의 밝기를 명도라 한다.
③ 빨강, 노랑, 파랑 등을 무채색이라 한다.
④ 유사한 색끼리 근접하여 배열한 것을 색상환이라고 한다.

> 빨강, 노랑, 파랑 등을 유채색이라 한다.

03 다음 중 색에 관한 설명 중 잘못된 것은?
① 색은 빛이 물체에 반사되어서 나타난다.
② 색은 사람의 눈에서 감지된다.
③ 색은 밝고 어두움에 따라 달라져 보일 수 있다.
④ 색은 빛이 없는 곳에서도 지각할 수 있다.

> 색은 빛을 흡수하고 반사하는 결과로 나타나는 사물의 밝고 어두움이나 빨강, 파랑, 노랑 따위의 물리적 현상이다.

04 배색에 따른 느낌 중에서 유사 색상의 배색에서 느낄 수 있는 것끼리 묶은 것은?
① 온화함, 협조적, 상냥함
② 간결함, 동적임, 화려함
③ 화합적, 정적임, 강함
④ 똑똑함, 생생함, 시원함

> 유사 색상일수록 배색의 느낌은 온화하고 정적이며 협조적이고 상냥함의 느낌을 가진다.

중요
05 색의 혼합 중 다음의 설명에 해당하는 것은?

> 빛의 혼합으로 혼합색이 많을수록 명도가 높아지며, 조명이나 텔레비전 등에 활용한다. 삼원색은 빨강(red), 초록(green), 파랑(blue)이다.

① 감산 혼합
② 병치 혼합
③ 중간 혼합
④ 가산 혼합

> 빛의 혼합으로 혼합색이 많을수록 명도가 높아지는 혼합은 가산 혼합이다.

중요
06 색의 3속성으로 맞게 연결된 것은?
① 색상, 명도, 채도
② 색상, 휘도, 톤
③ 색상, 명도, 휘도
④ 색상, 채도, 톤

> 색의 3속성은 색상, 명도, 채도이다.

정답 01 ④ 02 ③ 03 ④ 04 ① 05 ④ 06 ①

07 먼셀 표색계에 대한 해설로 알맞지 않은 것은?

① 색의 3속성을 한눈에 알 수 있다.
② 색상은 밸류(value)로 규정하였다.
③ 채도는 크로마(chroma)라고 규정하였다.
④ 3차원적인 색입체를 구성하였다.

🔖 색상은 H(Hue), 명도는 V(Value)로 규정한다.

08 다음은 가산 혼합과 감산 혼합의 설명이다. 적합하지 않은 것은?

① 순색의 강도가 낮아져 어두워지는 혼합은 감산 혼합이다.
② 가산 혼합은 빛의 혼합이다.
③ 가산 혼합을 모두 섞으면 검정이 된다.
④ 감산 혼합은 색료의 혼합이라고도 한다.

🔖 가산 혼합을 모두 섞으면 흰색이 된다.

09 다음 그림에서 느껴지는 조화는?

청록색	빨강

① 명도 조화
② 채도 조화
③ 색상 조화
④ 보색 조화

🔖 청록색의 반대색은 빨강으로 보색 대비를 이룬다.

10 다음 중 가장 화려한 느낌을 주는 배색은?

① pale톤의 한색
② deep톤의 한색
③ vivid톤의 난색
④ dark톤의 난색

🔖 vivid톤의 난색이 화려한 느낌이다.

11 다음 중 가장 화려함을 느끼게 하는 색상을 고르시오.

① 고명도의 난색
② 저명도의 한색
③ 고채도의 한색
④ 고채도의 난색

🔖 난색 계열의 고채도가 가장 자극적인 대비 효과를 이룬다.

12 다음 중 색의 대비에 대한 설명으로 틀린 것은?

① 면적 대비 – 면적에 따라 본래의 색상이 다르게 보이는 현상으로 면적이 클수록 명도와 채도가 높게 보인다.
② 동시 대비 – 먼저 어떤 색을 본 후 다른 색을 보게 되면 나중에 본 색이 먼저 본 색의 영향을 받아 본래의 색과 다르게 보이는 현상이다.
③ 한난 대비 – 두 색이 가지는 경계 부분에서 일어나는 대비 현상이다.
④ 계시 대비 – 시간적인 차를 두고 두 개의 색을 차례로 볼 때 생기는 현상이다.

🔖 동시 대비 : 두 가지 이상의 색을 이웃하여 놓고 동시에 볼 때 일어나는 색의 대비 현상으로 색상, 명도, 채도, 연변, 면적 대비가 있다.

13 다음은 조명색에 따른 일반적인 이미지를 연결한 것이다. 잘못된 것은?

① 빨간색 – 분노, 전쟁
② 호박색 – 따뜻하고 안이함
③ 파란색 – 절제와 냉정
④ 노란색 – 평화

초록색 – 평화

16 사람이 볼 수 있는 가시광선의 파장은?

① 약 250~500nm
② 약 380~780nm
③ 약 590~920nm
④ 약 570~880nm

가시광선은 눈으로 지각되는 파장 범위를 가진 빛으로 파장의 범위는 분류 방법에 따라 다소 차이가 있으나 대체로 380~780nm이다.

14 무대 조명의 기능으로 틀린 것은?

① 분위기 창조에 조력
② 공연의 스타일 강화
③ 시각적 동작의 리듬 설정
④ 무대 위에 초점을 없애줌

무대 조명은 무대 위에 초점을 제공해 준다.

17 프리즘을 사용한 빛스펙트럼 실험에 의해 광학의 기초 측색학을 만든 사람은?

① 오스발트
② 뉴턴
③ 다빈치
④ 헤링

뉴턴은 프리즘을 이용한 빛의 분광실험으로 빛의 굴절률에 따라 색이 다르게 나타나는 것을 입증하였다.

15 빛과 색에 관한 설명으로 옳은 것은?

① 여러 가지 파장의 빛이 고르게 반사되면 보색으로 지각된다.
② 물체의 색은 표면의 반사율에 의해 결정된다.
③ 빛은 파장에 따라 동일한 색감을 일으킨다.
④ 여러 가지 파장의 빛이 고르게 섞여 있으면 유채색으로 지각된다.

• 여러 가지 파장의 빛이 고르게 반사되면 무채색으로 지각된다.
• 빛은 파장에 따라 다양한 색감을 일으킨다.

18 두 가지 이상의 색광이나 색료를 서로 혼합하여 다른 색채 감각을 일으키는 것은?

① 색의 동화
② 색의 잔상
③ 색의 혼합
④ 색의 대비

• 색의 동화 : 색을 볼 때 주변색의 영향으로 서로 다른 색이 비슷하게 보이거나 같은 색이 다르게 보이는 경우
• 색의 잔상 : 어떤 색을 한동안 계속해서 보고 있으면 색의 자극이 망막에 남아 있어 양성 잔상, 음성 잔상으로 나타남
• 색의 대비 : 2가지 이상의 색이 서로 영향을 미쳐 서로 다름이 강조되어 보이는 현상

정답 07 ② 08 ③ 09 ④ 10 ③ 11 ④ 12 ② 13 ④ 14 ④ 15 ② 16 ② 17 ② 18 ③

19 다음 중 조명 방식에 대한 설명으로 잘못된 것은?
① 직접 조명 : 90~100%를 아래로 직접 조사
② 반직접 조명 : 10~40% 상방, 60~90% 하방
③ 반간접 조명 : 60~90% 벽에 의한 반사광
④ 간접 조명 : 40~50% 반사, 확산된 빛을 이용

간접 조명 : 90~100% 반사, 확산된 빛을 이용

20 색의 개념에 대한 설명으로 틀린 것은?
① 색이란 빛의 반사, 흡수, 굴절 등을 통한 눈의 자극으로 생기는 지각현상이다.
② 영어의 'color'는 '착색하다, 채색하다'라는 의미가 있다.
③ 우리말로는 '때깔'이라고 표기한다.
④ 색을 느끼는 파장의 빛은 모두 태양광에 포함된다.

우리말로는 '빛깔'로 표기하는데 빛이 사물에 비춰 드러난 물체의 성격을 의미한다.

21 색의 3속성에 대한 설명으로 틀린 것은?
① 채도란 순색인 유채색과 무채색을 섞은 색의 순수 정도이다.
② 명도란 색의 맑고 탁함을 의미한다.
③ 색의 3속성은 색상, 명도, 채도이다.
④ 색상이란 색을 구별하기 위한 명칭이다.

명도란 색의 밝고 어두움을 의미한다.

22 가법 혼합에 대한 설명으로 틀린 것은?
① 빛의 혼합으로 빛의 삼원색은 빨강, 초록, 파랑이다.
② 모든 색은 같은 양으로 혼합하면 검정색이 된다.
③ 빨강과 녹색 빛을 동시에 가하면 노란 빛이 된다.
④ 빛을 가하여 색을 혼합하는 방법으로 원래의 색보다 명도가 높아진다.

가법 혼합은 빛의 원리를 이용한 것으로 혼합하면 흰색이 되며 무대 조명, 컴퓨터 모니터나 컬러 텔레비전 화면 등에 사용된다.

23 가장 부드럽고 가벼운 톤으로 품격과 우아함의 대표적인 색조는?
① 덜 톤
② 라이트 그레이쉬 톤
③ 라이트 톤
④ 페일 톤

페일 톤은 로맨틱한 무드 연출과 여성스러움을 표현하는 데 효과적이다.

24 색채 배색에 관한 설명 중 틀린 것은?
① 동일 색상의 배색은 무난하기는 하지만 단조로운 배색이다.
② 유사 색상의 배색은 색상 차가 가까운 색끼리의 배색 방법이다.
③ 보색 배색은 강한 대비 효과가 나타나 서로 돋보이는 효과를 나타낸다.
④ 반대 색상의 배색은 정적이고 차분한 통일감을 나타낸다.

반대 색상의 배색은 자극적인 이미지로 강한 대비 효과가 나타나는 배색법이다.

25 광원에 대한 설명으로 틀린 것은?
① 난색계의 색이 선명하게 보이기 위해서는 백열등을 사용한다.
② 광원색은 광원이나 발광체의 빛 자체가 발하는 색 기운으로 광원의 특성에 따라 같은 색도 달라 보인다.
③ 백열등은 붉은 빛이 강하게 느껴져 저녁 노을 속에 있는 듯한 상태로 느껴진다.
④ 할로겐은 자연스러운 피부와 색상이 표현되도록 한다.

물체나 인물의 색상을 그대로 재현하기 위해서는 자연조명(태양광)을 이용하는 것이 좋다.

26 인간이 지각할 수 있는 빛의 범위는?
① 가시광선
② 감마선
③ 자외선
④ 적외선

가시광선(visible rays)이란 보통 빛이라고 하는 수많은 전자파 중에서 우리 눈으로 지각할 수 있는 광선으로 약 380~780nm까지의 범위에서 볼 수 있다.

27 붉은 느낌이 나타나게 할 때 사용하는 조명은?
① 형광등   ② 수은등
③ 백열등   ④ 레이저

백열등은 불그스름한 빛을, 형광등은 푸르스름한 빛을 발한다.

28 색의 혼합에 대한 설명으로 바르지 않은 것은?
① 색료의 3원색은 감법 혼색과 관련이 있다.
② 감법 혼색의 3원색은 빨강(red), 녹색(green), 파랑(blue)이다.
③ 가법 혼색은 빛과 관련이 있다.
④ 무대 조명과 관련된 혼색은 가법 혼색이다.

감법 혼색의 3원색은 시안(cyan), 마젠타(magenta), 옐로(yellow)로 색료의 3원색은 물감의 3원색 또는 인쇄 잉크의 3원색이라고도 한다.

29 색의 팽창과 수축을 올바르게 연결한 것은?
① 수축색 – 난색계, 저명도, 저채도
② 수축색 – 한색계, 고명도, 저채도
③ 팽창색 – 한색계, 고명도, 고채도
④ 팽창색 – 난색계, 고명도, 고채도

팽창색은 난색 계열의 고명도, 고채도의 색으로 실제보다 확산되어 보인다.

30 색료의 삼원색 중 시안(cyan)과 옐로(yellow)가 혼합되면 나타나는 색상은?
① 파랑(blue)
② 빨강(red)
③ 녹색(green)
④ 검정(black)

정답 19 ④ 20 ③ 21 ② 22 ② 23 ④ 24 ④ 25 ④ 26 ① 27 ③ 28 ② 29 ④ 30 ③

메이크업 재료·도구 위생관리 / 메이크업 기초화장품 사용 / 베이스 메이크업 / 색조 메이크업

01 다음 중 메이크업 브러쉬에 대한 설명으로 옳지 않은 것은?

① 아이라이너 브러쉬 – 탄력 있고 가는 것이 좋다.
② 아이섀도 브러쉬 – 브러쉬 중 가장 얇기 때문에 정교한 표현 시 사용한다.
③ 립 브러쉬 – 립 제품을 입술에 바르기 위한 브러쉬이다.
④ 팬 브러쉬 – 부채꼴 모양으로 생긴 브러쉬로 잔여물을 털어낼 때 사용한다.

📖 아이섀도 브러쉬 중 큰 브러쉬는 넓게 눈두덩이 전체를 펴바를 때 사용하며, 중간 정도 크기의 브러쉬는 메인 색상이나 좁은 면적을 바르는 데 사용한다.

중요
02 파우더 등의 메이크업 잔여물을 털어낼 때 사용하는 브러쉬는?

① 팬 브러쉬
② 파우더 브러쉬
③ 블러셔 브러쉬
④ 스티플링 브러쉬

📖 팬 브러쉬는 여분의 파우더나 눈화장 후 눈 밑에 떨어진 섀도 가루 등을 털어낼 때 사용한다.

03 다음 중 메이크업 도구에 대한 설명으로 틀린 것은?

① 샤프너 – 아이브로 펜슬이나 립 펜슬 등을 사용하기 용이하도록 뭉뚝하게 다듬는다.
② 퍼프 – 메이크업 시 손자국이나 얼굴에 남지 않도록 방지하는 역할을 한다.
③ 눈썹용 가위 – 눈썹 길이나 형태 등을 다듬을 때 사용한다.
④ 라텍스 스펀지 – 리퀴드나 크림 파운데이션 도포 시 용이하다.

📖 샤프너는 펜슬 종류의 제품 등을 뾰족하게 다듬는 도구이다.

04 파운데이션에 대한 설명으로 바르지 않은 것은?

① 노화 피부에는 크림 타입의 파운데이션을 사용하는 것이 효과적이다.
② 스틱 타입의 파운데이션은 가장 자연스러운 표현이 가능한 타입이다.
③ 리퀴드 타입의 파운데이션은 수분 함량이 많아 일반적으로 사용된다.
④ 노화 피부에는 크림 타입의 파운데이션을 사용하는 것이 효과적이다.

📖 스틱 타입의 파운데이션은 두껍게 발리고 건조하나 커버력이 우수한 장점이 있다.

05 기초화장품 중 크림에 대한 설명으로 바르지 않은 것은?

① 피부의 소실된 천연 보호막을 보충하는 역할을 한다.
② 영양, 피부, 미백 등 여러 가지 기능의 제품들이 있다.
③ 피부의 밸런스를 유지시켜주는 제품이다.
④ 유액 형태의 기초 화장품이다.

📖 크림은 반고형의 형태를 지닌 기초 화장품이다.

06 블러셔에 대한 설명이 아닌 것은?
① '치크 컬러' 또는 '볼터치'라고도 한다.
② 볼 부위에 도포하여 얼굴색을 건강하고 밝게 보이게 한다.
③ 컨투어링 메이크업을 효과적으로 표현할 때에는 제외된다.
④ 블러셔의 색상과 형태에 따라 다양한 이미지 표현이 가능하다.

> 블러셔는 컨투어링(음영) 메이크업의 효과를 높여주는 역할을 한다.

07 아이 메이크업 제품에 대한 설명으로 옳지 않은 것은?
① 아이라이너로 또렷한 눈매를 표현한다.
② 마스카라는 속눈썹이 풍성해 보이도록 해준다.
③ 아이 프라이머는 아이 메이크업의 지속력과 발색을 높일 때 사용한다.
④ 아이섀도는 펄감이 많고 입자가 큰 것이 효과적이다.

> 펄감이 많은 아이섀도를 과도하게 사용하면 메이크업이 지저분해 보일 수 있으므로 소량을 효과적으로 사용하도록 한다.

중요
08 눈썹을 수정하거나 마스카라가 뭉쳤을 경우 빗어주는 용도로 사용하는 브러쉬는?
① 앵글 브러쉬
② 스크루 브러쉬
③ 아이브로 브러쉬 앤 콤
④ 팬 브러쉬

> 스크루 브러쉬는 눈썹을 그리거나 다듬을 때 사용하기도 한다.

09 다음 중 흰 피부에 알맞은 파우더 컬러는?
① 베이지 계열
② 갈색 계열
③ 흰색 계열
④ 핑크 계열

> 핑크 계열의 파우더는 창백한 피부에 혈색을 부여해준다.

10 아이 메이크업 순서가 바르게 나열된 것은?
① 베이스 컬러 – 하이라이트 컬러 – 메인 컬러 – 포인트 컬러
② 메인 컬러 – 베이스 컬러 – 포인트 컬러 – 하이라이트 컬러
③ 하이라이트 컬러 – 베이스 컬러 – 메인 컬러 – 포인트 컬러
④ 베이스 컬러 – 메인 컬러 – 포인트 컬러 – 하이라이트 컬러

> 밝은 컬러와 넓은 부위부터 아이 메이크업을 하는 것이 효과적이다.

11 스파츌라에 대한 설명으로 틀린 것은?
① 소재는 나무로 되어있는 것이 좋다.
② 메이크업 제품 등을 덜어 낼 때 사용한다.
③ 제품을 믹싱할 때 용이하게 사용된다.
④ 위생적인 면을 고려하여 사용 즉시 세척하도록 한다.

> 스파츌라는 플라스틱이나 스테인리스 재질의 제품이 좋다.

정답 01 ② 02 ① 03 ① 04 ② 05 ④ 06 ③ 07 ④ 08 ② 09 ④ 10 ④ 11 ①

12 메이크업을 할 때 얼굴에 입체감을 주기 위해 사용되는 브러쉬는?
① 립 라인 브러쉬
② 네일 브러쉬
③ 아이브로 브러쉬
④ 섀도 브러쉬

> 섀도 브러쉬는 아이섀도나 볼 터치 시 얼굴에 입체감을 주기 위해 사용하는 브러쉬로 아이섀도 브러쉬, 볼터치용 브러쉬, 노즈용 브러쉬 등이 있다.

15 눈썹을 그리기 전후에 자연스럽게 눈썹을 빗어주는 나사 모양의 브러쉬는?
① 립 브러쉬
② 파우더 브러쉬
③ 팬 브러쉬
④ 스크루 브러쉬

13 메이크업 작업 시 파운데이션을 펴는 데 사용되는 도구가 아닌 것은?
① 스펀지
② 라텍스
③ 파우더 퍼프
④ 브러쉬

> 파우더 퍼프는 파운데이션 도포 후 파우더를 바를 때 사용하는 도구이다.

16 다음 중 아이라이너의 사용 목적으로 잘못된 것은?
① 눈에 생동감을 준다.
② 눈을 선명하고 또렷하게 한다.
③ 속눈썹을 풍성하게 보이게 한다.
④ 눈 모양을 수정해 준다.

> 속눈썹을 풍성하게 보이게 하는 것은 마스카라의 사용 목적이다.

14 다음 중 아이 메이크업의 도구가 아닌 것은?
① 포인트 브러쉬
② 치크 브러쉬
③ 팁 브러쉬
④ 아이래시 컬러

> 치크 브러쉬는 볼 화장용 브러쉬이다.

17 다음 중 눈썹을 그릴 때 사용하는 도구와 관계없는 것은?
① 팬 브러쉬
② 면봉
③ 아이브로 펜슬
④ 스크루 브러쉬

> 팬 브러쉬는 부채꼴 모양으로 생긴 브러쉬로 파우더를 바른 후 여분의 가루를 털어낼 때 사용한다.

18 다음은 메이크업 도구 중 어떤 브러쉬에 대한 설명인지 고르시오.

> - 소재 : 부드러운 천연모
> - 형태 : 부드럽고 풍성하며 끝이 둥근 형태
> - 활용 : 자연스러운 치크 표현, 섀딩이나 하이라이팅 시 사용하며 리퀴드 파운데이션을 좀 더 커버력 있게 표현하기 위해 사용

① 쇼트 듀오 파이버 브러쉬
② 파우더 브러쉬
③ 블러셔 브러쉬
④ 페이스 브러쉬

- 쇼트 듀오 파이버 브러쉬 : 파운데이션, 크림, 에멀전, 셀렉트 파우더 제품을 블렌딩할 때 사용한다.
- 파우더 브러쉬 : 브러쉬의 끝이 아닌 양면을 사용하여 치크나 관자놀이, 턱선에 파우더나 페이스 파우더를 자연스럽게 바를 경우 사용한다.
- 페이스 브러쉬 : 파우더를 가볍고 투명하게 연출해 주며 면을 활용해 윤곽을 잡아주고 끝을 사용해 파우더를 빠르고 쉬우면서도 효과적으로 표현할 때 사용한다.

19 메이크업 시술 시 그라데이션을 효과적으로 할 수 있는 브러쉬는?

① 끝이 둥근 브러쉬
② 끝이 스퀘어인 브러쉬
③ 끝이 사선인 브러쉬
④ 끝이 부채형인 브러쉬

브러쉬의 끝이 둥근 것은 그라데이션 처리를 효과적으로 하기 위한 것이다.

20 포인트 메이크업(point makeup) 단계에서 필요한 도구와 거리가 먼 것은?

① 아이래쉬 컬러
② 치크 브러쉬
③ 파운데이션 브러쉬
④ 립 브러쉬

포인트 메이크업은 눈, 입술, 볼 화장 등 색조 화장 단계를 말한다.

21 아이 메이크업을 할 때 눈매를 크고 또렷하게 연출하기 위한 도구가 아닌 것은?

① 팁 브러쉬
② 아이라이너 브러쉬
③ 팬 브러쉬
④ 아이래쉬 컬러

팬 브러쉬는 메이크업 시술 시 파우더나 메이크업의 잔여물을 털어낼 때 사용하는 도구이다.

22 팬 브러쉬(pan brush)에 대한 설명으로 옳은 것은?

① 마스카라가 뭉쳤을 때 빗어주는 용도로도 사용한다.
② 메이크업의 잔여물을 털어낼 때 사용한다.
③ 아이 펜슬을 부드럽게 그라데이션 할 때 사용한다.
④ 눈썹 꼬리를 선명하고 깔끔하게 처리할 때 사용한다.

중요

23 메이크업 시술 시 스파출라를 사용하는 방법으로 옳지 않은 것은?

① 인조 속눈썹을 붙일 때
② 화장품을 털어낼 때
③ 파운데이션 색상을 섞을 때
④ 립스틱 색상을 섞을 때

정답 12 ④ 13 ③ 14 ② 15 ④ 16 ③ 17 ① 18 ③ 19 ① 20 ③ 21 ③ 22 ② 23 ①

24 메이크업 브러쉬 세척 방법으로 옳은 것은?

① 세척 후 털을 아래로 하여 양지에서 말린다.
② 세척 후 털을 아래로 하여 응달에서 말린다.
③ 세척 후 털을 위로 하여 양지에서 말린다.
④ 세척 후 털을 위로 하여 응달에서 말린다.

> 비눗물이나 탄산 소다수에 10~20분 정도 담근 후 부드럽게 비벼 손질하여 세정 후 털을 아래로 하여 응달에서 말린다.

25 다음의 분장 재료 중 주된 용도가 다른 것은?

① 더마 왁스(derma wax)
② 파운데이션(foundation)
③ 아쿠아 컬러(aqua color)
④ 라이닝 컬러(lining color)

> 더마 왁스는 인조 피부를 만들 때 사용하는 재료이다.

26 아쿠아 컬러에 대한 설명으로 잘못된 것은?

① 멍, 화상 등에 사용하는 재료이다.
② 물에 개어서 사용하는 피부에 사용되는 물감이다.
③ 워터 컬러라고도 한다.
④ 물의 양에 따라 농도를 조절할 수 있다.

> 멍, 화상 등은 주로 라이닝 컬러를 사용한다.

27 붉은 기가 많은 피부 메이크업을 할 때 적당한 메이크업 베이스 색상은?

① 핑크색　　② 노란색
③ 그린색　　④ 갈색

> 그린 계열의 베이스는 붉은 피부 톤을 조절하여 준다.

28 다음 중 베이스의 종류에 해당하지 않는 것은?

① 컨트롤 컬러
② 블러셔
③ 언더 베이스
④ 파운데이션

> 블러셔는 색조 메이크업 종류에 해당한다.

29 피지에 의한 광택과 번들거림을 방지하며 블루밍(blooming) 효과를 주는 것은?

① 크림 파운데이션
② 리퀴드 파운데이션
③ 파우더
④ 투웨이 케이크

30 다음 중 파우더의 기능이 아닌 것은?

① 입체감 있는 윤곽 표현
② 파운데이션의 유분기 제거
③ 포인트 메이크업 상승효과
④ 베이스 메이크업 지속력 상승효과

> 파우더는 파운데이션의 유수분기를 제거하여 번들거림을 방지하고 블루밍 효과를 주며 파운데이션을 피부에 고정시켜 메이크업의 지속력을 높여준다.

31 다음 중 언더 메이크업을 가장 잘 설명한 것은?

① 유분과 수분, 색소의 양과 제조 공정에 따라 여러 종류로 구분된다.
② 베이스 컬러라고도 하며 피부색과 피부결을 정돈하여 자연스럽게 표현해준다.
③ 파운데이션의 밀착을 잘 도와주고 화장이 오래 잘 지속되도록 도와준다.
④ 효과적인 보호막을 결정해주며 피부의 결점을 감추려 할 때 효과적이다.

> 언더 메이크업은 파운데이션을 바르기 전에 화장이 오래 지속되도록 미리 발라주는 화장법이다.

중요
32 메이크업 베이스의 색상으로 잘못 연결된 것은?

① 핑크색 : 푸석푸석해 보이는 창백한 피부
② 그린색 : 모세혈관이 확장되어 붉은 피부
③ 화이트색 : 어둡고 칙칙해 보이는 피부
④ 연보라색 : 생기가 없고 어두운 피부

> 연보라색은 노란기가 많은 피부에 사용한다.

33 다음 중 파운데이션의 종류와 적합한 피부 타입을 연결한 것으로 틀린 것은?

① 파우더 타입의 파운데이션 – 지성 피부
② 리퀴드 타입의 파운데이션 – 건성 피부
③ 크림 타입의 파운데이션 – 건성 피부
④ 케이크 타입의 파운데이션 – 건성 피부

> 케이크 타입의 파운데이션은 지속성이 뛰어나 지성 피부와 발한 작용을 하는 피부에 적합하다.

34 부드러운 감촉으로 매끄럽게 피부에 잘 펴져 피부에 생동감을 주는 파우더의 특징은?

① 신진성 ② 부착성
③ 피복성 ④ 착색성

> • 피복성 : 기미나 주근깨 등을 감추어 피부의 색조를 조절하는 성질
> • 신진성 : 부드러운 감촉으로 매끄럽게 피부에 잘 펴져 피부에 생동감을 주는 성질
> • 흡수성 : 땀이나 피지 등의 피부 분비물을 흡수하여 메이크업의 번들거림과 지워짐을 막아주는 성질
> • 부착성 : 피부에 장시간 부착하는 성질
> • 착색성 : 적절한 광택을 유지하며 자연스러운 피부의 색조를 조정하는 성질

중요
35 다음 중 컨실러의 사용 방법으로 옳은 것은?

① 땀이나 물로 쉽게 지워지지 않으므로 얼굴뿐만 아니라 외부로 노출된 피부에 사용하면 좋다.
② 여름철에 주로 사용하며 피지 분비가 많은 지성 피부에 사용하면 좋다.
③ 피부의 음영이나 다크서클, 주근깨, 점 등의 잡티를 커버해주므로 파운데이션보다 1~2톤 밝은색을 선택하여 파운데이션을 바르기 전이나 후에 사용한다.
④ 거품 타입으로 흡수력이 좋고 사용감이 가벼우므로 투명한 피부에 사용하는 것이 좋다.

> 컨실러는 다크서클, 주근깨, 점 등의 잡티를 커버해주고 펜슬 타입, 크림 타입, 스틱 타입이 있으며, 파운데이션보다 밝은색을 선택하여 파운데이션 전이나 후에 사용한다.

정답 | 24 ② | 25 ① | 26 ① | 27 ③ | 28 ② | 29 ③ | 30 ① | 31 ③ | 32 ④ | 33 ④ | 34 ① | 35 ③

36 속눈썹이 처지고 숱이 없는 사람이 사용하기 적합한 마스카라는?

① 볼륨 & 롱래쉬
② 볼륨 & 컬링
③ 롱래쉬 & 워터 프루프
④ 컬링 & 롱래쉬

- 컬링 마스카라 : 부착력이 좋아 속눈썹이 잘 올라감
- 볼륨 마스카라 : 숱이 많아 보이게 섬유소가 들어가 있음
- 롱래쉬 마스카라 : 속눈썹의 길이 연장
- 워터 프루프 마스카라 : 땀이나 물에 잘 지워지지 않음

37 색상 표현이 자연스러워 누구나 쉽게 사용할 수 있으며 파우더를 압축한 형태의 치크 메이크업 제품은?

① 스틱 타입
② 크림 타입
③ 케이크 타입
④ 젤 타입

38 마스카라의 종류에 대한 설명으로 맞는 것은?

① 컬링 마스카라 – 속눈썹이 풍부해 보인다.
② 롱래쉬 마스카라 – 장시간 유지시켜준다.
③ 볼륨 마스카라 – 속눈썹이 길어 보이는 효과가 있다.
④ 케이크 마스카라 – 고형 타입으로 물이나 유연 화장수에 섞어 사용한다.

- 볼륨 마스카라는 짙고 풍성한 눈썹을 연출하고, 컬링 마스카라는 속눈썹을 처지지 않게 연출하며, 롱래쉬 마스카라는 섬유질로 속눈썹이 길어 보이는 효과가 있다.

39 다음 중 메이크업 화장품 제품의 분류로 올바른 것은?

① 눈 화장 제품 – 아이섀도, 아이라이너, 마스카라, 컨실러
② 피부 표현 제품 – 메이크업 베이스, 파운데이션, 페이스 파우더
③ 블러셔 제품 – 블러셔, 섀딩 컬러, 아이래시 컬러
④ 입술 화장 제품 – 립 라이너, 립스틱, 치크

- 눈화장 제품 : 아이섀도, 아이라이너, 아이래시 컬러
- 블러셔 제품 : 블러셔, 섀딩 컬러, 치크
- 입술 화장 제품 : 립 라이너, 립스틱

정답 36 ② 37 ③ 38 ④ 39 ②

속눈썹 연출 / 속눈썹 연장 / 본식웨딩 메이크업 / 응용 메이크업 / 트렌드 메이크업 / 미디어 캐릭터 메이크업 / 무대공연 메이크업

01 얼굴의 입체감을 연출하기 위한 파운데이션 기본 컬러의 선택 방법은?

① 베이스 컬러 : 피부보다 2~3단계 밝은색을 선택한다.
② 베이스 컬러 : 피부색과 유사하거나 동일 색을 사용한다.
③ 섀딩 컬러 : 얼굴색에 맞춘다.
④ 하이라이트 컬러 : 베이스 컬러보다 2~3단계 밝은색을 선택한다.

베이스 컬러는 피부보다 유사하거나 동일 색을 사용하며 섀딩 컬러는 베이스 컬러보다 1~2톤 어둡게 사용하고 하이라이트 컬러는 베이스 컬러보다 1~2톤 밝게 사용한다.

중요
02 다음은 어느 계절 메이크업의 설명인가?

- 산뜻하고 발랄하여 생동감이 느껴지고 밝고 화사한 색조를 이용한다.
- 핑크, 옐로, 그린, 오렌지 등의 색상으로 메이크업을 한다.

① 여름 ② 봄
③ 가을 ④ 겨울

- 여름 : 시원한 이미지, 투명한 피부 표현(화이트, 블루 계열)
- 가을 : 성숙하고 따뜻한 이미지, 피부 톤보다 한톤 어두운 피부 표현(브라운, 베이지, 카키 계열)
- 겨울 : 깨끗하고 심플한 이미지, 매트한 피부 표현(퍼플, 레드, 그레이 계열)

03 입술 색에 따른 색상 선택법으로 옳은 것은?

① 입술이 큰 사람 : 연한 립 색상을 선택한다.
② 입술색이 짙은 사람 : 선명하고 진한 계열의 색을 선택한다.
③ 입술이 작은 사람 : 진한 립 색상을 선택한다.
④ 입술색이 엷은 사람 : 파스텔 색만 피하면 된다.

입술이 큰 사람은 진한 립 색상을 입술이 작은 사람은 연한 립 색상을 입술색이 엷은 사람은 파스텔톤의 립 색상을 선택한다.

04 여성적인 느낌을 주지만 빈약해 보일 수 있는 입술로 본래의 입술 라인보다 1~2mm 정도 크게 그리고 밝은색이나 펄이 들어간 색상을 발라 주는 입술은 어떤 입술인가?

① 긴 입술 ② 작은 입술
③ 얇은 입술 ④ 두꺼운 입술

본래 입술보다 1~2mm 정도 늘려서 그리는 것은 얇은 입술이다.

05 기본 메이크업 시술에 대한 설명으로 틀린 것은?

① 피부색 등을 고려하여 자연스러운 파운데이션을 선택한다.
② 메이크업을 하기 위한 클렌징을 실시한다.
③ 메이크업 시 트렌드, 제품 정보 등을 시술자만 알고 있도록 한다.
④ 메이크업 목적, 디자인과 조화로운 아이라인을 그려준다.

메이크업 시 트렌드, 제품 정보 등을 고객에게 설명해준다.

정답 01 ② 02 ② 03 ② 04 ③ 05 ③

06 다음 중 웨딩 메이크업과 거리가 먼 것은?

① 로맨틱   ② 클래식
③ 큐트   ④ 매니쉬

> 매니쉬(mannish)는 '남성적인, 남자 같은'의 의미로 일반적인 신부의 여성적인 이미지와는 거리가 멀다.

07 아이브로 메이크업에 대한 설명으로 틀린 것은?

① 눈썹의 끝은 앞머리보다 처지지 않도록 그려준다.
② 눈썹의 색상이 진할 경우 아이브로 마스카라를 사용하여 톤을 정리한다.
③ 눈썹산의 위치는 눈썹 앞머리에서 눈썹 전체 길이의 1/3 지점 정도가 되도록 한다.
④ 모델의 눈썹 상태를 파악하여 알맞은 제형의 아이브로 화장품을 선택한다.

> 눈썹산의 위치는 눈썹 전체 길이의 2/3 지점 정도가 되도록 하는 것이 좋다.

08 얼굴형에 따른 치크 메이크업 테크닉에 대한 설명으로 옳은 것은?

① 사각형 얼굴 - 광대뼈를 애플 존 중심으로 동그란 형태로 부드럽게 표현한다.
② 긴 얼굴 - 애플 존 위에 세로 방향의 형태를 적용하여 표현한다.
③ 둥근 얼굴 - 얼굴이 가로로 확장되어 보일 수 있게 중앙에 적용한다.
④ 역삼각형 얼굴 - 광대쪽에서부터 애플 존 주변으로 넓어지는 형태를 적용한다.

> 사각형 얼굴형은 각진 느낌을 완화시킬 수 있도록 둥근 형태의 치크가 되도록 표현한다.

09 아이브로 메이크업에서 눈썹의 길이를 좌우하는 눈썹 꼬리와 콧방울의 각도로 알맞은 것은?

① 25°   ② 45°
③ 65°   ④ 85°

> 눈썹의 길이는 눈썹의 꼬리와 콧망울을 연결하여 45°를 이루었을 때 가장 적합한 길이라고 할 수 있다.

중요
10 얼굴형에 따른 메이크업 방법에 대한 설명으로 알맞지 않은 것은?

① 각진형은 상승형의 그라데이션 섀도와 곡선형의 입술로 보완한다.
② 둥근형의 경우 양볼의 뒷부분에 하이라이트를 주어 입체감 있는 얼굴로 보완한다.
③ 긴 형은 전체적으로 가로 방향으로 섀딩하여 표현한다.
④ 역삼각형의 얼굴은 양볼에 하이라이트를 주어 팽창되어 보이도록 한다.

> 둥근형은 갸름한 얼굴을 위해 양볼의 뒷부분에 섀딩을 넣어주도록 한다.

11 웨딩 메이크업 이미지와 컬러가 알맞게 연결된 것은?

① 퓨어 이미지 - 핫핑크, 블루
② 로맨틱 이미지 - 핑크, 라벤더
③ 클래식 이미지 - 오렌지, 그린
④ 노블레스 이미지 - 그레이, 블랙

> 로맨틱 이미지의 웨딩 메이크업은 핑크와 브라운 계열로 사랑스러움과 여성미가 잘 어울리도록 연출한다.

12 한복 메이크업에 대한 설명으로 틀린 것은?

① 저고리의 고름이나 끝동의 색상을 고려하여 컬러를 선택한다.
② 한복의 화려한 색상과 어울리는 강한 컬러를 사용하여 눈에 띄게 보이도록 한다.
③ 한복의 화려한 색상을 고려하여 색상을 사용하도록 한다.
④ 눈썹은 굵지 않은 아치 형태로 그려준다.

> 한복은 화려한 색상의 배색이 이루어지므로 우아한 이미지에 알맞은 은은한 질감 표현이 적합하다.

13 속눈썹 연장 시술 중 가모의 접착력을 높이는 재료로 옳은 것은?

① 전처리제
② 글루 리무버
③ 립앤아이 리무버
④ 마스카라

> 전처리제는 시술 전 속눈썹의 이물질, 유분기, 화장품의 잔여물을 제거하기 위해 사용하여 가모의 접착력을 높이는 효과가 있다.

14 봄 메이크업에 가장 어울리지 않는 색상은 무엇인가?

① 빨강 계열
② 페일 톤의 그린
③ 그레이시 톤의 오렌지
④ 라이트 옐로

> 빨강 계열은 겨울 메이크업 립에 어울리는 색상이다.

15 얼굴형에 따른 눈썹 화장법으로 옳지 않은 것은?

① 삼각형 – 눈썹산을 높게 그려준다.
② 사각형 – 강하지 않은 둥근 느낌으로 표현한다.
③ 마름모형 – 약간 내려간 듯 길게 그린다.
④ 역삼각형 – 자연스럽게 그리되 볼이 들어간 경우 눈꼬리를 내려 그린다.

> 마름모형 얼굴의 경우 눈썹을 너무 길게 그리지 않는다.

16 계절 메이크업에 대한 설명으로 옳은 것은?

① 여름 메이크업 – 땀이 많이 나고 피지 분비가 증가하므로 커버력 있는 제품으로 두껍고 입체적인 메이크업을 한다.
② 봄 메이크업 – 투명감 있는 피부를 표현하기 위해 리퀴드 파운데이션을 주로 사용한다.
③ 겨울 메이크업 – 입술은 연한 핑크나 오렌지색을 이용하여 볼륨감 있게 표현한다.
④ 가을 메이크업 – 전체적으로 붉은 계열의 색을 많이 사용하므로 치크 블러셔는 표현하지 않는다.

> • 여름 : 땀이 많이 나고 피지 분비가 증가하므로 두껍지 않게 파운데이션을 발라준다.
> • 가을 : 브라운 계열의 색상을 이용하여 샤프한 느낌으로 터치하고 혈색이 없는 경우에는 오렌지색을 사용한다.
> • 겨울 : 립 라이너로 입술 윤곽을 깔끔하게 그려준 후 로즈 계열이나 와인레드 계열을 발라준다.

정답 06 ④ 07 ③ 08 ① 09 ② 10 ② 11 ② 12 ② 13 ① 14 ① 15 ③ 16 ②

17 눈썹의 모양을 강하지 않게 자연스러운 둥근 느낌으로 만들 때 가장 효과적인 얼굴형은?

① 원형 ② 장방형
③ 사각형 ④ 마름모형

• 사각형 얼굴은 눈썹이 너무 가늘지 않게 그리며 부드럽게 커브를 강조한다.
• 원형 얼굴은 옆폭이 좁아 보이도록 수정 화장하고 눈썹은 약간 올라간듯하게 한다.
• 장방형 얼굴은 이마의 윗부분과 턱의 아랫부분을 진하게 하여 둥근형으로 수정하고 눈썹은 일자형으로 그린다.
• 마름모형 얼굴은 양쪽 광대뼈 부분과 모난 부분을 어둡게 하고 눈썹을 약간 올라간듯하게 그린다.

18 눈 부위의 분위기를 좌우하는 컬러로 눈을 떴을 때 어느 정도 보이는 부위를 무엇이라고 하는가?

① 메인 컬러
② 악센트 컬러
③ 섀도 컬러
④ 언더 컬러

메인 컬러는 눈 부위의 분위기를 좌우하는 컬러로 눈을 떴을 때 어느 정도 보이는 부위를 말한다.

중요
19 내추럴 메이크업에 대한 설명으로 맞는 것은?

① 무대나 가면무도회에서 보여지는 이미지 메이크업이다.
② 자연스럽게 모델이 가지고 있는 상태 그대로 표현하는 메이크업이다.
③ 노역 분장에 적합한 메이크업이다.
④ 민속 의상을 입을 때 적합한 메이크업이다.

내추럴 메이크업은 모델이 가지고 있는 상태 그대로 자연스럽게 표현하는 메이크업이다.

20 메이크업 시 얼굴의 지붕이라고 할 수 있는 부위로 이미지를 결정하는 데 중요한 역할을 하는 부위는?

① 코 ② 입술
③ 이마 ④ 눈썹

이미지를 결정하는 데 영향을 끼치고 얼굴의 지붕이라고 할 수 있는 부위는 눈썹이다.

21 속눈썹 연장 실기 재료로 잘못된 것은?

① 인증 글루
② 전처리제
③ 마이크로 브러쉬
④ 실리콘 롯드

실리콘 롯드는 속눈썹 펌 시술 시에 사용되는 재료이다.

22 다음 중 장례 메이크업의 목적으로 틀린 것은?

① 고인이 어떤 사고나 질병으로 인하여 얼굴색이 바뀌었다면 바뀐 모습 그대로 메이크업을 한다.
② 고인을 보낼 때 고인이 생전에 살아있을 때의 모습을 최대한 살린다.
③ 유가족들이 고인을 보았을 때 마지막의 모습을 평온하고 아름답게 꾸며준다.
④ 힘들게 돌아가셨더라도 메이크업을 함으로서 가족들에게 위로의 마음을 준다.

고인이 사고로 인하여 얼굴색이 바뀌었다면 사고 전의 본모습을 복원시켜서 메이크업을 한다.

23 웨딩 메이크업으로 틀린 것은?

① 귀여운 이미지
② 전위적인 이미지
③ 화사한 느낌을 강조
④ 우아한 이미지

> 웨딩 메이크업은 화사하고 귀여우면서 우아한 느낌으로 화장을 한다.

24 치크 메이크업을 하는 이유로 옳지 않은 것은?

① 얼굴형을 수정한다.
② 음영을 주어 얼굴을 입체적으로 표현한다.
③ 얼굴에 혈색을 주어 여성미와 건강미를 강조한다.
④ 메이크업의 미완성도를 높인다.

> 치크는 메이크업의 전체적인 분위기를 잡아주어 완성도를 높여준다.

25 속눈썹 펌 시술 시 주의사항으로 옳지 않은 것은?

① 시술 전 눈 주위의 메이크업이나 잔여물과 유분기를 잘 닦아낸다.
② 콘택트렌즈 착용 고객은 반드시 렌즈를 제거 후 시술한다.
③ 펌 롯드는 세척과 소독을 해서 반복 재사용이 가능하다.
④ 헤어펌제를 사용해도 된다.

26 노역 분장을 할 때 지켜야 할 사항 중 틀린 것은?

① 노인의 얼굴이 잘 두드러지게 하기 위하여 피부는 한톤 어둡게 한다.
② 강한 화장을 위하여 눈썹 모양이 화려하고 강한 인조 속눈썹을 사용한다.
③ 뷰티 메이크업보다는 대체적으로 색과 선을 강하게 한다.
④ 볼 밑, 눈 밑, 코 옆에 주름을 그리고 기미와 검버섯을 그려 넣는다.

> ② 판타지 메이크업

27 분장 메이크업 시 유의 사항으로 옳지 않은 것은?

① 공간을 감안한 메이크업
② 거리를 감안한 메이크업
③ 조명을 감안한 메이크업
④ 시술자의 기분에 따른 메이크업

> 시술자의 기분에 따라 분장 메이크업이 달라지면 안 된다.

28 무대 메이크업에 가장 적합한 파운데이션은?

① 크림 타입
② 고형 타입
③ 투웨이 케이크 타입
④ 리퀴드 타입

> 무대 메이크업에는 크림 타입의 파운데이션을 주로 사용한다.

| 정답 | 17 ③ | 18 ① | 19 ② | 20 ④ | 21 ④ | 22 ① | 23 ② | 24 ④ | 25 ④ | 26 ② | 27 ④ | 28 ① |

29 입술 형태에 따른 수정으로 잘못된 것은?

① 얇은 입술 – 립 라이너로 원래 입술 선보다 1~2mm 바깥쪽으로 그려준다.
② 처진 입술 – 구각부분을 약간 올려서 그리고 아랫입술은 완만한 곡선으로 그려준다.
③ 두껍고 큰 입술 – 입술 라인을 원래 입술보다 안쪽으로 그려준다.
④ 좁은 입술 – 입술산을 높이며 입꼬리를 입술 모양 그대로 하여 그려준다.

> 좁은 입술은 동양인들에게 많은 입술형으로 컨실러를 사용하여 입술산을 낮추며 입꼬리를 연장하여 그려준다.

30 다음 중 아이보리 드레스에 어울리는 섀도의 색상으로 알맞은 것은?

① 핑크
② 핑크, 퍼플
③ 오렌지, 브라운
④ 핑크, 레드

중요
31 T.P.O에 따른 메이크업(Time, Place, Occasion)에 대한 설명으로 맞지 않는 것은?

① 시간과 장소와 목적에 따라 메이크업이 달라질 수 없다.
② 낮시간과 밤시간에 따라 메이크업의 색상이 달라진다.
③ 면접, 결혼, 연극, 한복, 쇼 등 목적에 따라서 메이크업이 달라진다.
④ 실내 또는 실외의 장소에 따라 메이크업이 달라진다.

> 시간, 장소, 목적에 따라 메이크업이 달라질 수 있다.

32 엘레강스 메이크업의 이미지로 잘못된 것은?

① 고상함
② 우아함
③ 발랄함
④ 품위 있는 이미지

> 엘레강스 메이크업은 '우아한, 고상한, 점잖은'이란 뜻을 지녔으며, 성숙된 이미지와 고풍스럽고 품위 있는 이미지를 연출하는 메이크업이다.

33 낮시간 메이크업에 대한 설명으로 옳지 않은 것은?

① 눈화장 – 아이섀도는 부드럽고 은은한 따뜻한 계열의 컬러를 선택하여 그라데이션을 해준다.
② 눈화장 – 아이라이너는 펜슬, 리퀴드, 케이크 타입 중 어떤 타입이든 무방하며, 마스카라는 블랙을 사용한다.
③ 피부 화장 – 얼굴의 잡티를 컨실러를 이용하여 커버하고 파운데이션은 액상타입을 사용한다.
④ 볼 화장 – 광대뼈 아래에 자연스럽게 터치하고 립스틱 컬러와 보색 대비하게 발라준다.

> 볼 화장 – 광대뼈 위에 자연스럽게 터치하고, 립스틱 컬러와 비슷하게 한다.

34 속눈썹 연장 시술 전 알코올 소독 또는 자외선 소독을 해야 하는 도구는?

① 눈썹 브러쉬
② 핀셋
③ 우드스틱
④ 패치

> 재사용이 가능한 핀셋, 가위 등의 시술 도구는 알코올 또는 자외선 소독을 해서 사용한다.

35 로맨틱 메이크업의 눈화장에 대한 설명으로 틀린 것은?

① 검정 아이브로와 마스카라를 이용하여 최대한 강한 이미지를 부여한다.
② 본인의 눈썹에 맞게 최대한 자연스럽게 그려준다.
③ 핑크, 코랄, 오렌지, 퍼플, 라일락, 블루 계열 등의 다양한 파스텔 톤으로 표현한다.
④ 환상적이고 샤이닝한 펄을 이용하여 신비감을 준다.

> 브라운이나 투명 아이브로와 마스카라를 이용하여 자연스러움을 살린다.

36 밤 시간대 메이크업의 볼 화장과 눈화장의 설명으로 잘못된 것은?

① 귀엽고 사랑스러운 분위기 연출을 위해 광대뼈 아래를 감싸듯이 터치해 준다.
② 성숙된 이미지를 연출하기 위해서는 채도가 낮은 컬러로 광대뼈 아래로 터치해 준다.
③ 아이브로는 정교하게 길게 강조해 그려준다.
④ 아이라이너는 또렷하고 마스카라를 정교하게 하여 속눈썹의 풍만함을 부여해 준다.

> 귀엽고 사랑스러운 분위기 연출을 위해 광대뼈 위를 감싸듯이 터치해 준다.

37 댄디 메이크업에서 베이스와 아이브로의 설명으로 틀린 것은?

① 보통 피부보다 한 톤 어둡게 표현하고 옐로기가 있는 파우더로 마무리한다.
② 너무 글로시한 느낌보다는 건강미를 강조하고 매트한 피부 질감을 표현한다.
③ 눈썹 숱이 짙고 많은 사람은 아이브로 마스카라를 이용하여 한올 한올 눈썹 결을 살려준다.
④ 여성스러움을 강조하기 위하여 약간 연하고 가늘게 표현한다.

> 댄디 메이크업은 남성스러움을 강조하기 위하여 약간 진하고 두껍게 표현한다.

| 정답 | 29 ④ | 30 ③ | 31 ① | 32 ③ | 33 ④ | 34 ② | 35 ① | 36 ① | 37 ④ |

38 영상 매체를 위한 메이크업에 대한 설명으로 잘못된 것은?

① 아나운서, 리포터 등 방송 프로그램에 출연하는 진행자들을 위한 메이크업은 스트레이트 메이크업(straight makeup)이라고 한다.
② TV 화면에 재현되는 피부색은 실물의 피부색을 부자연스럽게 보이게 하거나 왜곡시키기도 한다.
③ 조명이나 빛의 반사에 의해 실물보다 더 평면적이고 크게 보이기 때문에 글로시한 피부질감으로 자연스럽게 표현한다.
④ 아름다움을 추구하기보다는 작품 속에 설정된 극중 인물의 성격을 나타내는 것이 캐릭터 메이크업(character makeup)이다.

> 영상 매체 메이크업은 조명이나 빛의 반사에 의해 실물보다 더 평면적이고 크게 보이기 때문에 입체감 있는 피부 표현이 중요하다.

39 미디어 메이크업은 크게 인쇄 매체와 영상 매체로 나누어진다. 다음 중 인쇄 매체에 적합하지 않은 것은?

① 신문   ② 포스터
③ pop   ④ 뮤직비디오

> 뮤직비디오는 영상 매체를 통한 정보 전달 기능을 한다.

40 상품 광고 메이크업 시 아티스트가 사전에 알아두어야 할 사항이 아닌 것은?

① 상품을 사용할 소비자층 파악
② 광고 제작진의 컨셉 파악
③ 매체의 종류
④ 모델이 선호하는 메이크업 스타일

> 광고 메이크업은 상품의 컨셉과 소비자층(성별과 연령 파악), 매체의 종류, 계절, 모델의 이미지 등을 충분히 검토한 후 메이크업의 컨셉을 정한다.

41 인조 속눈썹 부착 후 관리 방법으로 잘못된 것은?

① 인조 속눈썹을 제거할 때는 손으로 잡아 뜯는다.
② 속눈썹 유지기간은 관리 상태에 따라 짧게는 1주일 길게는 1개월 이상 유지된다.
③ 스트랩 래시와 인디비쥬얼 래쉬의 경우 일회용 글루를 사용하지만 연장용 래시의 경우에는 일회용이 아닌 전문 글루를 사용한다.
④ 떼어낸 인조 속눈썹은 묻어있는 접착제와 마스카라를 깨끗이 제거 후 보관한다.

> 인조 속눈썹을 제거할 때는 속눈썹 전용 리무버를 사용해 속눈썹에 자극을 되도록 줄이면서 제거한다.

42 속눈썹 연장 시 잘못된 것은?

① 속눈썹 연장 글루는 아무거나 사용해도 무관하다.
② 글루는 침전 현상을 방지하기 위해 좌우로 흔들러 사용하고 서늘한 곳에 보관한다.
③ 속눈썹 연장 시 고객의 눈 모양에 맞는 가모의 굴기와 컬의 모양, 길이 등을 고려하여 연장한다.
④ 속눈썹 연장 시 핀셋은 시술할 때마다 소독 후 사용한다.

> 속눈썹 연장 시 눈에 시술하는 제품으로 kc인증 제품을 꼭 사용해야 한다.

정답 38 ③ | 39 ④ | 40 ④ | 41 ① | 42 ①

제2편 피부학 출제예상문제

※ 중요 표시 문제는 저자 직강 동영상과 함께 학습하세요.

피부와 피부 부속 기관

01 피부의 각질층에 존재하는 세포 간 지질 중 가장 많이 함유된 것은?

① 세라마이드(ceramide)
② 왁스(wax)
③ 콜레스테롤(cholesterol)
④ 스쿠알렌(squalene)

> 세라마이드는 각질층 세포 간 지질의 50% 이상을 차지하는 주요 성분이다. 각질층은 그 외에도 NMF(천연보습인자), 케라틴으로 구성된다.

중요

02 다음 중 표피층의 순서로 옳은 것은?

① 각질층 – 투명층 – 과립층 – 유극층 – 기저층
② 각질층 – 기저층 – 유극층 – 과립층 – 투명층
③ 각질층 – 유극층 – 과립층 – 투명층 – 기저층
④ 각질층 – 투명층 – 과립층 – 기저층 – 유극층

> 표피층은 각질층 – 투명층 – 과립층 – 유극층 – 기저층으로 구성된다.

03 피부 구조의 설명으로 바른 것은?

① 피부의 구조는 결합섬유, 탄력섬유, 평활근의 3층으로 구성된다.
② 피부의 구조는 각질층, 투명층, 과립층의 3층으로 구성된다.
③ 피부의 구조는 표피, 진피, 피하조직의 3층으로 구성된다.
④ 피부의 구조는 한선, 피지선, 유선의 3층으로 구성된다.

> 피부의 구조는 표피, 진피, 피하조직의 3층으로 구성된다.

중요

04 천연보습인자(NMF)에 속하지 않는 것은?

① 암모니아 ② 아미노산
③ 젖산염   ④ 글리세린

> 천연보습인자(NMF, Natural Moisturizing Factor)는 각질층의 수분을 보유·조절하는 물질로 필라그린이 분해되면서 형성된 부산물들이다. 아미노산, 암모니아, 젖산염, 요소로 구성되어 있으며 그중 아미노산은 40%를 차지하는 중요 성분이다.

05 손바닥과 발바닥 등 비교적 피부층이 두터운 부위에 주로 분포되어 있으며 수분 침투를 방지하고 피부를 윤기 있게 해주는 기능을 가진 엘라이딘이라는 단백질을 함유하고 있는 표피 세포층은?

① 각질층   ② 유두층
③ 투명층   ④ 망상층

> 투명층은 엘라이딘이라는 단백질을 함유하고 손바닥과 발바닥 등 비교적 피부층이 두터운 부위에 분포한다.

정답 01 ① 02 ① 03 ③ 04 ④ 05 ③

06 엘라스틴과 콜라겐이 주성분으로 이루어지는 피부 조직은?

① 진피 조직　② 표피 하층
③ 피하 조직　④ 표피 상층

> 피부의 구조 중 진피는 유두층과 망상층으로 이루어져 있으며 망상층에 섬유아 세포가 존재하여 섬유성 결합 조직의 중요한 성분인 콜라겐과 엘라스틴을 만들어 낸다.

07 피부의 부속 기관으로 틀린 것은?

① 손발톱　② 피지선
③ 유선　④ 흉선

> 피부의 부속 기관에는 한선(땀샘), 유선, 피지선, 모발, 손발톱 등이 있다.

08 멜라닌 세포의 설명 중 틀린 것은?

① 색소 생성 세포의 수는 인종 간의 차이가 크다.
② 임신 중에 신체 부위별로 색소가 짙어지기도 하는데 MSH가 왕성하게 분비되기 때문이다.
③ 멜라닌 형성 자극 호르몬(MSH)도 멜라닌 형성에 촉진제 역할을 한다.
④ 멜라닌 생성 세포는 신경질에서 유래하는 세포로써 정신적 인자와도 연관성이 있다.

> 인종 간에는 색소 생성 세포의 수는 같고 구성하는 색소 생성 세포의 종류가 다르다.

중요
09 피부의 주체를 이루는 층으로 망상층과 유두층으로 구분되며 피부 조직 외에 부속 기관인 혈관, 신경관, 림프관, 땀샘, 기름샘, 모발과 입모근을 포함하고 있는 곳은?

① 진피　② 표피
③ 근육　④ 피하조직

> 진피 조직은 피부의 90% 이상으로 혈관, 신경관, 림프관, 땀샘, 기름샘, 입모근을 포함한다.

10 한선에 대한 설명 중 바르지 않은 것은?

① 입술을 포함한 전신에 존재한다.
② 체온 조절 기능을 한다.
③ 손바닥, 발바닥에 많이 존재한다.
④ 에크린선과 아포크린선이 있다.

> 한선은 손바닥, 발바닥에 많이 존재하고 겨드랑이, 유방, 배꼽 주위, 항문 주위 등에서 제한적으로 발견된다.

중요
11 일반적으로 아포크린 한선(대한선)의 분포가 없는 곳은?

① 겨드랑이　② 입술
③ 유두　④ 배꼽 주변

> 아포크린 한선은 보통 대한선이라고 불리고 진피의 깊은 곳 또는 피하조직에 있으며 겨드랑이 밑이나 유두, 외이도, 항문 주위 등의 한정된 곳에만 존재한다.

12 피지선에 대한 설명으로 틀린 것은?

① 피지선은 손바닥에는 없다.
② 피지를 분비하는 선으로 진피 중에 위치한다.
③ 피지선이 많은 부위는 코 주위이다.
④ 피지의 1일 분비량은 10~20g 정도이다.

> 피지선은 진피의 망상층에 위치하고 손바닥, 발바닥을 제외한 전신에 분포하며 1일 분비량은 1~2g 정도이다.

13 다음 중 입모근과 가장 관련 있는 것은?

① 피지 조절
② 체온 조절
③ 수분 조절
④ 호르몬 조절

　입모근은 교감 신경의 지배를 받아 피부에 소름을 돋게 하는 근육을 말한다.

14 피부의 표피를 구성하는 세포층 중에서 가장 바깥에 존재하는 것은?

① 과립층　　② 투명층
③ 유극층　　④ 각질층

　피부 표피층은 각질층 – 투명층 – 과립층 – 유극층 – 기저층으로 구성된다.

15 천연보습인자의 설명으로 잘못된 것은?

① 피부 수분 보유량을 조절한다.
② 수소이온농도의 지수 유지를 말한다.
③ 아미노산, 젖산, 요소 등으로 구성되어 있다.
④ NMF(natural moisturizing factor)

　수소이온농도의 지수는 pH를 의미한다.

16 피부 표피의 투명층에 존재하는 반유동성 물질은?

① 엘라이딘　　② 콜레스테롤
③ 단백질　　　④ 세라마이드

17 피부 표피층 중에서 가장 두꺼운 층으로 세포 표면에 가시 모양의 돌기를 가지고 있는 것은?

① 각질층　　② 기저층
③ 과립층　　④ 유극층

　유극층은 세포의 돌기 모양이 가시 모양이라 하여 가시층이라고도 불린다. 표피층 중 가장 두꺼운 층이다.

18 피부 세포가 기저층에서 생성되어 각질층으로 되어 떨어져 나가기까지의 기간을 피부의 1주기(각화주기)라 한다. 성인에 있어서 건강한 피부인 경우 1주기는 보통 며칠인가?

① 7일　　　② 45일
③ 15일　　④ 28일

　피부의 각화 과정이란 피부 세포가 기저층에서 태어나 성장을 계속하면서 피부 위로 올라오면서 유극층, 과립층을 거쳐 각질층까지 축척되어 탈락되는 현상을 말하며 그 주기는 28일 정도이다. 표피의 기저층에서 생성된 세포는 각질층까지 각화과정을 통해 올라오는 데 2주, 떨어져 나가는 데 2주가 소요된다.

19 피부의 구조 중 진피층에 속하는 것은?

① 유극층　　② 과립층
③ 유두층　　④ 기저층

　피부는 크게 표피, 진피, 피하조직의 3층으로 구성되어 있다. 표피는 각질층, 투명층, 과립층, 유극층, 기저층으로 구성되며 진피는 유두층, 망상층으로 구성되어 있다.

| 정답 | 06 ① | 07 ④ | 08 ① | 09 ① | 10 ① | 11 ② | 12 ② | 13 ② | 14 ④ | 15 ② | 16 ① | 17 ④ |
| | 18 ④ | 19 ③ | | | | | | | | | | |

20 모세혈관이 존재하며 콜라겐 조직과 탄력적인 엘라스틴 섬유 및 무코 다당류로 구성되어 있는 피부 조직은?

① 진피   ② 표피
③ 유극층   ④ 피하조직

> 진피(망상층)는 그물 모양의 섬유성 결합 조직으로 교원 섬유(콜라겐)와 탄력 섬유(엘라스틴)가 주성분으로 이루어진 피부 조직이다.

중요
21 피부의 기능에 대한 설명으로 잘못된 것은?

① 체온 조절을 한다.
② 인체 내부 기관을 보호한다.
③ 비타민 B를 생성한다.
④ 감각을 느끼게 한다.

> 피부에서 생성하는 비타민은 비타민 D로 자외선을 만나 생성된다.

중요
22 다음 중 체온 조절 기능에 대한 설명으로 옳은 것은?

① 신체와 환경과의 열 교환 현상은 없다.
② 신체는 신진대사만으로 열을 생산한다.
③ 인체는 화학적 조절 기능으로 체내에서 열 생산을 한다.
④ 피부는 열 발산 기능보다 열 생산 기능이 더 활발하다.

> 피부는 열을 발산하여 체온 조절 작용을 한다.

중요
23 다음 중 모발의 성장 단계를 옳게 나타낸 것은?

① 휴지기 – 퇴화기 – 성장기
② 성장기 – 퇴화기 – 휴지기
③ 퇴화기 – 성장기 – 휴지기
④ 휴지기 – 성장기 – 퇴화기

> 모발은 성장기 – 퇴화기 – 휴지기 – 발생기를 거치며, 휴지기는 모발 성장의 마지막 단계로 더이상 성장이 일어나지 않으며 모낭이 줄어들기 시작한다.

24 다음 중 건강한 손톱의 특성이 아닌 것은?

① 약 8~12%의 수분을 함유하고 있다.
② 모양이 고르고 표면이 균일하다.
③ 탄력이 있고 단단하다.
④ 매끄럽고 광택이 나며 반투명한 핑크빛을 띤다.

> 손톱은 표피의 각질층과 투명층의 반투명한 각질판으로 아미노산과 시스테인이 많이 포함되어 있다. 건강한 손톱은 12~18% 수분을 함유해야 하며, 네일 베드에 단단히 부착되어 있으며 탄력 있고 유연해야 하고 연한 핑크색을 띠고 둥근 아치 모양을 형성해야 한다.

25 모발의 70% 이상을 차지하며, 멜라닌 색소와 섬유질 및 간충 물질로 구성되어 있는 곳은?

① 모표피(cuticle)
② 모수질(medulla)
③ 모낭(follicle)
④ 모피질(cortex)

> 모피질은 모발의 85~90%를 차지하며, 멜라닌 색소와 섬유질 및 간충 물질로 구성되어 있다.

26 다음 중 피부의 표피에서 촉감을 감지하는 세포는?

① 멜라닌 세포
② 머켈 세포
③ 각질 형성 세포
④ 랑게르한스 세포

> 머켈 세포는 기저층에서 발생하여 촉감을 감지하여 신경 섬유 자극을 뇌하수체에 전달한다.

27 다음 중 피부의 각질(케라틴)을 만들어 내는 세포는?

① 색소 세포
② 기저 세포
③ 각질 형성 세포
④ 섬유아 세포

> 피부의 각질을 만들어 내는 세포는 각질 형성 세포이다.

28 다음 중 피부의 새로운 세포 형성이 이루어지는 곳은?

① 기저층   ② 유극층
③ 과립층   ④ 투명층

29 천연보습인자(NMF)의 구성 성분 중 40%를 차지하는 중요 성분은?

① 젖산염   ② 요소
③ 아미노산 ④ 무기염

> 천연보습인자는 아미노산(40%), 젖산염, 암모니아, 요소 등으로 구성된다.

30 다음 중 피부의 피지선을 압박하여 피지를 분비하고 수축하여 체온 손실을 줄이는 역할을 하는 근육은 어느 것인가?

① 외전근   ② 입모근
③ 내전근   ④ 괄약근

> 모낭 아래 부위에 존재하며 털을 세우는 근육은 입모근이다.

중요
31 표피의 투명층에 대한 설명으로 틀린 것은?

① 엘라이딘을 함유하고 있어 피부를 윤기 있게 해준다.
② 자외선을 반사하는 성질이 있다.
③ 손바닥과 발바닥 부위에 주로 분포되어 있다.
④ 유핵층으로 각화 세포로 피부를 보호한다.

> 표피의 투명층은 무핵층이다.

| 정답 | 20 ① | 21 ③ | 22 ③ | 23 ② | 24 ① | 25 ④ | 26 ② | 27 ③ | 28 ① | 29 ③ | 30 ② | 31 ④ |

32 레인 방어막의 역할이 아닌 것은?
① 체액이 외부로 새어나가는 것을 방지한다.
② 피부의 색소를 만든다.
③ 피부염 유발을 억제한다.
④ 외부로부터 침입하는 각종 물질을 방어한다.

33 다음 중 피부색을 결정하는 요소가 아닌 것은?
① 멜라닌
② 혈관 분포와 혈색소
③ 각질층의 두께
④ 티록신
🔸 티록신은 갑상선에서 분비되는 호르몬으로 체내의 물질 대사에 관여하며, 피부색을 결정하는 요소가 아니다.

34 얇은 표피에 진피의 동맥성 모세혈관이 비쳐 보여 붉은 혈색을 나타내는 피부의 색소는?
① 카로틴
② 알부민
③ 멜라닌
④ 헤모글로빈
🔸 헤모글로빈은 혈색소로 혈액의 색이 붉은 것은 적혈구 속 헤모글로빈의 색 때문이다.

35 다음 중 진피의 구성 성분이 아닌 것은?
① 기질
② 엘라스틴
③ 콜라겐
④ 엘라이딘
🔸 엘라이딘은 표피의 투명층에 있는 반유동성 물질이다.

36 피부 색소인 멜라닌(melanin)은 어떤 아미노산으로부터 합성되는가?
① 글리신(glycine)
② 알라닌(alanine)
③ 글루탐산(glutamic acid)
④ 티로신(tyrosine)
🔸 멜라닌 색소는 아미노산인 티로신의 유도체이다.

37 콜라겐과 엘라스틴으로 구성되어 있어 강한 탄력성을 지니고 있는 곳은?
① 피하조직
② 진피
③ 근육
④ 표피
🔸 그물 모양의 섬유성 결합 조직으로 교원 섬유(콜라겐)와 탄력 섬유(엘라스틴)가 주성분으로 이루어진 피부 조직이다.

38 다음 피부의 구조 중 진피에 속하는 것은?
① 유두층
② 유극층
③ 과립층
④ 기저층
🔸 진피는 유두층과 망상층으로 이루어져 있다.

39 다음 중 유두층에 대한 설명으로 틀린 것은?
① 수분을 다량으로 함유하고 있다.
② 표피층에 위치하며 모낭 주위에 존재한다.
③ 혈관을 통하여 기저층에 많은 영양분을 공급하고 있다.
④ 혈관과 신경이 있다.
🔸 유두층은 피부의 구조 중 진피에 위치한다.

40 다음 중 피지선의 활성을 높여주는 호르몬은?

① 에스트로겐 ② 안드로겐
③ 인슐린 ④ 멜라닌

안드로겐은 남성의 2차 성장 발달에 작용하는 호르몬으로 정자 형성을 촉진하기도 하며 피지선을 자극해 피지의 생성을 촉진한다.

41 다음 중 피부의 진피층을 구성하고 있는 주요 단백질은?

① 시스틴 ② 글로불린
③ 콜라겐 ④ 알부민

콜라겐은 진피층 구성 성분 중 90%를 차지하는 단백질로 피부 속 세포의 지지 역할을 수행한다.

42 다음 중 진피의 구성 세포로 잘못된 것은?

① 섬유아 세포 ② 대식 세포
③ 멜라닌 세포 ④ 비만 세포

진피의 구성 세포는 섬유아 세포, 대식 세포, 비만 세포이다.

43 다음 중 외부로부터 충격이 있을 때 완충 작용으로 피부를 보호하는 역할을 하는 것은?

① 모공과 모낭
② 외피 각질층
③ 한선과 피지선
④ 피하지방과 모발

44 다음 중 피부의 기능으로 잘못된 것은?

① 감각 작용
② 체온 조절 작용
③ 보호 작용
④ 순환 작용

피부는 보호 기능, 감각 기능, 체온 조절 기능, 분비 및 배출 기능, 흡수 기능, 저장 기능 등을 한다.

45 다음 중 피부의 기능이 아닌 것은?

① 피부도 호흡한다.
② 피부는 땀과 피지를 통해 노폐물을 분비·배설한다.
③ 피부는 강력한 보호 작용을 지니고 있다.
④ 피부는 체온의 외부 발산을 막고 외부 온도 변화를 내부로 전하는 작용을 한다.

피부는 일정한 체온을 유지하며 모세혈관을 통해 인체 내부의 온도를 유지한다.

46 피부가 느낄 수 있는 감각 중에서 가장 예민한 감각은?

① 압각 ② 촉각
③ 통각 ④ 냉각

피부의 지각 작용 중 통각이 가장 예민하고 온각이 가장 둔하다.

정답	32 ②	33 ④	34 ④	35 ④	36 ④	37 ②	38 ①	39 ②	40 ②	41 ③	42 ③	43 ④
	44 ④	45 ④	46 ③									

47 피부가 느낄 수 있는 감각 중에서 가장 둔한 감각은?
① 온각
② 냉각
③ 촉각
④ 통각

48 다음 중 피부의 부속 기관이 아닌 것은?
① 흉선
② 손발톱
③ 피지선
④ 유선

🔖 흉선(가슴샘)은 피부의 부속 기관이 아니다.

49 다음 중 피부의 보호 작용을 하는 것이 아닌 것은?
① 표피 각질층
② 교원섬유
③ 평활근
④ 피하지방

🔖 평활근은 주로 내장의 벽을 구성하는 근육을 말한다.

50 다음 중 피지선이 분포되어 있지 않은 부위는?
① 가슴
② 코
③ 손바닥
④ 이마

🔖 피지선은 손바닥, 발바닥에는 전혀 없다.

51 입술에 있는 피지선은 다음 중 어느 것에 속하는가?
① 작은 피지선
② 독립 피지선
③ 큰 피지선
④ 무 피지선

🔖 입술, 성기, 유두, 귀두 등에 독립 피지선이 있다.

52 피부의 피지막은 보통 상태에서 어떤 유화 상태로 존재하는가?
① W/O유화
② O/W유화
③ W/S유화
④ S/W유화

🔖 피부의 피지막은 pH 4.5~6.5의 약산성으로 W/O의 유화 상태로 존재한다.

53 피부의 피지막에 대한 설명 중 잘못된 것은?
① 피지막 형성은 피부의 상태에 따라 그 정도가 다르다.
② 세균 또는 백선균이 죽거나 발육이 억제당한다.
③ 땀과 피지가 섞여서 합쳐진 막이다.
④ 보통 알칼리성을 나타내고 독물을 중화시킨다.

🔖 피지막은 피지선에서 분비되는 피지와 한선에서 분비되는 땀으로 형성된 약산성의 얇은 막이다.

54 다음 중 피부에서 자율 신경의 지배를 받지 않는 것은?
① 한선
② 입모근
③ 혈관
④ 피지선

🔖 피지선은 자율 신경의 지배를 받고 있지 않다.

55 다음 중 피부의 가장 이상적인 pH 범위는?

① pH 3.5~4.5
② pH 5.2~5.8
③ pH 6.5~7.2
④ pH 7.5~8.2

> pH는 산성 혹은 알칼리성의 정도를 나타낸 수소이온 농도를 나타낸 값이다. 건강한 피부는 pH 4.5~6.5 사이로 약산성을 띠며 가장 이상적인 피부는 pH 5.5이다.

58 다음 중 입모근과 가장 관련 있는 것은?

① 호르몬 조절
② 수분 조절
③ 피지 조절
④ 체온 조절

> 추위에 피부가 노출되거나 공포를 느끼면 입모근이 수축하여 모공을 닫아 체온 손실을 막아주고 체온 조절의 역할을 한다.

56 다음 중 피부 표면의 pH에 가장 큰 영향을 주는 것은?

① 땀의 분비
② 각질 생성
③ 호르몬의 분비
④ 침의 분비

> 땀의 과다 분비 또는 저하는 피부 표면의 pH에 영향을 준다.

59 다음 중 피부의 부속 기관 중 한선의 기능으로 잘못된 것은?

① 피부 보습 유지
② 노폐물 배출
③ 피부 습도 유지
④ 체온 조절

> 한선의 기능은 체온 조절, 노폐물 배출, 피부 습도 유지, 산성 보호막 형성 등이다.

57 다음 중 땀샘의 역할이 아닌 것은?

① 피지 분비
② 땀 분비
③ 분비물 배출
④ 체온 조절

> 피지의 분비는 피지선에서 한다.

60 다음 손톱의 구조 중 손톱의 성장 장소인 곳은?

① 조근   ② 조소피
③ 조하막 ④ 조체

> 조근(네일 루트)은 손톱의 아랫부분에 묻혀있는 얇고 부드러운 부분으로 새로운 세포가 만들어져 손톱의 성장이 시작되는 곳이다.

정답	47	①	48	①	49	③	50	③	51	②	52	①	53	④	54	④	55	②	56	①	57	①	58	④
	59	①	60	①																				

피부 유형 분석

01 잔주름이 많고 화장이 잘 들뜨며 세안 후 이마, 볼 부위가 당기는 피부 유형은?

① 민감 피부
② 복합성 피부
③ 노화 피부
④ 건성 피부

> 건성 피부는 피지 분비가 원활하지 않고 각질이 많아 세안 후 당기고 화장이 들뜨는 증상이 있다.

02 지성 피부에 대한 설명 중 옳지 않은 것은?

① 피부결이 섬세하지만 피부가 얇고 붉은색이 많다.
② 지성 피부는 정상 피부보다 피지 분비량이 많다.
③ 지성 피부의 원인은 남성 호르몬인 안드로겐(androgen)이나 여성 호르몬인 프로게스테론(progesterone)의 기능이 활발해지는 것이다.
④ 지성 피부의 관리는 피지 제거 및 깨끗한 세정을 주목적으로 한다.

> ① 민감성 피부

03 노화된 피부의 설명으로 옳지 않은 것은?

① 주름이 많다.
② 노화 피부는 탄력이 없고 수분이 많다.
③ 피지 분비가 원활하지 못하다.
④ 색소 침착 불균형이 나타난다.

> 노화 피부는 탄력이 없고 수분이 부족하다.

04 다음 중 중성 피부에 대한 설명으로 옳은 것은?

① 중성 피부는 외적인 요인에 의해 건성이나 지성 쪽으로 되기 쉽기 때문에 항상 꾸준한 손질을 해야 한다.
② 중성 피부는 자연적으로 유분과 수분의 분비가 적당하므로 다른 손질은 하지 않아도 된다.
③ 중성 피부는 화장이 오래가지 않고 쉽게 지워진다.
④ 중성 피부는 계절이나 연령에 따른 변화가 전혀 없이 항상 중성 상태를 유지한다.

05 피부의 유수분의 균형이 정상적이지 못하고 피부결이 얇으며 탄력 저하와 주름이 쉽게 형성되는 피부는?

① 민감성 피부
② 복합성 피부
③ 지성 피부
④ 건성 피부

> 건성 피부는 피부결이 얇고 주름이 쉽게 형성되어 피지선과 한선의 기능 저하 및 보습 능력의 저하로 유분과 수분 함량의 부족, 피부 탄력 저하와 같은 현상이 생긴다.

06 다음 중 지성 피부의 특징이 아닌 것은?

① 모공이 넓다.
② 피부에 윤기가 있다.
③ 여드름 피부가 될 수 있다.
④ 각질층이 얇다.

> 지성 피부는 각질층이 두꺼워 피지 분비량이 많고 모공이 크다.

07 피부가 두꺼워 보이고 모공이 크며 화장이 쉽게 지워지는 피부 타입은?

① 지성 피부　② 건성 피부
③ 민감성 피부　④ 중성 피부

> 지성 피부는 피지 분비량이 많고 모공이 크고 확장되어 있으며 피부가 두껍고 피부결이 곱지 못하다.

08 얼굴에 있어 T존 부위는 번들거리고, 볼 부위는 당기는 피부 유형은?

① 정상 피부　② 지성 피부
③ 복합성 피부　④ 건성 피부

> 복합성 피부는 2가지 이상의 성질의 피부가 한 얼굴에 존재하는 것을 말한다.

[중요]
09 피지와 땀의 분비 저하로 유수분의 균형이 정상적이지 못하고, 피부결이 얇으며 탄력 저하와 주름이 쉽게 형성되는 피부는?

① 이상 피부　② 건성 피부
③ 지성 피부　④ 민감성 피부

> 건성 피부는 유수분의 분비 기능이 저하되어 피부에 윤기가 떨어지고 수분이 부족하여 피부 당김 현상이 생기며 피지 분비가 되지 않아 수분의 부족 현상이 생겨 주름이 생길 수 있다.

[중요]
10 다음 중 민감성 피부에 대한 설명으로 옳은 것은?

① 땀이 많이 나는 피부
② 멜라닌 색소가 많은 피부
③ 어떤 물질에 곧 반응을 일으키는 피부
④ 피지의 분비가 적어서 거친 피부

> 민감성 피부는 피부 조직이 정상 이상으로 섬세하고 얇아서 외부의 자극성 물질, 알레르기성 물질 혹은 환경 변화 또는 인체 내부 원인에 대해 정상인 피부보다 더 민감하게 반응하여 피부염을 잘 일으키는 피부를 말한다.

11 다음 중 여드름 발생의 주요 원인과 가장 거리가 먼 것은?

① 모낭 내 이상 각화
② 여드름 균의 군락 형성
③ 염증 반응
④ 아포크린 한선의 분비 증가

> 여드름 발생은 피지의 과다 분비와 관련이 있다.

| 정답 | 01 ④ | 02 ① | 03 ② | 04 ① | 05 ④ | 06 ④ | 07 ① | 08 ③ | 09 ② | 10 ③ | 11 ④ |

피부와 영양·광선·면역·노화·장애와 질환

01 다음 중 피부의 각질, 털, 손발톱의 구성 성분인 케라틴을 가장 많이 함유한 것은?

① 동물성 단백질
② 식물성 지방질
③ 탄수화물
④ 동물성 지방질

> 케라틴은 머리털, 손톱, 피부 등 상피 구조의 기본을 형성하는 단백질이다.

02 항산화 비타민으로 아스코르브산(ascorbic acid)으로 불리는 것은?

① 비타민 A   ② 비타민 B
③ 비타민 C   ④ 비타민 D

03 다음 중 갑상선과 부신의 기능을 활성화시켜 피부를 건강하게 해주며 모세혈관의 기능을 정상화시키는 것은?

① 마그네슘   ② 나트륨
③ 철분   ④ 요오드

04 다음 중 강한 자외선에 노출될 때 생길 수 있는 현상과 가장 거리가 먼 것은?

① 비타민 D 합성
② 아토피 피부염
③ 색소 침착
④ 홍반 반응

> 아토피 피부염은 유전적인 원인과 환경적인 원인 등에 의해 발생한다. 환자의 70~80%에서 아토피 질환의 가족력이 있다. 환경 요인으로 인스턴트 식품 섭취의 증가, 실내외 공해에 의한 알레르기 물질의 증가 등이 있다.

05 다음 중 UV-A(장파장 자외선)의 파장 범위는?

① 200~290nm
② 100~200nm
③ 320~400nm
④ 290~320nm

> UV-A의 파장은 320~400nm, UV-B의 파장은 290~320nm, UV-C의 파장은 320~400nm 정도이다.

06 다음 중 적외선에 대한 설명으로 옳지 않은 것은?

① 피부에 열을 가하여 피부를 이완시키는 역할을 한다.
② 혈류의 증가를 촉진시킨다.
③ 피부의 생성물을 흡수되도록 돕는 역할을 한다.
④ 노화를 촉진시킨다.

> 피부 노화를 촉진시키는 것은 자외선에 의해 발생한다.

07 다음 중 기미, 주근깨 관리 방법으로 잘못된 것은?

① 비타민 C가 함유된 식품을 다량 섭취한다.
② 미백 효과가 있는 팩을 자주 한다.
③ 외출 시에는 화장을 하지 않고 기초화장품만 바르고 외출한다.
④ 자외선 차단제가 함유되어 있는 화장품을 사용한다.

중요
08 피부의 면역에 관한 설명으로 옳은 것은?

① 표피에 존재하는 각질 형성 세포는 면역 조절에 작용하지 않는다.
② 세포성 면역에는 보체, 항체 등이 있다.
③ T림프구는 항원 전달 세포에 해당된다.
④ B림프구는 면역 글로불린이라고 불리는 항체를 생성한다.

09 광노화의 반응과 가장 거리가 먼 것은?

① 모세혈관 수축
② 건조
③ 거칠어짐
④ 과색소 침착증

　광노화는 자외선에 의한 노화로 피부의 보습력을 저하시켜 피부가 건조하고 거칠어지고 표피가 두꺼워지고 색소 침착이 증가하며 진피가 두꺼워진다.

10 내인성 노화가 진행될 때 감소 현상을 나타내는 것은?

① 랑게르한스 세포
② 주름
③ 각질층 두께
④ 피부 처짐 현상

　내인성 노화(자연 노화)의 경우 피하지방 세포, 멜라닌 세포, 랑게르한스 세포, 한선의 수, 땀의 분비가 감소하게 된다.

11 다음 중 원발진에 해당하는 피부 변화로 옳은 것은?

① 위축　　　　② 구진
③ 미란　　　　④ 가피

　원발진의 피부 변화로는 반점, 홍반, 면포, 농포, 팽진, 구진, 소수포, 대수포, 결절, 종양, 낭종 등이 있다.

중요
12 피부 노화의 원인으로 잘못된 것은?

① 혈액순환 상승
② 호르몬 영향
③ 면역기능 이상
④ 연령의 증가

　혈액순환에 이상이 생겨 탄력성이 떨어져 영양 공급에 지장을 초래하면 혈관이 약화되거나 늘어나는 등 피부 노화 현상이 나타난다.

13 다음 피부 노화의 원인 중 외적인 요인이 아닌 것은?

① 기계적 요인
② 환경적 요인
③ 영양학적 요인
④ 태양광선

　영양학적 요인은 피부 노화 내적인 요인이다.

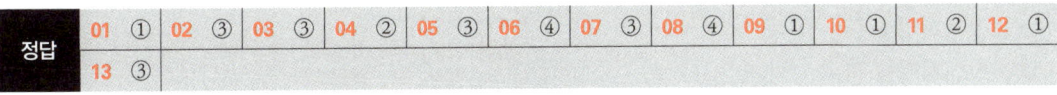

정답	01 ①	02 ③	03 ③	04 ②	05 ③	06 ④	07 ③	08 ④	09 ①	10 ①	11 ②	12 ①
	13 ③											

제3편 공중위생관리학 출제예상문제

※ 중요 표시 문제는 저자 직강 동영상과 함께 학습하세요.

공중보건학

중요
01 다음 중 공중보건에 대한 설명으로 옳은 것은?
① 사회의학을 대상으로 한다.
② 지역사회를 대상으로 한다.
③ 예방의학을 대상으로 한다.
④ 개인을 대상으로 한다.

> 공중보건은 조직적인 지역사회의 노력을 통하여 질병을 예방하고 수명을 연장하며 건강과 효율을 증진시키는 기술이며 과학이다.

02 다음 중 영아사망률의 계산 공식으로 옳은 것은?

① $\dfrac{\text{연간 출생아 수}}{\text{인구}} \times 1,000$

② $\dfrac{\text{그 해의 1~4세 사망아 수}}{\text{어느 해의 1~4세 인구}} \times 1,000$

③ $\dfrac{\text{그 해의 1세 미만 사망아 수}}{\text{어느 해의 연간 출생아 수}} \times 1,000$

④ $\dfrac{\text{그 해의 생후 28일 이내의 사망아 수}}{\text{어느 해의 연간 출생아 수}} \times 1,000$

03 한 지역이나 국가의 공중보건을 평가하는 기초 자료로 가장 신뢰성 있게 인정되고 있는 것은?
① 조사망률
② 신생아 사망률
③ 영아사망률
④ 성인사망률

04 공중보건학의 정의로 가장 적합한 것은?
① 질병예방, 생명연장, 건강증진에 주력하는 기술이며 과학이다.
② 질병의 조기발견, 조기예방, 생명연장에 주력하는 기술이며 과학이다.
③ 질병예방, 생명유지, 조기치료에 주력하는 기술이며 과학이다.
④ 질병예방, 생명연장, 질병치료에 주력하는 기술이며 과학이다.

> 공중보건학의 정의는 질병예방, 수명연장, 건강과 정신적 효율을 증진시키는 기술이며 과학이다.

05 공중보건학의 범위 중 보건관리 분야에 속하지 않는 사업은?
① 보건통계
② 영유아 보건
③ 보건행정
④ 사회보장제도

> 보건관리 분야 : 보건행정, 보건영양, 인구보건, 가족보건, 모자보건, 의료보건제도, 보건교육, 학교보건, 정신보건, 보건통계, 영유아 보건, 사고 관리 등

06 다음 중 공중보건학의 목적으로 잘못된 것은?
① 성인병 치료
② 지역주민의 수명연장
③ 육체적, 정신적 효율 증진
④ 감염병 예방

> 공중보건학의 목적 : 질병예방, 수명연장, 신체적·정신적 건강 및 효율의 증진

07 다음 중 인구증가에 대한 사항으로 옳은 것은?
① 자연증가 : 유입인구, 유출인구
② 사회증가 : 출생인구, 사망인구
③ 인구증가 : 자연증가, 사회증가
④ 초자연증가 : 유입인구, 유출인구

중요
10 다음 중 기온의 급격한 변화로 대기오염을 주도하는 기후 조건은?
① 저기압   ② 고온다습
③ 저온고습   ④ 기온역전

> 기온역전현상이 발생하면 대류작용이 악화되어 복사안개와 오염된 대기가 결합하여 스모그 현상이 발생하며 대기오염을 주도한다.

중요
08 14세 이하 인구가 65세 이상 인구의 2배 정도로 출생률과 사망률이 모두 낮은 형은?
① 종형
② 피라미드형
③ 별형
④ 항아리형

> • 별형 : 생산층 인구가 증가되는 형태(도시형)
> • 항아리형 : 평균수명이 높고 인구가 감소하는 형태(선진국형)
> • 종형 : 출생률과 사망률이 낮은 형태(이상형)
> • 피라미드형 : 출생률은 높고 사망률은 낮은 후진국에서 볼 수 있는 형태

중요
11 다음 중 대기오염을 일으키는 원인으로 잘못된 것은?
① 중화학 공업의 난립
② 교통량의 증가
③ 도시의 인구 감소
④ 기계문명의 발달

> 도시 인구의 증가는 대기오염의 발생 원인이 될 수 있다.

09 다음 중 지역사회에서 노인층 인구에 적절한 보건교육 방법은?
① 집단교육   ② 신문
③ 강연회   ④ 개별 접촉

12 다음 중 이·미용업소의 실내 쾌적 습도 범위로 가장 알맞은 것은?
① 40~70%   ② 10~20%
③ 70~90%   ④ 20~40%

정답 01 ② 02 ③ 03 ③ 04 ① 05 ④ 06 ① 07 ③ 08 ① 09 ④ 10 ④ 11 ③ 12 ①

13 다음 중 보건행정에 대한 설명으로 가장 알맞은 것은?
① 공중보건의 목적을 달성하기 위해 개인의 책임하에 수행하는 행정 활동
② 국가 간의 질병교류를 막기 위해 공공의 책임하에 수행하는 행정 활동
③ 개인보건의 목적을 달성하기 위해 공공의 책임하에 수행하는 행정 활동
④ 공중보건의 목적을 달성하기 위해 공공의 책임하에 수행하는 행정 활동

보건행정의 정의는 공중보건의 목적을 달성하기 위해 공공의 책임하에 수행하는 행정 활동이다.

14 시·군·구에 두는 보건행정의 최일선 조직으로 국민 건강 증진 및 예방 등에 관한 사항을 실시하는 기관은?
① 시·군·구청 ② 복지관
③ 보건소 ④ 병·의원

중요
15 세계보건기구(WHO)의 본부가 있는 곳은?
① 파리 ② 뉴욕
③ 워싱턴 ④ 제네바

세계보건기구(WHO)의 본부는 스위스 제네바에 있다.

16 세계보건기구에서 정의하는 보건행정의 범위에 속하지 않는 것은?
① 감염병 관리
② 환경위생
③ 모자보건
④ 산업발전

정답 13 ④ 14 ③ 15 ④ 16 ④

질병과 미생물

01 다음 중 질병 발생의 3대 요인이 아닌 것은?
① 병인
② 환경
③ 숙주
④ 연령

> 질병 발생 3대 요인 : 병인, 숙주, 환경

02 다음 중 질병 발생의 세 가지 요인이 바르게 짝지어진 것은?
① 숙주 – 병인 – 유전
② 숙주 – 병인 – 병소
③ 숙주 – 병인 – 환경
④ 숙주 – 병인 – 저항력

03 다음 중 광견병의 병원체가 속하는 것은?
① 세균
② 리케차
③ 진균
④ 바이러스

> 광견병은 광견병 바이러스(rabies virus)를 가지고 있는 동물에게 사람이 물려서 생기는 질병으로 급성 뇌척수염의 형태로 나타난다.

04 다음 중 질병 발생의 요인 중 숙주적 요인에 해당하지 않는 것은?
① 연령
② 선천적 요인
③ 경제적 수준
④ 생리적 방어기전

> 질병 발생의 숙주적 요인에는 경제적 수준은 해당되지 않는다.

05 다음 질병 중 병원체가 바이러스(virus)인 것은?
① 폴리오
② 장티푸스
③ 쯔쯔가무시병
④ 발진열

> 폴리오는 폴리오바이러스에 의한 감염성 질환으로 소아에 이환율이 높고 마비를 일으키므로 소아마비라고도 한다.

06 다음 중 감염병 유행 지역에서 입국하는 사람이나 동물 등을 대상으로 실시하며 외국 질병의 국내 침입 방지를 위한 수단으로 쓰이는 것은?
① 격리
② 검역
③ 박멸
④ 병원소 제거

07 다음 중 외래 감염병의 예방 대책으로 가장 효과적인 것은?
① 예방 접종
② 환경 개선
③ 검역
④ 격리

> 검역이란 감염병 유행 지역에서 입국하는 사람이나 동물, 식품 등을 대상으로 하며 감염병이 의심되는 사람의 강제 격리가 중요하다.

08 다음 중 감염병 관리상 가장 중요하게 생각해야 할 대상자는?
① 건강 보균자
② 병후 보균자
③ 잠복기 보균자
④ 회복기 보균자

> 건강 보균자는 병원체를 보유하지만 임상 증상이 보이지 않아 건강해 보이는 보균자로 감염병 관리상 가장 중요하게 생각해야 할 대상자이다.

정답 01 ④ 02 ③ 03 ④ 04 ③ 05 ① 06 ② 07 ③ 08 ①

09 다음 중 인수 공통 감염병에 해당하는 것은?
① 천연두 ② 디프테리아
③ 공수병 ④ 콜레라

> 인수 공통 감염병은 사람과 동물에게 공통으로 감염되는 질병으로 공수병이 해당된다.

10 다음 중 동물과 감염병의 병원소 연결이 잘못된 것은?
① 쥐 – 말라리아
② 소 – 결핵
③ 돼지 – 일본뇌염
④ 개 – 공수병

> 모기 – 말라리아

11 다음 중 살모넬라증, 페스트 등을 감염시킬 수 있는 동물은?
① 말 ② 소
③ 쥐 ④ 개

12 다음 중 공기 매개로 전파되는 감염병끼리 짝지어진 것은?
① 뇌염, 나병
② 장티푸스, 소아마비
③ 페스트, 이질
④ 결핵, 인플루엔자

> 비말 감염병은 결핵, 인플루엔자이다.

13 다음 중 환경 위생의 향상으로 감염 예방에 가장 크게 기여할 수 있는 감염병으로만 짝지어진 것은?
① 장티푸스, 세균성 이질
② 뇌염, 공수병
③ 유행성 이하선염, 결핵
④ 유행성 이하선염, 천연두

> 장티푸스, 세균성 이질은 파리, 바퀴 등과 같은 오염된 물에 의한 감염으로 환경 위생의 향상으로 감염 예방이 가능하다.

14 다음 중 감염병 발생 시 일반인이 취하여야 할 사항으로 잘못된 것은?
① 주위 환경을 청결히 하고 개인위생에 힘쓴다.
② 예방 접종을 받도록 한다.
③ 필요한 경우 환자를 격리한다.
④ 환자를 문병하고 위로한다.

> 감염병 발생 시에는 가능하면 환자와의 접촉을 피하고 필요한 경우 환자를 격리한다.

15 감염병이 이·미용 업소에서 크게 문제시되는 주된 이유는 무엇인가?
① 다수인이 출입하기 때문에
② 업소 내에 습기가 많이 때문에
③ 업소 내 일광이 들어오지 않기 때문에
④ 이·미용 기구가 감염병균이 잘 오염되기 때문에

> 이·미용 업소는 공중위생 영업 시설로 다수인이 출입하기 때문에 감염병에 대한 위생 관리를 철저히 해야 한다.

16 다음 중 절지동물에 의해 매개되는 감염병이 아닌 것은?
① 발진티푸스
② 탄저
③ 유행성 일본뇌염
④ 페스트

탄저 – 양, 소, 말, 돼지

17 다음 중 파리가 옮기지 않는 병은?
① 이질
② 콜레라
③ 유행성 출혈열
④ 장티푸스

유행성 출혈열 – 쥐, 진드기

18 다음 중 감염병 예방법 중 제2급 감염병에 해당되지 않는 것은?
① 홍역
② 공수병
③ 백일해
④ 세균성 이질

제2급 감염병 : 결핵, 수두, 홍역, 콜레라, 장티푸스, 파라티푸스, 세균성 이질, 장출혈성 대장균 감염증, A형 간염, 백일해 등

19 다음 중 법정감염병 중 제1급에 해당되는 것은?
① 한센병
② 디프테리아
③ A형 간염
④ 레지오넬라증

제1급 감염병 : 에볼라 바이러스병, 페스트, 탄저, 야토병, 중증 급성 호흡기 증후군(SARS), 중동 호흡기 증후군(MERS), 신종 인플루엔자, 디프테리아 등

20 다음 중 동물과 감염병의 병원소로 잘못 연결된 것은?
① 쥐 – 말라리아
② 쥐 – 페스트
③ 개 – 공수병
④ 모기 – 일본뇌염

- 모기 매개 감염병 : 말라리아, 사상충, 황열, 일본뇌염 등
- 쥐 매개 감염병 : 페스트, 발진열, 살모넬라증 등

21 비시지(B.C.G)는 다음 중 어느 질병의 예방방법인가?
① 결핵 ② 천연두
③ 디프테리아 ④ 파상풍

22 다음 중 수인성 감염병이 아닌 것은?
① 콜레라 ② 이질
③ 일본뇌염 ④ 장티푸스

수인성 감염병은 병원성 미생물이 오염된 물에 의해서 전달되는 질병으로 사람이 병원성 미생물에 오염된 물을 섭취하여 발병하는 감염병을 말한다.

23 다음 중 모기를 매개 곤충으로 하여 일으키는 질병으로 잘못된 것은?
① 일본뇌염
② 말라리아
③ 사상충증
④ 발진티푸스

발진티푸스는 발진티푸스리케차(rickettisia prowazekii)에 감염되어 발생하는 급성 열성 질환이다.

정답	09	③	10	①	11	③	12	④	13	①	14	④	15	①	16	②	17	③	18	②	19	②	20	①
	21	①	22	③	23	④																		

24 다음 중 일본뇌염의 중간숙주가 되는 것은?

① 쥐   ② 돼지
③ 파리   ④ 벼룩

> 일본뇌염은 모기에 물려야 감염이 되며 모기가 옮기기 전에 중간숙주를 거치게 되는데 돼지, 말, 닭, 염소, 개 등에게서 사람에게로 옮겨진다.

25 콜레라의 예방 접종은 어떤 면역 방법인가?

① 자연능동면역
② 인공능동면역
③ 자연수동면역
④ 인공수동면역

> 콜레라는 사균백신을 이용하는 인공능동면역이다.

26 다음 감염병 중 호흡기계 감염병에 속하는 것은?

① 콜레라
② 장티푸스
③ 백일해
④ 유행성 감염

> 백일해는 보르데텔라 백일해균(brodetella pertussis)에 의한 감염으로 발생하는 호흡기 질환이다.

27 다음 중 결핵에 대한 설명 중 잘못된 것은?

① 호흡기계 감염병이다.
② 병원체는 세균이다.
③ 예방 접종은 PPD로 한다.
④ 제2급 법정감염병이다.

> 결핵은 생후 4주 이내에 BCG 예방 접종을 실시한다.

중요
28 다음 중 이·미용실에서 사용하는 수건을 철저하게 소독하지 않았을 때 주로 발생할 수 있는 감염병은?

① 트라코마
② 장티푸스
③ 페스트
④ 일본뇌염

> 트라코마는 눈의 감염 질환의 하나로 사람과 사람 간 접촉에 의해 직접적으로 옮겨지기도 하고 환자가 사용하던 타월이나 옷 등을 통해 간접적으로 전파되기도 한다.

중요
29 다음 중 이·미용업소에서 소독하지 않은 면체용 면도기로 주로 감염이 될 수 있는 질병에 해당되는 것은?

① 파상풍
② 결핵
③ B형 간염
④ 트라코마

> B형 간염은 수혈, 오염된 주사기, 면도날 등으로 인해 감염된다.

30 다음 중 제1급 감염병에 대한 설명으로 옳지 않은 것은?

① 환자의 수를 매월 1회 이상 관할 보건소장을 거쳐 보고한다.
② 치명률이 높거나 집단 발생의 우려가 커서 발생 또는 유행 즉시 신고하여야 한다.
③ 음압격리와 같은 높은 수준의 격리가 필요하다.
④ 디프테리아, 페스트, 에볼라 바이러스병 등이 속한다.

31 발생 즉시 환자의 격리가 필요한 제1급에 해당하는 법정감염병은?

① 황열   ② 탄저
③ B형 간염   ④ 폴리오

제1급 감염병 : 에볼라 바이러스병, 페스트, 탄저, 야토병, 중증 급성 호흡기 증후군(SARS), 중동 호흡기 증후군(MERS), 신종 인플루엔자, 디프테리아 등

32 우리나라 감염병 예방법상 제3급 감염병이 아닌 것은?

① 홍역
② 파상풍
③ 후천성 면역 결핍증
④ 일본뇌염

홍역은 제2급 감염병이다.

33 다음 중 민물고기와 기생충 질병의 관계가 잘못된 것은?

① 은어, 숭어 – 요코가와흡충증
② 잉어, 피라미 – 폐디스토마증
③ 참붕어, 쇠우렁이 – 간디스토마증
④ 송어, 연어 – 광절열두조충증

가재, 게 – 폐디스토마증

34 다음 중 무구조충(민촌충)의 예방 대책으로 가장 적절한 것은?

① 쇠고기를 익혀 먹는다.
② 돼지고기를 익혀 먹는다.
③ 바다생선의 생식을 금한다.
④ 채소는 흐르는 물에 깨끗이 씻어 먹는다.

무구조충은 사람의 소장에 기생하며 쇠고기, 육회 등을 먹어 감염된다.

35 다음 중 바이러스에 대한 일반적인 설명으로 옳은 것은?

① 바이러스는 살아있는 세포내에서만 증식 가능하다.
② 항생제에 감수성이 있다.
③ 광학 현미경으로 관찰이 가능하다.
④ 병원체 중 가장 크다.

바이러스는 병원체 중 가장 작아 전자 현미경으로 관찰 가능하고 살아있는 세포 속에서만 생존한다.

36 다음 중 호기성 세균이 아닌 것은?

① 가스괴저균
② 결핵균
③ 녹농균
④ 백일해균

가스괴저균은 혐기성 세균이다.

37 다음 중 병원성 미생물이 아닌 것은?

① 포도상구균
② 세균
③ 효모
④ 바이러스

효모는 질병을 일으키지 않는 비병원성 미생물이다.

정답	24	②	25	②	26	③	27	③	28	①	29	③	30	①	31	②	32	①	33	②	34	①	35	①
	36	①	37	③																				

식품위생과 영양

01 다음 중 지용성 비타민에 해당되지 않는 것은?

① 비타민 A　② 비타민 B
③ 비타민 E　④ 비타민 D

📖 지용성 비타민은 비타민 A, 비타민 D, 비타민 E, 비타민 K로 구성된다.

02 다음 중 필수 아미노산에 해당되지 않는 것은? (중요)

① 트레오닌　② 알라닌
③ 발린　④ 트립토판

📖 필수 아미노산의 종류에는 아이소류신, 류신, 라이신, 메티오닌, 페닐알라닌, 트레오닌, 트립토판, 발린, 히스티딘, 아르지닌이 있다. 알라닌은 비필수 아미노산에 해당된다.

03 다음 중 비타민과 비타민 결핍증의 연결이 잘못된 것은?

① 비타민 A - 야맹증
② 비타민 E - 불임증
③ 비타민 B_1 - 각기병
④ 비타민 D - 괴혈병

📖 비타민 D 결핍 시에는 구루병, 골다공증이 발생할 수 있다.

04 다음 비타민의 종류 중 열에 가장 쉽게 파괴되는 비타민은?

① 비타민 A　② 비타민 B
③ 비타민 C　④ 비타민 D

📖 비타민 C의 화학 명칭은 아스코르브산이며, 단백질 대사에 관여하고 항산화 기능을 갖는다. 결핍되면 거대 적아구성 빈혈을 일으킬 수 있으며 과일과 채소에 많이 함유되어 있으며 요리 과정에서 쉽게 파괴된다.

05 다음 중 식중독에 대한 설명으로 옳은 것은?

① 식중독은 원인에 따라 세균성, 화학 물질, 자연독, 곰팡이독으로 분류된다.
② 세균성 식중독 중 치사율이 가장 낮은 것은 보툴리누스 식중독이다.
③ 테트로도톡신은 감자에 다량 함유되어 있다.
④ 복어독은 식물성 자연독에 의한 중독이다.

📖 보툴리누스 식중독은 신경독에 의해 일어나는 독소형 식중독으로 치명률이 가장 높으며, 솔라닌은 감자에 함유된 독성 물질이다.

06 다음 중 식중독에 대한 설명으로 옳은 것은?

① 음식 섭취 후 장시간 뒤에 증상이 나타난다.
② 근육통 호소가 가장 빈번하다.
③ 독성을 나타내는 화학 물질과는 무관하다.
④ 병원성 미생물에 오염된 식품 섭취 후 발병한다.

📖 식중독이란 자연독이나 유해물질이 함유된 음식물을 섭취함으로써 생길 수 있는 질환이다.

중요

07 다음 중 자연독에 의한 식중독 원인 물질과 서로 관계없는 것으로 연결된 것은?

① 솔라닌 – 감자
② 테트로도톡신 – 복어
③ 무스카린 – 버섯
④ 에르고톡신 – 조개

🔍 에르고톡신 – 맥각류

08 다음 중 감자에 함유되어 있는 독소는?

① 무스카린   ② 아미그달린
③ 솔라닌   ④ 에르고톡신

🔍 솔라닌은 감자의 순에 들어 있는 독성분이다.

중요

09 피부의 생리기능과 대사조절을 하는 조절 영양소로 잘못된 것은?

① 비타민   ② 무기질
③ 지방   ④ 물

🔍 지방은 인체 구성과 에너지를 생산·공급하는 영양소이다.

중요

10 다음 중 3대 영양소가 아닌 것은?

① 단백질   ② 탄수화물
③ 비타민   ④ 지방

🔍 비타민은 5대 영양소에 속한다.

11 다음 중 탄수화물에 대한 설명으로 잘못된 것은?

① 장에서 포도당, 과당 및 갈락토오스로 흡수된다.
② 지나친 탄수화물의 섭취는 신체를 알칼리성 체질로 만든다.
③ 탄수화물의 소화흡수율은 99%에 가깝다.
④ 당질이라고도 하며 신체의 중요한 에너지원이다.

🔍 탄수화물을 과다 섭취하면 산성 체질로 변해 저항력이 떨어진다.

정답 01 ② 02 ② 03 ④ 04 ③ 05 ① 06 ④ 07 ④ 08 ③ 09 ③ 10 ③ 11 ②

소독학

01 다음 중 결핵 환자의 객담 처리 방법 중 가장 효과적인 것은?

① 소각법
② 알코올 소독
③ 매몰법
④ 크레졸 소독

> 병원체의 배설물, 토사물 등은 불에 태워 멸균하는 것이 가장 효과적이다.

02 [중요] 다음 중 석탄산 소독액에 관한 설명으로 바르지 않은 것은?

① 기구류의 소독에는 1~3% 수용액이 적당하다.
② 소독액 온도가 낮을수록 효력이 높다.
③ 세균 포자나 바이러스에 대해서는 작용력이 거의 없다.
④ 금속 기구의 소독에는 적합하지 않다.

> 석탄산은 저온에서는 효과가 떨어진다.

03 이·미용업소에서 수건 소독에 가장 많이 사용되는 물리적 소독법은?

① 석탄산 소독
② 알코올 소독
③ 과산화수소 소독
④ 자비 소독

> 자비 소독은 끓는 물을 이용한 소독법으로 의류나 타월, 도자기 등의 소독에 적합하다.

04 다음 중 소독에 대한 설명으로 가장 옳은 것은?

① 모든 균을 사멸한다.
② 아포 형성균을 사멸한다.
③ 세균의 포자까지 사멸한다.
④ 감염의 위험성을 제거하는 비교적 약한 살균 작용이다.

05 소독, 방부, 살균, 멸균의 소독력의 크기가 큰 순서로 바르게 나열한 것은?

① 멸균 > 살균 > 소독 > 방부
② 멸균 > 살균 > 방부 > 소독
③ 살균 > 멸균 > 소독 > 방부
④ 살균 > 멸균 > 방부 > 소독

06 다음 중 소독 약품으로서 갖추어야 할 구비 조건이 아닌 것은?

① 독성이 낮을 것
② 안전성이 높을 것
③ 부식성이 강할 것
④ 용해성이 높을 것

07 다음 중 자비 소독법 시 일반적으로 사용하는 물의 온도와 시간은?

① 100℃에서 20분간
② 80℃에서 30분간
③ 150℃에서 15분간
④ 135℃에서 20분간

08 다음 중 자비 소독에 관한 설명으로 옳지 않은 것은?

① 물에 탄산나트륨을 넣으면 살균력이 강해진다.
② 소독할 물건은 열탕 속에 완전히 잠기도록 해야 한다.
③ 100℃에서 15~20분간 소독한다.
④ 금속기구, 고무, 가죽의 소독에 적합하다.

고무, 가죽, 플라스틱 제품은 자비 소독법에 적합하지 않다.

09 내열성이 강해서 자비 소독으로는 멸균이 되지 않는 것은?

① 장티푸스균
② 아포 형성균
③ 결핵균
④ 쌍구균

아포 형성균은 양호한 증식 환경에 있을 시에는 영양형으로 되어 활발히 증식하고 내열성과 소독제 내성을 보이지 않는다.

10 고압 증기 멸균법에 대한 설명으로 옳지 않은 것은?

① 멸균 시간이 길다.
② 멸균 방법이 쉽다.
③ 소독 비용이 비교적 저렴하다.
④ 높은 습도에 견딜 수 있는 물품이 주 소독 대상이다.

고압 증기 멸균법은 기본 20분 가열로 멸균 시간이 짧다.

11 다음 중 석탄산 소독액에 관한 설명으로 잘못된 것은?

① 소독액 온도가 낮을수록 효력이 높다.
② 금속 기구의 소독에는 적합하지 않다.
③ 세균 포자나 바이러스에 대해서는 작용력이 거의 없다.
④ 기구류의 소독에는 3% 수용액이 적당하다.

석탄산 소독액은 온도가 낮을수록 효력이 떨어진다.

중요
12 다음 중 이·미용실 바닥 소독용으로 가장 알맞은 소독 약품은?

① 생석회
② 알코올
③ 크레졸
④ 승홍수

13 다음 중 역성비누액에 대한 설명으로 잘못된 것은?

① 물에 잘 녹고 흔들면 거품이 난다.
② 수지, 기구, 식기 소독에 적당하다.
③ 냄새가 거의 없고 자극이 적다.
④ 소독력과 함께 세정력이 강하다.

역성 비누는 세정력은 약하고 살균력이 강하다.

공중위생관리법

01 다음 중 공중위생관리법상 다음 ( ) 안에 들어갈 말은?

> 공중위생관리법은 공중이 이용하는 영업의 ( ) 등에 관한 사항을 규정함으로써 위생수준을 향상시켜 국민의 건강증진에 기여함을 목적으로 한다.

① 위생
② 위생과 소독
③ 위생관리
④ 위생과 청결

02 다음 중 공중위생감시원의 자격·임명·업무범위 기타 필요한 사항을 정하는 법령은?

① 구청장령
② 대통령령
③ 노동부령
④ 보건복지부령

공중위생감시원의 자격·임명·업무범위는 대통령으로 정한다.

03 다음 중 미용업자가 준수하여야 하는 준수사항 중 미용업소에 게시하지 않아도 되는 것은?

① 미용업 신고증
② 개설자의 면허증 사본
③ 최종지급요금표
④ 개설자의 면허증 원본

미용업자가 미용업소에 게시해야 하는 것은 미용업 신고증, 개설자의 면허증 원본, 최종지급요금표이다.

04 다음 중 미용업(화장·분장)을 하는 영업소의 시설과 설비기준에 적합하지 않은 것은?

① 작업장소, 응접장소, 상담실 등을 분리하기 위해 칸막이를 설치할 수 있다.
② 미용기구는 소독을 한 기구와 소독을 하지 아니한 기구를 구분하여 보관할 수 있는 용기를 비치하여야 한다.
③ 소독기, 자외선 살균기 등 기구를 소독하는 장비를 갖춘다.
④ 작업장소 내 베드와 베드 사이에 칸막이를 설치할 수 없다.

미용업(피부)의 시설 및 설비기준에는 작업장소 내 베드와 베드 사이에 칸막이를 설치할 수 있다.

05 다음 중 공중위생의 관리를 위한 지도·계몽 등을 행하게 하기 위하여 명예공중위생감시원을 둘 수 있는 자는?

① 대통령
② 구청장
③ 시·도지사
④ 보건복지부장관

시·도지사는 공중위생의 관리를 위한 지도·계몽 등을 행하게 하기 위하여 명예공중위생감시원을 둘 수 있다.

06 건전한 영업질서를 위하여 공중위생영업자가 준수하여야 할 사항을 준수하지 아니한 자의 벌칙기준에 해당되는 것은?

① 징역 1년 이하, 2천만 원 이하 벌금
② 징역 6월 이하, 1천만 원 이하 벌금
③ 징역 1년 이하, 1천만 원 이하 벌금
④ 징역 6월 이하, 500만 원 이하 벌금

07 공중위생시설의 소유자가 지켜야 하는 위생관리 내용이 아닌 것은?

① 영업장 안의 조명도를 30럭스 이상이 되도록 유지해야 한다.
② 의약품 또는 의료기기를 사용하여서는 안 된다.
③ 1회용 면도날은 손님 1인에 한해서 사용해야 한다.
④ 소독을 한 기구와 소독을 하지 않은 기구를 분리하여 보관해야 한다.

> 영업장 안의 조명도는 75럭스 이상이 되도록 유지해야 한다.

08 점빼기·귓볼뚫기·쌍꺼풀수술·문신·박피술 그 밖에 이와 유사한 의료행위를 한 때의 3차 행정처분 기준은?

① 경고
② 영업정지 2월
③ 영업정지 3월
④ 영업장 폐쇄명령

> 1차 위반 영업정지 2월, 2차 위반 영업정지 3월, 3차 위반 영업장 폐쇄명령

[중요]
09 이·미용사의 면허를 취소할 수 있는 대상에 해당되지 않는 자는?

① 정신질환자
② 감염병 환자
③ 피성년후견인
④ 고혈압 환자

> 고혈압 환자는 미용사 영업을 할 수 있다.

10 시·도지사 또는 시장·군수·구청장은 공중위생관리상 필요하다고 인정하는 때에는 공중위생영업자 등에 대하여 필요한 조치를 취할 수 있다. 이 조치에 해당하는 것은?

① 협의   ② 청문
③ 감독   ④ 보고

> 특별시장·광역시장·도지사 또는 시장·군수·구청장은 공중위생관리상 필요하다고 인정하는 때에는 공중위생영업자에 대하여 필요한 보고를 하게 하거나 소속공무원으로 하여금 영업소·사무소 등에 출입하여 공중위생영업자의 위생관리의무이행 등에 대하여 검사하게 하거나 필요에 따라 공중위생영업장부나 서류를 열람하게 할 수 있다.

[중요]
11 영업장 폐쇄명령을 받은 뒤 동일한 장소에서 폐쇄명령을 받은 영업과 같은 종류의 영업을 하고자 할 때 얼마의 기간이 지나야 가능한가?

① 3개월   ② 1년
③ 6개월   ④ 2년

> 「성매매알선 등 행위의 처벌에 관한 법률」, 「아동·청소년의 성보호에 관한 법률」, 「풍속영업의 규제에 관한 법률」, 「청소년 보호법」 외의 법률의 위반으로 폐쇄명령이 있은 후 6개월이 경과하지 아니한 때에는 누구든지 그 폐쇄명령이 이루어진 영업장소에서 같은 종류의 영업을 할 수 없다.

12 이·미용업의 업주가 받아야 하는 위생교육 기간은 얼마인가?

① 분기별 8시간
② 매년 3시간
③ 매년 8시간
④ 분기별 4시간

| 정답 | 01 ③ | 02 ② | 03 ② | 04 ④ | 05 ① | 06 ④ | 07 ① | 08 ④ | 09 ④ | 10 ④ | 11 ③ | 12 ② |

13 영업소 외의 장소에서 이·미용 업무를 행할 수 있는 경우가 아닌 것은?
① 방송 등의 촬영에 참여하는 사람에 대하여 그 촬영 직전에 하는 경우
② 손님이 긴급히 국외에 출타하려는 자에 대한 요청이 있을 경우
③ 혼례, 기타 의식에 참여하는 자의 경우
④ 시장·군수·구청장이 인정한 경우

> 영업소 외의 장소에서 이·미용 업무를 행할 수 있는 경우 : 질병이나 그 밖의 사유로 영업소에 나올 수 없는 자에 대하여 하는 경우, 혼례나 그 밖의 의식에 참여하는 자에 대하여 그 의식 직전에 하는 경우, 사회복지시설에서 봉사활동으로 하는 경우, 방송 등의 촬영에 참여하는 사람에 대하여 그 촬영 직전에 하는 경우, 특별한 사정이 있다고 시장·군수·구청장이 인정하는 경우

14 면허정지처분을 받고 그 정지 기간 중 업무를 행한 때 1차 행정처분기준은?
① 개선명령
② 면허취소
③ 면허정지 2월
④ 면허정지 3월

15 음란한 물건을 관람·열람하게 하거나 진열 또는 보관한 경우의 1차 위반 행정처분기준은?
① 영업정지 5일
② 경고
③ 영업정지 20일
④ 영업정지 10일

16 다음 중 영업신고 후 6개월 이내에 위생교육을 받을 수 있는 경우가 아닌 것은?
① 직계가족사망
② 천재지변
③ 업무상 국외출장
④ 본인의 질병·사고

> ①을 제외한 나머지는 영업신고 후 6개월 이내에 위생교육을 받을 수 있다.

17 영업소 외의 장소에서 업무를 행한 때 2차 행정처분기준은?
① 영업장 폐쇄명령
② 영업정지 6월
③ 영업정지 2월
④ 영업정지 3월

> 1차 위반 영업정지 1월, 2차 위반 영업정지 2월, 3차 위반 영업장 폐쇄명령

18 다음 중 과징금에 대한 설명으로 잘못된 것은?
① 과징금은 이를 분할하여 납부할 수 없다.
② 통지를 받은 날부터 20일 이내에 납부하여야 한다.
③ 시장·군수·구청장은 과징금을 부과하고자 할 때에는 서면으로 통지하여야 한다.
④ 과징금의 징수절차는 관할 세무서의 지침에 따른다.

> 과징금의 징수절차는 보건복지부령으로 정한다.

19 변경신고를 하지 않고 영업소의 소재지를 변경한 때의 1차 위반 시의 행정처분기준은?

① 영업정지 2월
② 영업정지 3월
③ 영업정지 6월
④ 영업정지 1월

1차 위반 영업정지 1월, 2차 위반 영업정지 2월, 3차 위반 영업장 폐쇄명령

20 면허증을 다른 사람에게 대여한 때의 2차 위반 행정처분기준은? **중요**

① 영업정지 3월
② 영업정지 6월
③ 면허정지 6월
④ 면허정지 3월

1차 위반 면허정지 3월, 2차 위반 면허정지 6월, 3차 위반 면허취소

21 이·미용사 면허를 받을 수 없는 자는? **중요**

① 고등기술학교에서 6개월 이상 이·미용에 관한 소정의 과정을 이수한 자
② 전문대학에서 이·미용에 관한 학과를 졸업한 자
③ 국가기술자격법에 의한 이·미용사의 자격을 취득한 자
④ 고등학교에서 이·미용에 관한 학과를 졸업한 자

고등기술학교에서 1년 이상 이·미용에 관한 소정의 과정을 이수한 자는 면허를 받을 수 있다.

22 1차 위반 시의 행정처분이 면허취소가 아닌 것은?

① 국가기술자격법에 의하여 미용사 자격정지처분을 받을 때
② 국가기술자격법에 의하여 이·미용사 자격이 취소된 때
③ 공중의 위생이 영향을 미칠 수 있는 감염병 환자로서 보건복지부령이 정하는 자
④ 면허정지 처분을 받고 그 정지 기간 중 업무를 행한 때

국가기술자격법에 의하여 미용사 자격정지처분을 받을 때에는 면허정지이다.

23 공중위생관리법의 목적 및 정의가 아닌 것은?

① 공중위생영업이라 함은 다수인을 대상으로 위생관리 서비스를 제공하는 영업으로서 숙박업, 목욕장업, 이용업, 미용업, 세탁업, 건물위생관리업을 말한다.
② 미용업이란 손님의 얼굴, 머리, 수염 등을 손질하여 손님의 외모를 아름답게 꾸미는 영업을 말한다.
③ 공중이 이용하는 영업의 위생관리 등에 관한 사항을 규정함으로써 위생 수준을 향상시켜 국민의 건강 증진에 기여함을 목적으로 한다.
④ 공중위생영업은 대통령령이 정하는 바에 의하여 이를 세분할 수 있다.

미용업이란 손님의 얼굴, 머리, 피부 등을 손질하여 손님의 외모를 아름답게 꾸미는 영업을 말한다.

| 정답 | 13 ② | 14 ② | 15 ② | 16 ① | 17 ③ | 18 ④ | 19 ④ | 20 ③ | 21 ① | 22 ① | 23 ② |

제4편 화장품학 출제예상문제

※ 중요 표시 문제는 저자 직강 동영상과 함께 학습하세요.

화장품학 개론

중요
01 다음 중 화장품과 의약외품, 의약품에 대한 설명으로 적합하지 않은 것은?
① 의약외품은 정상인을 대상으로 하며 부작용이 없어야 한다.
② 의약외품의 종류에는 연고, 내복약 등이 있다.
③ 의약품은 환자를 대상으로 하여 예방, 치료, 진단의 목적이 있다.
④ 의약품은 질병의 치료를 위해 어느 정도의 부작용을 허용한다.

📖 의약외품의 종류는 약용치약, 염모제, 제모제 등이 해당되며, 연고와 내복약은 의약품이다.

02 다음 중 화장품과 의약품의 차이를 바르게 정의한 것은?
① 화장품은 특정부위에만 사용 가능하다.
② 화장품의 사용목적은 질병의 치료 및 진단이다.
③ 의약품의 부작용은 어느 정도까지는 인정된다.
④ 의약품의 사용대상은 정상적인 상태인 자로 한정되어 있다.

📖 의약품은 부작용이 있을 수 있다.

중요
03 다음 중 화장품의 4대 요건이 아닌 것은?
① 기능성 ② 안정성
③ 안전성 ④ 유효성

📖 화장품의 4대 요건은 안전성, 안정성, 사용성, 유효성이다.

04 다음 중 "피부에 대한 자극, 알레르기, 독성이 없어야 한다"는 내용은 화장품의 4대 요건 중 어느 것에 해당하는가?
① 유효성 ② 사용성
③ 안전성 ④ 안정성

05 다음 중 기능성 화장품의 범위에 해당하지 않는 것은?
① 주름 개선 크림
② 자외선 차단 크림
③ 미백 크림
④ 바디 오일

📖 피부 태닝 오일이 기능성 화장품에 해당된다.

정답 01 ② 02 ③ 03 ① 04 ③ 05 ④

화장품 제조

01 다음 중 여드름 유발 가능성이 있으며 양모에서 추출하는 오일은?

① 마조람
② 라놀린
③ 밍크 오일
④ 미네랄 오일

> 여드름 유발 가능성이 있으며 양모에서 추출하는 오일은 라놀린이다.

02 다음 중 진정 효과를 가지는 피부 관리 제품의 성분이 아닌 것은?

① 아줄렌(azulene)
② 카모마일 추출물(chamomile extracts)
③ 알코올(alcohol)
④ 비사보롤(bisabolol)

> 알코올은 소독 작용이 있어 수렴 효과가 있다.

03 다음 중 화장품에 배합되는 에탄올의 역할이 아닌 것은?

① 소독 작용
② 수렴 효과
③ 청량감
④ 보습 작용

> 알코올은 다른 물질과 혼합해서 그것을 녹이는 성질이 있으며 휘발성과 청량감이 있다. 또한 소독 작용이 있어 함량이 많으면 피부에 자극을 줄 수 있다.

04 다음 중 화장품에 사용되는 주요 방부제는?

① 벤조산
② 에탄올
③ 파라옥시안식향산메틸
④ BHT

> 파라옥시안식향산메틸은 미생물의 생육을 억제하여 가공식품의 보존료로 사용된다.

중요
05 다음 중 식물성 오일이 아닌 것은?

① 피마자 오일
② 아보카도 오일
③ 실리콘 오일
④ 올리브 오일

> 실리콘 오일은 합성 오일이다.

06 다음 중 광물성 오일에 속하는 것은?

① 실리콘 오일
② 올리브 오일
③ 바셀린
④ 스쿠알렌

> 바셀린은 석유에서 여러 기름들을 증류하고 남은 잔여물을 탈색·정제하여 만든 백색 또는 황색의 젤리 형태의 혼합물이다.

정답 01 ② 02 ③ 03 ④ 04 ③ 05 ③ 06 ③

07 다음 중 피부 표면의 수분증발을 억제하여 피부를 부드럽게 해주는 물질은?
① 계면활성제
② 방부제
③ 보습제
④ 유연제

08 다음 중 고급 지방산에 해당하지 않는 것은?
① 레틴산
② 올레산
③ 팔미트산
④ 스테아르산

> 고급 지방산의 종류로는 스테아르산, 올레산, 팔미트산, 미리스트산 등이 있다.

09 다음 중 양이온성 계면 활성제에 대한 설명으로 잘못된 것은?
① 소독 작용이 있다.
② 정전기 발생을 억제한다.
③ 살균 작용이 우수하다.
④ 피부 자극이 적어 저자극 샴푸에 사용된다.

> 피부 자극이 적어 저자극 샴푸에 사용되는 계면 활성제는 양쪽성 계면 활성제이다.

10 유분이 많고 사용감은 무겁고 지속력이 높아 영양크림, 선크림으로 사용되는 유화 상태는?
① O/W형(수중유형)
② W/O/W형
③ O/W/O형
④ W/O형(유중수형)

11 다음 중 계면 활성제에 대한 설명으로 옳은 것은?
① 계면 활성제의 피부에 대한 자극은 양쪽성 〉 양이온성 〉 음이온성 〉 비이온성의 순으로 감소한다.
② 비이온성 계면 활성제는 피부 자극이 적어 화장수의 가용화제, 크림의 유화제, 클렌징크림의 세정제 등에 사용된다.
③ 양이온성 계면 활성제는 세정 작용이 우수하여 비누, 샴푸 등에 사용된다.
④ 계면 활성제는 일반적으로 둥근 머리 모양의 소수성기와 막대 꼬리 모양의 친수성기를 가진다.

> • 피부 자극 : 양이온성 〉 음이온성 〉 양쪽성 〉 비이온성
> • 둥근 머리 모양의 친수성기, 막대 꼬리 모양의 소수성기

중요
12 다음 중 세정 작용이 있으며 피부 자극이 적어 유아용 샴푸제에 주로 사용되는 것은?
① 양쪽성 계면 활성제
② 양이온성 계면 활성제
③ 음이온성 계면 활성제
④ 비이온성 계면 활성제

> 양쪽성 계면 활성제는 피부의 자극이 적고 안정성이 좋아 베이비 샴푸와 저자극 샴푸 등에 사용되며 양쪽의 이온을 동시에 갖는다.

13 다음 중 비이온성 계면 활성제가 첨가된 제품은?

① 린스 ② 화장수
③ 샴푸 ④ 섬유 유연제

🔍 비이온성 계면 활성제는 피부에 자극이 적어 기초화장품, 유아 화장품에 사용한다.

중요
16 다음 중 세포 재생과 주름 개선에 효과적인 성분은 어느 것인가?

① 히알루론산 ② 산화아연
③ 레틴산 ④ 아스코르브산

🔍 레틴산은 세포 재생과 주름 개선에 효과적인 성분이다.

14 다음 중 기미 생성을 억제하는 활성 성분은?

① 알부틴 ② 레티노이드
③ 티로신 ④ 아데노신

🔍 알부틴은 티로시나아제의 활성을 억제하는 역할을 하며 주로 미백 개선의 기능성 화장품에 사용된다.

17 다음 중 도파의 산화를 억제하여 멜라닌 생성을 저하시키는 물질은?

① 비타민 C
② 티로시나아제
③ 콜라겐
④ 히알루론산

🔍 비타민 C는 도파의 산화를 억제하여 멜라닌 생성을 저하시킨다.

중요
18 다음 중 사향노루 수컷의 특유한 생식선 분비물에서 채취한 동물성 향료는?

① 시베트 ② 머스크
③ 앰버그리스 ④ 카스토레움

🔍
- 시베트 : 사향고양이의 선낭에서 분비되는 페이스트 상의 점성이 있는 액체를 모은 것이다.
- 앰버그리스 : 향유고래의 장내나 내장에 발생하는 병적 생성물이다.
- 카스토레움 : 비버의 생식선 부근의 선낭에서 얻어진다.

15 다음 중 자외선 흡수제로 화학적인 차단 효과가 있는 것은?

① 파라옥신 ② 이산화티안
③ 벤조페논 ④ 산화아연

🔍 벤조페논은 자외선 흡수제로 화학적인 필터가 자외선을 흡수하여 피부를 보호한다.

정답 07 ④ 08 ① 09 ④ 10 ④ 11 ② 12 ① 13 ② 14 ① 15 ③ 16 ③ 17 ① 18 ②

19 다음 중 미백의 기능을 가진 성분이 아닌 것은?
① 알부틴   ② 녹차추출물
③ 감초추출물   ④ 닥나무추출물

미백 성분을 가진 원료는 닥나무추출물, 감초추출물, 알부틴, 코직산이다.

22 각질 제거용 화장품에 주로 쓰이는 것으로 죽은 각질을 빨리 떨어져 나가게 하고 건강한 세포가 피부를 자극할 수 있도록 도와주는 주름 개선 화장품의 성분은?
① AHA   ② 코직산
③ 알부틴   ④ 하이드로퀴논

AHA는 각질 세포의 세포간 결합력을 약화시키고 각질 세포의 탈락을 촉진시킴으로써 세포 증식 및 세포 활성의 증가로 주름을 감소시킨다.

20 다음 중 동물성 향료가 아닌 것은?
① 정유   ② 영묘향
③ 용연향   ④ 사향

정유는 식물성 향유이다.

23 다음 중 메이크업 화장품의 색조를 나타내는 체질 안료의 구성 성분이 아닌 것은?
① 마이카   ② 산화아연
③ 탈크   ④ 카올린

산화아연, 이산화티탄, 탄산칼슘은 백색 안료의 구성 성분이다.

21 미백 화장품에 사용되는 원료가 아닌 것은?
① 코직산
② 레티놀
③ 알부틴
④ 비타민 C 유도체

레티놀은 주름 개선 화장품에 사용되는 원료이다.

24 다음 중 펄 안료에 대한 설명이 아닌 것은?
① 색소 화장이 물이나 땀에 의해 지워지는 것을 방지한다.
② 입자가 피부에 접착되어 규칙적으로 배열되어 빛을 반사한다.
③ 탄성이 풍부하여 뭉침 현상이 나타나지 않는다.
④ 진주 펄의 광택을 부여하여 질감이 부드럽다.

체질 안료는 탄성이 풍부하여 뭉침 현상이 나타나지 않는다.

25 다음 중 화장품으로 사용할 수 있는 유기 합성 색소의 종류가 아닌 것은?

① 레이크(lake)
② 염료(dye)
③ 탈크(talc)
④ 안료(pigment)

> 탈크는 제품의 제형을 갖기 위해 이용되는 무기 안료 중 체질 안료이다.

28 다음 중 물에 오일 성분이 분산되어 있는 유화 상태는?

① W/O형 유화
② O/W형 유화
③ W/O/W형 유화
④ O/W/O형 유화

> • W/O형 유화 : 유층에 수층이 분산되어 있는 유화
> • W/O/W형 유화 : 분산되어 있는 입자 자체가 유화를 형성하고 있는 것으로 수층에 분산된 경우
> • O/W/O형 유화 : 분산되어 있는 입자 자체가 유화를 형성하고 있는 것으로 유층에 분산된 경우

26 다음 중 자외선의 피부 침투를 막아 일광 화상 등으로부터 피부를 보호하는 재료는?

① 보존제
② 노화 방지제
③ 자외선 차단제
④ 미백제

> 자외선 차단제(흡수제)는 자외선의 피부 침투를 막아 일광 화상 등으로부터 피부를 보호하며 유기 자외선 차단제와 무기 자외선 차단제로 구분한다.

29 다음 중 미백 화장품 성분 중 피부암을 일으킬 수 있는 성분은?

① 코직산
② 비타민 C
③ 하이드로퀴논
④ 비타민 C 유도체

> 코직산은 미백 화장품 성분 중 피부암을 일으킬 수 있어 사용 금지되어 있다.

27 다음 중 분산 시 요구 기능이 아닌 것은?

① 피부에 대해 사용감이 양호할 것
② 우수한 피복력과 피부에 퍼짐성이 좋을 것
③ 상품의 외관에 영향을 미치지 않을 것
④ 피부 재생 능력이 뛰어날 것

> 분산 시 요구 사항 : 사용감 양호, 자외선 차단(흡수) 능력, 피부 자극 없을 것, 상품 외관 미영향, 피복력 우수, 퍼짐성 우수

30 다음 중 보습제가 갖추어야 할 조건으로 잘못된 것은?

① 응고점이 낮을 것
② 적절한 보습 능력이 있을 것
③ 휘발성이 있을 것
④ 다른 성분과 혼용성이 좋을 것

> 보습제의 조건으로는 휘발성이 없고 보습을 유지시켜야 한다.

| 정답 | 19 ② | 20 ① | 21 ② | 22 ① | 23 ② | 24 ③ | 25 ③ | 26 ③ | 27 ④ | 28 ② | 29 ① | 30 ③ |

화장품의 종류와 기능

중요
01 다음 중 피지 분비의 과잉을 억제하고 피부를 수축시켜 주는 것은?
① 소염 화장수
② 수렴 화장수
③ 영양 화장수
④ 유연 화장수

> 수렴 화장수는 수분 공급과 모공 수축을 목적으로 하여 알코올 배합량이 유연 화장수보다 많다. 유연 화장수는 수분 공급과 피부의 유연 효과를 목적으로 하여 유연제가 함유되어 있다.

중요
02 다음 중 기초화장품의 사용 목적에 대한 설명으로 잘못된 것은?
① 피부의 청결 유지이다.
② 피부의 수분 밸런스를 유지한다.
③ 유해 환경으로부터 피부를 보호한다.
④ 손상된 피부를 치료한다.

> 기초화장품의 사용 목적은 청결 유지, 수분 밸런스 유지, 신진 대사 촉진, 피부 보호이다.

03 얼굴에 피지 분비가 많거나 짙은 메이크업을 지울 때에 적합한 클렌징 제품은?
① 클렌징 크림
② 클렌징 로션
③ 클렌징 워터
④ 클렌징 젤

> 클렌징 크림은 짙은 메이크업을 지우거나 피지가 많을 때에 사용한다.

04 다음 중 기초화장품이 아닌 것은?
① 에센스
② 블러셔
③ 스킨, 로션
④ 에몰리엔트 크림

> 블러셔는 포인트 화장품의 종류이다.

05 다음 중 수렴 화장수에 대한 설명으로 잘못된 것은?
① 모공 수축의 기능이 있다.
② 각질층에 수분을 공급한다.
③ 화장품의 흡수를 용이하게 한다.
④ 피지나 땀의 분비를 억제한다.

> 화장품의 흡수를 용이하게 하는 것은 유연 화장수이다.

06 다음 중 자외선 산란제에 해당되는 것은?
① 아스코르빈산
② 산화아연
③ 옥시벤존
④ 옥틸디메칠파바

> 자외선 산란제에는 산화아연, 이산화티탄이 해당된다.

07 다음 중 포인트 메이크업의 화장품인 것은?
① 블러셔
② 파우더
③ 파운데이션
④ 메이크업 베이스

> 메이크업 베이스, 파운데이션, 파우더는 베이스 메이크업의 화장품이다.

08 다음 중 자외선의 피부 침투를 막아 일광 화상 등으로부터 피부를 보호하는 재료는?
① 보존제
② 미백제
③ 자외선 차단제
④ 노화 방지제

> 자외선 차단제는 자외선의 피부 침투를 막아 일광 화상 등으로부터 피부를 보호하며 유기 자외선 차단제와 무기 자외선 차단제로 구분한다.

09 다음 중 눈 부위에 색채와 음영을 주고 눈 매에 표정을 주어 개성을 표현하는 제품은?
① 아이섀도
② 아이라이너
③ 아이브로
④ 마스카라

> 아이섀도는 눈에 색상과 입체감을 주어 눈의 단점을 보완한다.

10 다음 중 아로마 테라피에 대한 설명으로 잘못된 것은?
① 적정 비율을 반드시 준수한다.
② 에센셜 오일은 복용하지 않는다.
③ 안전성을 위해 패치 테스트를 실시한다.
④ 투명한 유리병에 마개를 덮고 찬 곳에 보관한다.

> 에센셜 오일은 차광 유리병에 보관해야 한다.

11 다음 중 향장품을 선택할 때에 검토해야 하는 조건이 아닌 것은?
① 구성 성분이 균일한 성상으로 혼합되어 있지 않을 것
② 사용 중이나 사용 후에 불쾌감이 없고 사용감이 산뜻할 것
③ 보존성이 좋아서 잘 변질되지 않을 것
④ 피부나 점막, 두발 등에 손상을 주거나 알레르기 등을 일으킬 염려가 없을 것

> 구성 성분이 균일한 성상으로 혼합되어 있어야 한다.

12 다음 중 세포 재생과 피부 탄력을 촉진시키는 캐리어 오일은?
① 윗점 오일
② 달맞이꽃 오일
③ 호호바 오일
④ 올리브 오일

> 윗점 오일은 천연 토코페롤을 함유하고 있으며 강력한 항산화 역할을 한다.

13 다음 중 건조해지기 쉬운 가을, 겨울에 사용하기 적당한 파운데이션은?
① 투웨이 케이크
② 크림 파운데이션
③ 스틱 파운데이션
④ 리퀴드 파운데이션

> 크림 파운데이션은 건조해지기 쉬운 가을, 겨울에 사용하기 적당하다.

| 정답 | 01 | ② | 02 | ④ | 03 | ① | 04 | ② | 05 | ③ | 06 | ② | 07 | ① | 08 | ③ | 09 | ① | 10 | ④ | 11 | ① | 12 | ① |
| | 13 | ② | | | | | | | | | | | | | | | | | | | | | | |

14 다음 중 유성 크림의 기능으로 잘못된 것은?

① 혈액 순환 ② 피부 청결
③ 신진대사 촉진 ④ 혈색을 좋게 함

유성 크림은 마사지 크림으로 혈액 순환, 신진대사 촉진, 혈색을 좋게 한다.

15 다음 중 자외선 흡수제에 대한 설명이 아닌 것은?

① 물리적 차단제이다.
② 흡수된 자외선을 다시 열에너지로 방출한다.
③ 피부에 자극을 줄 수 있다.
④ 산뜻하여 사용감이 우수하다.

자외선 흡수제는 화학적 차단제이다.

16 다음 중 피지가 많은 지성 피부에 적당한 화장수는?

① 세정용 화장수 ② 다층식 화장수
③ 유연 화장수 ④ 수렴 화장수

피지가 많고 뽀루지가 잘나는 지성 피부에는 수렴 화장수가 적당하다.

17 다음 중 향수의 농도가 높은 순서로 나열한 것은?

① 오데 코롱 - 오데 퍼퓸 - 오데 토일렛 - 퍼퓸
② 퍼퓸 - 오데 퍼퓸 - 오데 토일렛 - 오데 코롱
③ 오데 코롱 - 오데 토일렛 - 오데 퍼퓸 - 퍼퓸
④ 오데 토일렛 - 오데 코롱 - 오데 퍼퓸 - 퍼퓸

중요

18 다음 중 기초화장품의 사용 목적 및 효과와 가장 거리가 먼 것은?

① 피부의 청결 유지
② 잔주름, 여드름 방지
③ 여드름의 치료
④ 피부 보습

여드름의 치료는 화장품의 사용 목적이 아니다.

19 다음 중 립스틱이 갖추어야 할 조건으로 잘못된 것은?

① 시간의 경과에 따라 색의 변화가 없어야 한다.
② 피부 점막에 자극이 없어야 한다.
③ 입술에 부드럽게 잘 발라져야 한다.
④ 저장 시 수분이나 분가루가 분리되면 좋다.

저장 시 수분이나 분가루가 분리되면 안 된다.

20 다음 중 네일 화장품에 대한 설명 중 잘못된 것은?

① 베이스 코트는 네일 폴리시의 밀착성을 높이기 위해 사용한다.
② 네일 폴리시 리무버의 아세톤 성분은 네일 폴리시의 피막을 제거한다.
③ 톱 코트는 네일에 광택과 화려한 색채를 부여한다.
④ 니트로셀룰로오스는 네일 폴리시의 주성분이며 피막을 형성한다.

톱 코트는 네일 폴리시를 보호하고 광택을 부여하기 위하여 사용하는 제품으로 색채를 부여하지 않는다.

21 다음 중 향수의 조건이 아닌 것은?

① 확산성이 좋아야 한다.
② 조향사의 느낌으로 만든다.
③ 지속성이 있어야 한다.
④ 특징이 있어야 한다.

> 조향사는 고객의 욕구에 맞게 만들어야 한다.

22 다음 중 에센셜 오일의 휘발성에 따른 분류가 아닌 것은?

① 베이스 노트
② 미들 노트
③ 톱 노트
④ 데이지 노트

> 에센셜 오일의 휘발성에 따른 분류는 베이스 노트, 미들 노트, 톱 노트이다.

23 다음 중 기능성 화장품의 표시 및 기재 사항이 아닌 것은?

① 제조번호
② 제조사의 이름
③ 제품의 명칭
④ 내용물의 용량 및 중량

> 제조사의 이름은 기능성 화장품의 표시 및 기재 사항이 아니다.

24 다음 중 피지 흡수 능력이 우수하고 자외선 차단제가 함유된 파운데이션은?

① 리퀴드 파운데이션
② 스틱 파운데이션
③ 투웨이 케이크
④ 크림 파운데이션

> 투웨이 케이크는 피지를 흡수하는 능력이 우수하고 자외선 차단제가 함유되어 있다.

25 다음 중 속눈썹이 잘 올라갈 수 있도록 부드러운 원료를 사용하는 마스카라는?

① 볼륨 마스카라
② 워터 프루프 마스카라
③ 컬링 마스카라
④ 롱래쉬 마스카라

> 컬링 마스카라는 속눈썹이 잘 올라갈 수 있도록 부드러운 원료를 사용한다.

26 다음 중 자외선 차단지수를 표시하는 SPF에 대한 설명으로 틀린 것은?

① SPF 등급은 절대적인 값이 아니다.
② SPF 등급은 높을수록 효과가 좋다.
③ SPF는 자외선 B의 차단지수를 나타낸다.
④ SPF 등급은 주변 환경에 영향을 받는다.

> SPF 등급은 높다고 해서 항상 좋은 것은 아니다.

정답	14 ②	15 ①	16 ④	17 ②	18 ③	19 ④	20 ③	21 ②	22 ④	23 ②	24 ③	25 ③
	26 ②											

모의고사

- 미용사 메이크업 모의고사 1
- 미용사 메이크업 모의고사 2
- 미용사 메이크업 모의고사 3
- 미용사 메이크업 모의고사 4
- 미용사 메이크업 모의고사 5
- 미용사 메이크업 모의고사 6
- 미용사 메이크업 모의고사 7
- 미용사 메이크업 모의고사 8
- 미용사 메이크업 모의고사 9
- 미용사 메이크업 모의고사 10

CBT(Computer Based Test) 시험 안내

2017년부터 모든 기능사 필기시험은 시험장의 컴퓨터를 통해 이루어집니다. 화면에 나타난 문제를 풀고 마우스를 통해 정답을 표시하여 모든 문제를 다 풀었는지 한 번 더 확인한 후 답안을 제출하고, 제출된 답안은 감독자의 컴퓨터에 자동으로 저장되는 방식입니다. 처음 응시하는 학생들은 시험 환경이 낯설어 실수할 수 있으므로, 반드시 사전에 CBT 시험에 대한 충분한 연습이 필요합니다. Q-Net 홈페이지에서는 CBT 체험하기를 제공하고 있으니, 잘 활용하기를 바랍니다.

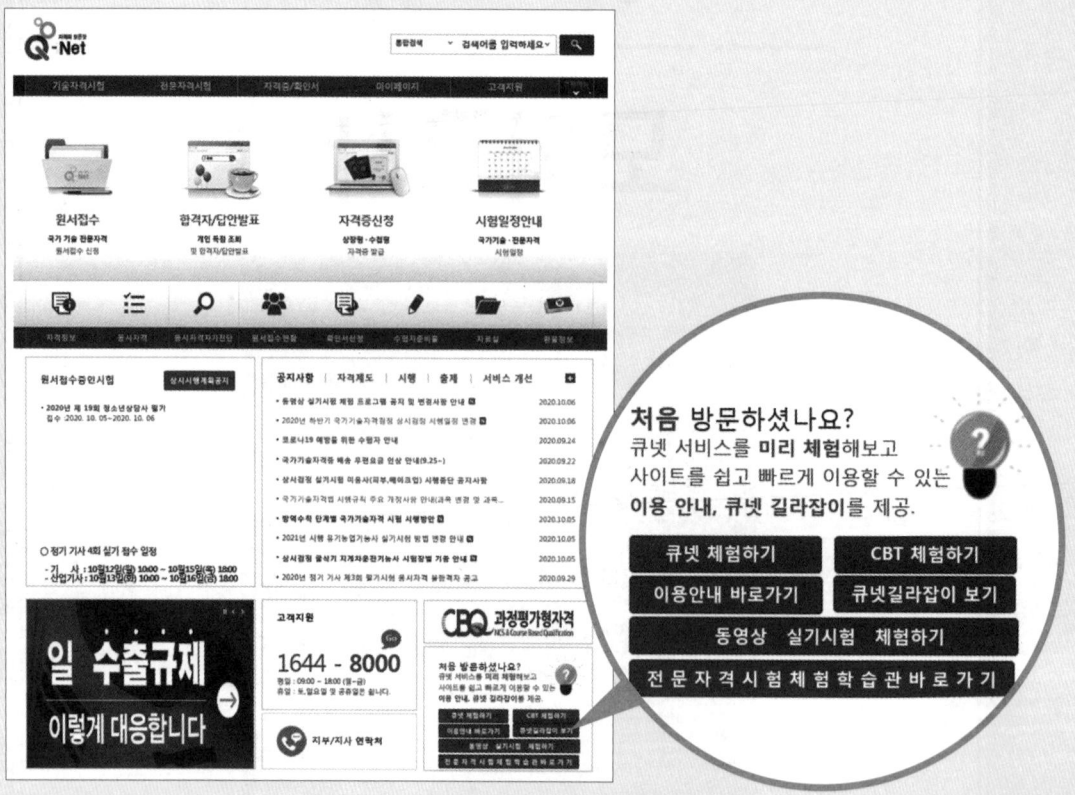

〈http://www.q-net.or.kr〉

1. 큐넷 홈페이지에서 CBT 필기 자격시험 체험하기 클릭

2. 수험자 정보 확인과 안내사항, 유의사항 읽어보기

3. CBT 화면 메뉴 설명 확인하기

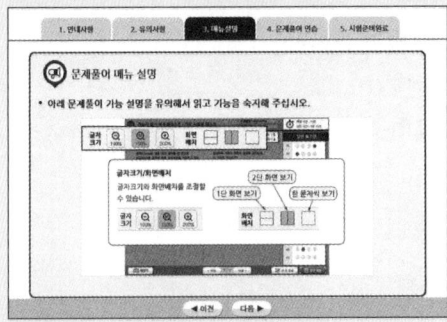

4. 문제 풀이 실습 체험해 보기

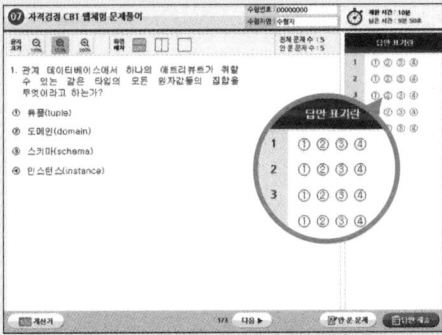

5. 답안 제출, 최종 확인 및 시험 완료

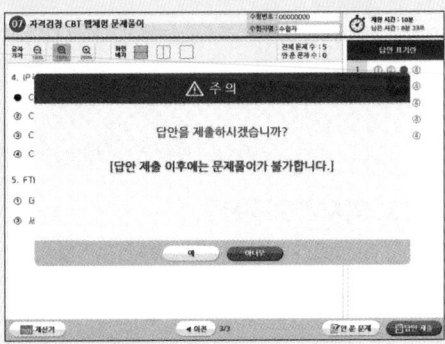 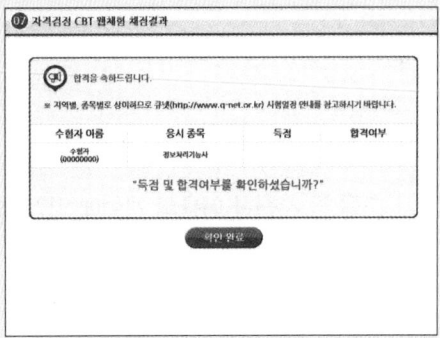

미용사 메이크업 필기 모의고사 ❶

1 다음 중 얼굴형에 따른 화장술로 알맞은 것은?
① 둥근 얼굴의 경우 아치형 눈썹을 그려준다.
② 마름모형 얼굴의 경우 광대뼈 부분을 밝게 표현한다.
③ 역삼각형 얼굴의 경우 볼을 밝게 표현한다.
④ 사각형 얼굴의 경우 일자형의 눈썹을 그려준다.

2 메이크업의 기원이 아닌 것은?
① 위장설　　　　② 신분표시설
③ 본능설　　　　④ 종교설

3 다음 중 무대 화장을 일컫는 화장법으로 옳은 것은?
① 데이 타임 메이크업
② 그리스 페인트 메이크업
③ 선번 메이크업
④ 컬러 포토 메이크업

4 다음 중 시원한 여름의 계절에 연상되는 색으로 짝지어진 것은?
① 흰색, 검은색　　　② 파랑색, 청록색
③ 빨강색, 노랑색　　④ 갈색, 노랑색

5 오리엔탈 메이크업을 하고자 할 때 가장 잘 어울리는 아이섀도와 립스틱 컬러로 짝지어진 것은?

① 오렌지 브라운–다크 브라운
② 옐로 골드–레드
③ 파스텔 핑크–레드
④ 실버 그레이–화이트 핑크

6 파운데이션, 크림 등의 메이크업 제품을 용기로부터 덜어 낼 때 사용하는 도구는?

① 팬 브러쉬　　　② 스파츌라
③ 팁 브러쉬　　　④ 컨실러

7 사이버 메이크업이 잘 어울리는 모델은?

① 크림 아이섀도 광고 모델
② 땀에 젖은 태닝한 피부의 모델
③ 모터쇼의 미래 자동차를 소개하는 모델
④ 한복 화보 촬영 모델

8 다음의 수정 메이크업에 가장 적합한 얼굴형은?

> 보기
> • 하이라이트 : 코가 길어 보이도록 이마에서 코끝까지 길게 그려준다.
> • 섀도 : 갸름해 보이도록 얼굴의 외곽 부분에 전체적으로 넣어준다.

① 긴형　　　　　② 역삼각형
③ 둥근형　　　　④ 마름모꼴형

9 색에 대한 설명으로 바르지 않은 것은?

① 흰색, 회색, 검정과 같은 색을 무채색이라고 한다.
② 빨강, 노랑, 초록, 파랑을 유채색이라고 한다.
③ 색의 순도를 명도라고 한다.
④ 색의 밝기를 명도라고 한다.

10 메이크업 카운슬링을 할 때 질문으로 잘못된 것은?
① 눈의 질병이나 수술 등을 한 적이 있는지 확인한다.
② 아이패치에 부작용이나 이물감이 없는지 확인한다.
③ 타 샵을 이용하고 있는지 확인한다.
④ 속눈썹 펌이나 연장에 대해 이해를 하고 있는지 확인한다.

11 브러쉬에 대한 설명으로 바르지 않은 것은?
① 치크 브러쉬 : 볼 화장이나 윤곽 수정을 할 때 사용한다.
② 앵글 브러쉬 : 메이크업의 잔여물을 털어낼 때 사용한다.
③ 스크루 브러쉬 : 마스카라가 뭉쳤을 때 속눈썹의 결을 살려 펴주는 데 사용한다.
④ 팁 브러쉬 : 눈 화장에서 포인트를 줄 때 사용한다.

12 마스카라가 뭉치거나 번졌을 때 사용할 수 있는 도구가 아닌 것은?
① 스크루 브러쉬   ② 팬 브러쉬
③ 아이브로 콤 브러쉬   ④ 면봉

13 메이크업 아티스트의 직무로 가장 적절한 것은?
① 고객의 단점을 완벽하게 커버한다.
② 다른 사람이 못 알아보도록 분장한다.
③ 장점을 부각시켜 보다 나은 이미지를 연출한다.
④ 메이크업 시술 전후가 확실히 다르게 한다.

14 스파출라에 대한 설명으로 바르지 않은 것은?
① 디자인이 심플하여 휴대하기가 용이하다.
② 파운데이션이나 크림 제품을 용기에서 덜어낼 때 사용한다.
③ 컬러 테스트를 동시에 할 수 있다.
④ 소재가 나무로 되어 있는 것이 사용하기에 용이하다.

15 각진 얼굴형의 수정 메이크업으로 바르지 않은 것은?

① 전체적으로 둥글고 부드러운 느낌이 들도록 한다.
② 이마 양옆과 각진 턱 부분에 섀도를 넣는다.
③ 얼굴 외곽을 섀도 처리해 준다.
④ 이마는 세로로 길게 콧등을 아주 짧게 하이라이트를 넣어준다.

16 파운데이션의 커버력이 뛰어난 순서대로 나열한 것은?

보기	ㄱ. 스틱 타입	ㄴ. 리퀴드 타입
	ㄷ. 크림 타입	ㄹ. 케이크 타입

① ㄹ 〉 ㄱ 〉 ㄷ 〉 ㄴ
② ㄹ 〉 ㄱ 〉 ㄴ 〉 ㄷ
③ ㄱ 〉 ㄹ 〉 ㄷ 〉 ㄴ
④ ㄱ 〉 ㄹ 〉 ㄴ 〉 ㄷ

17 웨딩 메이크업에 대한 설명으로 바르지 않은 것은?

① 예식 장소, 시간 등을 고려하여 메이크업한다.
② 화사하게 표현하여 혈색이 느껴지는 피부 톤으로 우아함을 연출한다.
③ 신랑과 신부의 조화된 분위기를 연출한다.
④ 신부 메이크업은 화려할수록 좋다.

18 다음 중 붉은 기운의 피부 트러블을 커버할 때 사용하면 어울리는 메이크업 베이스의 색상은?

① 그린
② 핑크
③ 바이올렛
④ 하늘색

19 신부 메이크업에 적당하지 않은 컬러는?
① 핑크　　　　　　② 오렌지
③ 그레이　　　　　④ 와인

20 고객 시술 시의 주의사항으로 옳지 않은 것은?
① 속눈썹 시술 시 제품은 천연제품으로 눈에 들어가도 상관없다.
② 시술 전에 카운슬링을 실시해 트러블을 피할 수 있도록 한다.
③ 피부 트러블이나 발진이 있는 경우 시술을 하지 않는다.
④ 눈 주위에 패치 사용 시 약간의 발진이나 자극으로 붉은 현상이 나타날 수 있으니 고객에게 미리 설명한다.

21 미디어 메이크업 시 피부 표현으로 적합하지 않은 것은?
① 자연스러운 표현을 위하여 인조 속눈썹은 붙이지 않는다.
② 약간 어두운 베이지 계열의 파운데이션으로 음영표현을 하고 컨실러를 사용하여 확실히 잡티를 커버한다.
③ 장시간 동안 촬영하기 때문에 스틱 파운데이션이나 케이크 타입의 파운데이션을 사용한다.
④ 유분기가 없도록 투명 파우더로 매트하게 표현한다.

22 무대 메이크업 준비 시 인물 분석에 대한 설명이 아닌 것은?
① 실존 인물일 경우 초상화를 참고하여 메이크업하기도 한다.
② 스태프 미팅 시 메이크업이 최우선이 되도록 주장한다.
③ 원작이 있는 대본은 원작과 대본을 비교해서 등장인물의 메이크업을 구성하여 원작 인물과 일치시킨다.
④ 먼저 선정된 원작을 읽고 작품의 시대적 고증 자료를 조사한 후 등장인물에 대한 분석과 메이크업 디자인을 한다.

23 생명 유지에 필요한 3대 영양소가 아닌 것은?
① 비타민 ② 단백질
③ 탄수화물 ④ 지방

24 미생물의 성장과 사멸에 주로 영향을 미치는 요소로 가장 거리가 먼 것은?
① 영양 ② 빛
③ 온도 ④ 호르몬

25 여드름 피부의 관리 방법으로 바른 것은?
① 화장품 사용 시 유분이 적은 제품을 피한다.
② 곪은 여드름이 생겼을 때는 짜도 무방하다.
③ 모공 속 각질과 노폐물 제거를 위해 각질 제거를 주 4회 이상 한다.
④ 요오드가 들어간 음식의 경우 모공을 자극하여 여드름을 악화시키므로 피한다.

26 중성 피부에 대한 피부 유형 분석으로 바르지 않은 것은?
① 피지 분비량이 적당하여 번들거리지 않고 윤기가 있다.
② 모공이 너무 작아 눈에 띄지 않으며 피부결이 섬세하고 항상 긴장되어 있다.
③ 수분의 양이 적당하여 당김 현상이 없다.
④ 세균에 대한 저항력이 있다.

27 공중보건 사업의 대상으로 가장 적절한 것은?
① 성인병 환자 ② 입원 환자
③ 암 투병 환자 ④ 지역사회 주민

28 음용수의 일반적인 오염지표로 사용되는 것은?
① 탁도
② 일반 세균수
③ 대장균 수
④ 경도

29 다음 중 3% 소독액 1,000ml를 만드는 방법으로 옳은 것은?(단, 소독액 원액의 농도는 100%)
① 원액 300ml에 물 700ml를 가한다.
② 원액 30ml에 물 970ml를 가한다.
③ 원액 3ml에 물 997ml를 가한다.
④ 원액 3ml에 물 1,000ml를 가한다.

30 다음 중 원발진에 속하는 질환이 아닌 것은?
① 반점
② 찰상
③ 농포
④ 낭종

31 다음 중 적외선의 효과로 알맞지 않은 것은?
① 통증 완화 및 진정 효과
② 근육 조직의 이완과 수축을 원활하게 함
③ 혈액 순환 및 신진대사 촉진
④ 색소 침착

32 속눈썹 연장 시술 중 가모의 접착력을 높이는 재료로 옳은 것은?
① 전처리제
② 글루 리무버
③ 립앤아이 리무버
④ 마스카라

33 다음 중 광노화가 진행될 때 감소하는 것은?
① 랑게르한스 세포 ② 표피
③ 주름 ④ 각질 세포

34 다음 중 파리가 옮기지 않는 병은?
① 장티푸스 ② 이질
③ 콜레라 ④ 유행성 출혈열

35 다음 중 산업 피로의 대책으로 가장 거리가 먼 것은?
① 작업 과정 중 적절한 휴식 시간을 배분한다.
② 에너지 소모를 효율적으로 한다.
③ 개인차를 고려하여 작업량을 할당한다.
④ 휴직과 부서 이동을 권고한다.

36 다음 중 자비 소독 시 살균력을 강하게 하고 금속 기자재가 녹스는 것을 방지하기 위하여 첨가하는 물질이 아닌 것은?
① 2% 중조 ② 2% 크레졸 비누액
③ 5% 석탄산 ④ 5% 승홍수

37 다음 중 피부 표면의 pH에 가장 큰 영향을 주는 것은?
① 각질 생성 ② 침의 분비
③ 땀의 분비 ④ 호르몬의 분비

38 다음 중 병원성 미생물이 일반적으로 증식이 가장 잘 되는 pH의 범위는?
① 3.5~4.5
② 4.5~5.5
③ 5.5~6.5
④ 6.5~7.5

39 속눈썹 연장 시술 전 알코올 소독 또는 자외선 소독을 해야 하는 도구는?
① 눈썹 브러쉬
② 핀셋
③ 우드스틱
④ 패치

40 다음 중 소독제의 살균력을 비교할 때 기준이 되는 소독약은?
① 요오드
② 승홍
③ 석탄산
④ 알코올

41 다음 중 실험 기기, 의료 기기, 오물 등의 소독에 사용되는 석탄산수의 적절한 농도는?
① 석탄산 0.1% 수용액
② 석탄산 1% 수용액
③ 석탄산 3% 수용액
④ 석탄산 50% 수용액

42 고객관리에 관한 방법으로 잘못된 것은?
① 고객의 가족 구성원에 대해 기록한다.
② 고객의 시술 날짜를 기록한다.
③ 고객이 선호하는 속눈썹에 대해 기록한다.
④ 고객의 전화번호를 기록한다.

43 다음 중 실내에 다수인이 밀집한 상태에서 실내 공기의 변화는?

① 기온 상승 – 습도 증가 – 이산화탄소 감소
② 기온 하강 – 습도 증가 – 이산화탄소 감소
③ 기온 상승 – 습도 증가 – 이산화탄소 증가
④ 기온 상승 – 습도 감소 – 이산화탄소 증가

44 다음 중 위생관리등급 공표 사항으로 틀린 것은?

① 시장·군수·구청장은 위생서비스평가의 결과에 따른 위생관리등급을 공중위생영업자에게 통보하고 공표한다.
② 공중위생영업자는 통보받은 위생관리등급의 표지를 영업소 출입구에 부착할 수 있다.
③ 시장·군수·구청장은 위생서비스평가의 결과에 따른 위생관리등급 우수업소에는 위생 감시를 면제할 수 있다.
④ 시장·군수·구청장은 위생서비스평가의 결과에 따른 위생관리등급별로 영업소에 대한 위생 감시를 실시하여야 한다.

45 다음 중 공중위생관리법상 위생교육을 받지 아니한 때 부과되는 과태료의 기준은?

① 30만 원 이하
② 50만 원 이하
③ 100만 원 이하
④ 200만 원 이하

46 이·미용기구의 소독기준 및 방법을 정한 것은?

① 보건복지부령
② 대통령령
③ 환경부령
④ 보건소령

47 다음 중 공중위생영업소의 위생서비스수준평가는 몇 년마다 실시하는가?(단, 특별한 경우는 제외함)
① 1년　　② 2년
③ 3년　　④ 5년

48 다음 중 신고를 하지 않고 영업소의 소재지를 변경한 경우의 3차 위반 행정처분은?
① 경고　　② 면허정지
③ 면허취소　　④ 영업장 폐쇄명령

49 다음 중 이·미용업에 있어 청문을 실시하여야 하는 경우가 아닌 것은?
① 면허취소 처분을 하고자 하는 경우
② 면허정지 처분을 하고자 하는 경우
③ 일부 시설의 사용중지명령 처분을 하고자 하는 경우
④ 위생교육을 받지 아니하여 1차 위반한 경우

50 다음 중 위생교육에 대한 내용 중 틀린 것은?
① 위생교육을 받은 자가 위생교육을 받은 날부터 3년 이내에 위생교육을 받은 업종과 다른 업종의 영업을 하려는 경우에는 해당 영업에 대한 위생 교육을 받은 것으로 본다.
② 위생교육의 내용은 공중위생관리법 및 관련 법규, 소양교육, 기술교육, 그 밖에 공중위생에 관하여 필요한 내용으로 한다.
③ 위생교육을 실시하는 단체는 보건복지부장관이 고시한다.
④ 위생교육 실시단체는 교육교재를 편찬하여 교육대상자에게 제공하여야 한다.

51 다음 중 오늘날 화장품의 목적과 거리가 먼 것은?
① 신체를 청결, 미화하기 위해
② 자외선이나 건조 등으로 피부를 보호하기 위해
③ 종교적인 면을 위해서
④ 노화의 방지와 격식을 갖추기 위해서

52 다음 중 기초화장품으로 옳지 않은 것은?
① 로션과 스킨   ② 콤팩트
③ 팩   ④ 클렌징 폼

53 화장품의 품질 특성 중 잘못 짝지어진 것은?
① 안전성 : 파손, 경구 독성이 없을 것
② 안정성 : 피부 자극성, 이물 혼입, 변취가 없을 것
③ 사용성 : 사용감, 편리성, 기호성이 있을 것
④ 유용성 : 보습 효과, 자외선 방어 효과, 세정 효과, 색채 효과 등의 기능이 우수할 것

54 다음 중 소독에 영향을 가장 적게 미치는 인자는?
① 온도   ② 대기압
③ 수분   ④ 시간

55 다음 중 청문을 실시하여야 하는 사항으로 잘못된 것은?
① 영업소의 폐쇄명령
② 공중위생영업의 정지
③ 과태료 징수
④ 이·미용사의 면허취소, 면허정지

56 다음 중 기생충과 중간숙주의 연결로 잘못된 것은?
① 폐흡충증 – 민물게, 가재
② 유구조충증 – 오염된 풀, 소
③ 간흡충증 – 쇠우렁, 잉어
④ 광절열두조충증 – 물벼룩, 송어

57 다음 중 제2급 감염병이 아닌 것은?
① 장티푸스   ② 파상풍
③ 결핵   ④ 콜레라

58 다음 중 피부의 부속 기관으로 액취증의 원인이 되는 대한선이 분포되어 있는 곳은?
① 겨드랑이   ② 손발
③ 배   ④ 머리

59 다음 중 무기 안료의 특성으로 알맞은 것은?
① 유기 용매에 잘 녹는다.
② 선명도와 착색력이 뛰어나다.
③ 내광성, 내열성이 우수하다.
④ 유기 안료에 비해 색의 종류가 다양하다.

60 다음 중 천연보습인자(NMF)의 구성 성분 중 가장 많이 분포되어 있는 것은?
① 피톨리돈 카르본산   ② 요소
③ 아미노산   ④ 젖산염

미용사 메이크업 필기 모의고사 ❷

1 미디어 메이크업에 대한 설명으로 틀린 것은?
① 드라마를 위한 미디어 메이크업은 극중 인물의 특징이 메이크업으로 표현된다.
② 신문, 잡지, 영화, TV 매체 등의 대중 매체를 위한 메이크업이다.
③ 미디어 메이크업은 무대 분장보다 음영의 표현이 강조되어야 한다.
④ 매체별 조명과 카메라의 각도, 촬영 목적 등을 고려하여야 한다.

2 17~18세기에 유행한 애교점인 패치(patch)를 의미하는 용어는?
① 퐁탕주   ② 벨라도나
③ 에넹   ④ 무슈

3 1910년대의 메이크업 스타일을 대표하는 인물로 알맞은 것은?
① 테다바라   ② 마돈나
③ 마리 앙투아네트 ④ 클레오파트라

4 보철, 보정 메이크업 등과 같이 실제 얼굴의 골격을 다른 재료와 도구를 이용하여 입체적으로 변화시키는 메이크업의 종류는?
① 아트 메이크업   ② 뷰티 메이크업
③ 미디어 메이크업 ④ 특수 효과 메이크업

5 신체를 씻거나 머리 모양을 내는 것, 화장품을 쓰는 것, 옷을 입는 것 등 화장을 포함한 치장의 전반을 일컫는 용어는?
① 메이크업(make-up)
② 페인팅(painting)
③ 토일렛(toilet)
④ 드레싱(dressing)

6 장식, 위생학, 의학적인 보호 수단을 지칭하는 그리스의 화장 용어로 바른 것은?
① 코모티케 테크네(kosmmotike techne)
② 코스메틱스(cosmetics)
③ 코스메티코스(kosmetikos)
④ 코스메티케 테크네(kosmetike techne)

7 외모에 자신감을 부여하는 긍정적 효과를 나타내는 메이크업의 기능으로 알맞은 것은?
① 사회적 기능
② 심리적 기능
③ 물리적 기능
④ 보호 기능

8 아이라인을 그리는 방법에 대한 설명으로 틀린 것은?
① 속눈썹이 난 부분부터 섬세하게 그려준다.
② 자연스러운 아이라인을 표현할 때는 리퀴드를 이용해 그려준다.
③ 눈 앞머리에서 그려주고 눈꼬리에서 1~2mm 정도 연장해서 그린다.
④ 언더 라인을 할 경우는 눈꼬리에서 중앙으로 그려주며 농도를 조절한다.

9 얼굴 윤곽 수정에서 하이라이트(highlight)에 대한 설명으로 옳지 않은 것은?

① 펄 감이 크고 풍부한 것이 좋다.
② 얼굴에서 돌출되어 보이고자 하는 부위에 넣어준다.
③ 베이스 색상보다 1~2톤 밝은색을 사용한다.
④ T존, 눈 밑 등에 넣어 입체감을 표현한다.

10 밝은 색상이나 펄 섀도는 피하고 어두운 계열의 섀도로 표현해야 하는 눈의 형태는?

① 큰 눈
② 부은 눈
③ 움푹 파인 눈
④ 작은 눈

11 다음 중 속눈썹을 풍성하고 진해보이도록 하는 효과가 있는 마스카라는?

① 롱래쉬 마스카라
② 투명 마스카라
③ 볼륨 마스카라
④ 컬링 마스카라

12 동양인의 피부에 어울리는 아이라인 컬러는?

① 청색
② 회색
③ 짙은 갈색, 검정색
④ 연보라색

13 색의 개념에 대한 설명으로 옳지 않은 것은?

① 색이란 빛의 반사, 흡수, 굴절 등을 통한 눈의 자극으로 생기는 자각 현상이다.
② 색을 느끼는 파장의 빛은 모두 태양광에 포함된다.
③ 영어의 color는 '착색하다, 채색하다'라는 의미가 있다.
④ 색의 순도는 색의 탁하고 선명한 정도를 나타내는 명도를 의미한다.

14 색상을 연속적인 원형으로 배치하여 색상의 위치나 변화를 쉽게 표현한 것은?

① 톤
② 색상환
③ 컬러트리
④ 색명

15 색의 감정 효과에 대한 설명으로 틀린 것은?

① 저명도, 저채도의 색은 실제보다 축소되어 보인다.
② 고명도의 색과 난색은 진출색이다.
③ 색의 경연감은 무게감으로 색에 따라 무겁거나 가볍게 느껴지는 현상이다.
④ 색의 반발성을 막기 위해 주위에 중성색을 사용한다.

16 악센트 배색에서 강조색으로 사용되는 색상은?

① 대조색
② 유사색
③ 동일색
④ 무채색

17 톤이 가까운 동색 계열의 조합으로 같은 색으로 생각되는 미묘한 색채 조화 배색 방법은?

① 까마이외 배색
② 레피티션 배색
③ 그라데이션 배색
④ 톤인톤 배색

18 채도가 높아서 선명하고 화려한 것이 특징인 톤은?

① 페일톤
② 딥톤
③ 스트롱톤
④ 비비드톤

19 파운데이션을 얇고 고르게 펴바를 때 사용하는 메이크업 브러쉬는?
① 파운데이션 브러쉬　② 포인트 브러쉬
③ 파우더 브러쉬　④ 컨실러 브러쉬

20 각이 져있는 앵글형으로 눈썹을 자연스럽게 그릴 때 사용하는 브러쉬는?
① 아이브로 브러쉬　② 컨실러 브러쉬
③ 블러셔 브러쉬　④ 아이섀도 브러쉬

21 브러쉬의 사용에 대한 설명으로 바르지 않은 것은?
① 포인트 브러쉬 – 짙은 색상의 섀도 사용 시
② 스펀지 팁 브러쉬 – 선명하고 진한 색상 발색 시
③ 컨투어링 브러쉬 – 쉐딩, 하이라이트 표현 시
④ 립 브러쉬 – 크림 섀도 도포 시

22 입술 수정 화장 시 적합한 메이크업 도구는?
① 우드스틱　② 면봉
③ 팁 브러쉬　④ 스파츌라

23 다음 중 메이크업 도구에 대한 설명으로 잘못된 것은?
① 눈썹용 가위 – 눈썹 길이나 형태 등을 다듬을 때 사용한다.
② 라텍스 스펀지 – 리퀴드나 크림 파운데이션 도포 시 용이하다.
③ 어깨보 – 메이크업 브러쉬를 닦는 세척의 용도로 사용한다.
④ 퍼프 – 메이크업 시 손자국이 얼굴에 남지 않도록 방지하는 역할을 한다.

24 파운데이션에 대한 설명으로 바르지 않은 것은?

① 스틱 타입의 파운데이션은 가장 자연스러운 표현이 가능한 타입이다.
② 파운데이션은 피부의 결점을 커버하고 피부의 색상을 조절한다.
③ 리퀴드 타입의 파운데이션은 수분 함량이 많아 일반적으로 사용된다.
④ 노화 피부에는 크림 타입의 파운데이션을 사용하는 것이 효과적이다.

25 베이스 메이크업에 대한 설명으로 바른 것은?

① 파운데이션은 두껍게 바를수록 좋다.
② 검은 피부를 커버하기 위해서는 무조건 밝은 파운데이션을 발라야 한다.
③ 매트한 피부 표현을 위해서는 쉬머 제품을 활용한다.
④ 붉은 톤의 피부에는 그린색의 메이크업 베이스를 사용한다.

26 인조 속눈썹 사용에 대한 설명으로 옳지 않은 것은?

① 인조 속눈썹을 눈 길이에 맞춰 자르고 접착하기 쉽게 구부려 부드럽고 탄력있게 만들어 준다.
② 인조 속눈썹 안쪽의 눈썹대 부분에 접착제를 바르고 가볍게 말려 붙여준다.
③ 속눈썹을 붙인 후 아이라인을 그려준다.
④ 원하는 이미지에 따라 인조 속눈썹을 잘라 사용한다.

27 아이브로 메이크업 시 주의해야 할 사항이 아닌 것은?

① 아이브로 메이크업 전에 눈썹을 깔끔하게 정리하는 것이 좋다.
② 눈썹의 머리와 꼬리는 일직선상에 놓이게 한다.
③ 눈동자 색상과 비슷한 계열의 색상을 선택한다.
④ 좌우 눈썹이 대칭이 되도록 한다.

28 얼굴형에 따른 치크 메이크업 테크닉에 대한 설명으로 적합한 것은?

① 긴 얼굴 – 애플 존 위에 세로 방향의 형태를 적용하여 표현한다.
② 사각형 얼굴 – 광대뼈를 애플 존 중심으로 동그란 형태로 부드럽게 표현한다.
③ 역삼각형 얼굴 – 광대쪽에서부터 애플 존 주변으로 넓어지는 형태를 적용한다.
④ 둥근 얼굴 – 얼굴이 가로로 확장되어 보일 수 있게 볼 중앙에 적용한다.

29 T.P.O 메이크업에 대한 의미로 바르지 않은 것은?

① 시간(time)
② 장소(place)
③ 상대(target)
④ 상황이나 경우(occasion)

30 파티 메이크업에 대한 설명으로 바르지 않은 것은?

① 화려한 조명이나 조도가 어두운 경우가 많으므로 색상과 질감 표현에 주의를 기울인다.
② 파티의 목적에 따라 헤어, 의상, 액세서리까지 토탈 스타일링이 필요하다.
③ 화려하고 대담한 색상을 적용하여 개성있게 표현한다.
④ 함께하는 파티 참석자의 특성에 따라 메이크업을 계획한다.

31 피부 표면으로부터 표피를 구성하고 있는 세포층의 순서는 무엇인가?

① 각질층 – 투명층 – 과립층 – 유극층 – 기저층
② 기저층 – 유극층 – 과립층 – 투명층 – 각질층
③ 각질층 – 투명층 – 과립층 – 기저층 – 유극층
④ 각질층 – 투명층 – 유극층 – 과립층 – 기저층

32 피부 구조 중에서 모세혈관, 신경, 림프관이 있어 표피에 영양분을 공급하는 곳은 어디인가?
① 표피
② 피하조직
③ 근육
④ 진피

33 모발은 3단계를 거치면서 성장하는데 올바른 성장 주기는 무엇인가?
① 성장기 – 퇴행기 – 휴지기
② 퇴행기 – 성장기 – 휴지기
③ 휴지기 – 성장기 – 퇴행기
④ 성장기 – 휴지기 – 퇴행기

34 호르몬의 구성 성분으로 체액의 산과 염기의 균형을 맞추고 삼투압을 통해 수분 조절을 하는 영양소는 무엇인가?
① 무기질
② 비타민
③ 단백질
④ 탄수화물

35 피부 면역에 관한 설명으로 틀린 것은?
① 외부에서 인체로 들어오는 병원소나 이물질을 항원이라 한다.
② B림프구는 체액성 면역으로 면역 글로불린이라는 항체를 형성한다.
③ T림프구는 면역 반응의 핵심 세포로 세포성 면역이다.
④ 진피층에 존재하는 랑게르한스 세포는 피부 면역을 담당한다.

36 다음 중 미생물의 증식을 억제하는 영양의 고갈과 건조 등의 불리한 환경 속에서 생존하기 위하여 세균이 생성하는 것은?
① 아포
② 협막
③ 세포벽
④ 점질층

37 다음 중 실내 공기의 오염지표로 주로 측정되는 것은?
① N_2
② CO_2
③ CO
④ NH_3

38 다음 중 소독제의 적정 농도로 잘못된 것은?
① 석탄산 1~3%
② 크레졸수 1~3%
③ 승홍수 0.1%
④ 알코올 1~3%

39 미생물의 번식에 가장 중요한 요소로 나열된 것은?
① 온도 – 적외선 – pH
② 온도 – 습도 – 영양분
③ 온도 – 습도 – 자외선
④ 온도 – 습도 – 시간

40 다음 중 보건행정의 원리에 관한 것으로 맞는 것은?
① 보건행정은 공중보건학에 기초한 과학적 기술이 필요하다.
② 의사결정 과정에서 미래를 예측하고, 행동하기 전의 행동 계획을 결정한다.
③ 보건행정에서는 생태학이나 역학적 고찰이 필요 없다.
④ 일방행정원리의 관리과정적 특성과 기획과정은 적용되지 않는다.

41 속눈썹 연장 시술 중 가모의 접착력을 높이는 재료로 옳은 것은?
① 전처리제
② 글루 리무버
③ 립앤아이 리무버
④ 마스카라

42 다음 중 이·미용업소에 반드시 게시되지 않아도 되는 것은?
① 개설자의 면허증 원본 ② 이·미용업의 신고증
③ 최종지불 요금표 ④ 이·미용사 자격증

43 공중보건학의 대상으로 가장 적절한 것은?
① 개인 ② 지역사회 주민 전체
③ 의료업에 종사하는 자 ④ 환자 집단

44 이·미용사의 면허증을 다른 사람에게 대여한 때의 법적 행정처분 조치 사항으로 옳은 것은?
① 시장·군수·구청장은 그 면허를 취소하거나 1년 이내의 기간을 정하여 그 면허의 정지를 명할 수 있다.
② 시·도지사는 그 면허를 취소하거나 1년 이내의 기간을 정하여 그 면허의 정지를 명할 수 있다.
③ 시·도지사는 그 면허를 취소하거나 6월 이내의 기간을 정하여 그 면허의 정지를 명할 수 있다.
④ 시장·군수·구청장은 그 면허를 취소하거나 6월 이내의 기간을 정하여 그 면허의 정지를 명할 수 있다.

45 다음 중 넓은 지역의 방역용 소독제로 가장 적합한 것은?
① 석탄산 ② 과산화수소
③ 알코올 ④ 역성비누액

46 변경신고를 하지 않고 영업소의 소재지를 변경한 때의 1차 위반 행정처분기준은?
① 영업정지 1월 ② 영업장 폐쇄명령
③ 영업정지 2월 ④ 영업허가 취소

47 다음 중 이·미용업소의 위생관리기준으로 적합하지 않은 것은?
① 영업장 안의 조명도는 75럭스 이상이어야 한다.
② 피부미용을 위한 의약품은 따로 보관한다.
③ 1회용 면도날을 손님 1인에 한하여 사용한다.
④ 소독한 기구와 소독을 하지 아니한 기구를 분리하여 보관한다.

48 다음 중 화학약품으로 소독 시 약품 구비 조건으로 맞지 않은 것은?
① 경제적이고 사용방법이 간편해야 함
② 용해성이 낮아야 함
③ 살균력이 있어야 함
④ 부식성, 표백성이 없어야 함

49 다음 중 질병 발생의 3대 요소로 알맞은 것은?
① 숙주, 환경, 병명
② 병인, 숙주, 환경
③ 숙주, 체력, 환경
④ 감정, 체력, 숙주

50 다음 중 이·미용업소의 상속으로 인한 영업자 지위승계신고 시 구비 서류가 아닌 것은?
① 양도 계약서 사본
② 가족관계증명서
③ 상속인임을 증명할 수 있는 서류
④ 영업자 지위승계신고서

51 다음 중 무기 안료의 특성에 대한 설명으로 옳은 것은?
① 유기 용매에 잘 녹는다.
② 선명도와 착색력이 뛰어나다.
③ 내광성, 내열성이 우수하다.
④ 유기 안료에 비해 색의 종류가 다양하다.

52 다음 중 자외선 차단제 성분의 기능으로 잘못된 것은?
① 과색소 방지
② 노화 방지
③ 미백 작용
④ 일광 화상 방지

53 화장품의 성분 중 천연보습인자의 설명으로 틀린 것은?
① 피부 수분보유량을 조절한다.
② 수소이온농도의 지수 유지를 말한다.
③ 아미노산, 젖산, 요소 등으로 구성되어 있다.
④ NMF(Natural Moisturizing Factor)

54 다음 중 화장품 제조 기술이 아닌 것은?
① 용융 기술
② 유화 기술
③ 분산 기술
④ 가용화 기술

55 속눈썹 펌 시술 시 주의사항으로 옳지 않은 것은?
① 시술 전 눈 주위의 메이크업이나 잔여물과 유분기를 잘 닦아낸다.
② 콘택트렌즈 착용 고객은 반드시 렌즈를 제거 후 시술한다.
③ 펌 롯드는 세척과 소독을 해서 반복 재사용이 가능하다.
④ 헤어펌제를 사용해도 된다.

56 다음 중 소독약의 살균력 지표로 가장 많이 이용되는 것은?
① 알코올
② 크레졸
③ 석탄산
④ 포름알데히드

57 다음 중 에센셜 오일에 대한 설명 중 거리가 먼 것은?
① 에센셜 오일은 원액을 그대로 피부에 사용해야 한다.
② 에센셜 오일을 사용할 때에는 안전성 확보를 위하여 사전에 패치 테스트(patch test)를 실시하여야 한다.
③ 아로마 테라피에 사용되는 에센셜 오일은 주로 수증기 증류법에 의해 추출된 것이다.
④ 에센셜 오일은 공기 중의 산소, 빛 등에 의해 변질될 수 있으므로 갈색병에 보관하여 사용하는 것이 좋다.

58 다음 중 화장품법상 화장품의 정의에 대한 내용이 아닌 것은?
① 인체에 사용되는 물품으로 인체에 대한 작용이 경미한 것이다.
② 인체를 청결히 하고, 미화하고, 매력을 더하고 용모를 밝게 변화시키기 위해 사용하는 물품이다.
③ 피부 혹은 모발을 건강하게 유지 또는 증진하기 위한 물품이다.
④ 신체의 구조, 기능에 영향을 미치는 것과 같은 사용 목적을 겸하지 않는 물품이다.

59 다음 중 물에 오일 성분이 혼합되어 있는 유화 상태는?
① O/W 에멀젼   ② W/O 에멀젼
③ O/W/O 에멀젼   ④ W/O/W 에멀젼

60 민감성 피부 관리의 마무리 단계에서 사용될 보습제 성분으로 적합하지 않은 것은?
① 알란토인   ② 알부틴
③ 아줄렌   ④ 알로에 베라

미용사 메이크업 필기 모의고사 ❸

정답 및 해설 부록 8p

수험번호:
수험자명:

제한 시간: 60분
남은 시간: 60분

글자 크기   화면 배치

전체 문제 수: 60
안 푼 문제 수:

답안 표기란

1 ① ② ③ ④
2 ① ② ③ ④
3 ① ② ③ ④
4 ① ② ③ ④

1 다음 (   )안에 들어갈 알맞은 것은?

> 보기 색채의 중량감은 (   )와 관계있고 강약감은 (   )와 관계있다.

① 명도/채도
② 색채/채도
③ 채도/명도
④ 명도/색채

2 다음 중 감염병 관리상 그 관리가 가장 어려운 대상은?
① 급성 감염병 환자
② 만성 감염병 환자
③ 감염병에 의한 사망자
④ 건강 보균자

3 다음 (   )안에 알맞은 말을 순서대로 옳게 나열한 것은?

> 보기 세계보건기구(WHO)의 본부는 스위스 제네바에 있으며, 6개의 지역사무소를 운영하고 있다. 이 중 북한은 (   ) 지역에, 남한은 (   ) 지역에 소속되어 있다.

① 서태평양, 서태평양
② 동남아시아, 동남아시아
③ 서태평양, 동남아시아
④ 동남아시아, 서태평양

4 다음 중 이·미용업소의 실내 온도로 가장 적합한 것은?
① 10℃ 이하
② 12~15℃
③ 18~21℃
④ 25℃ 이상

5 다음 질병 중 모기가 매개하지 않는 질병은?
① 일본 뇌염　　② 황열
③ 세균성 이질　④ 말라리아

6 다음 중 절족 동물 매개 감염병이 아닌 것은?
① 페스트　　　② 유행성 출혈열
③ 세균성 이질　④ 말라리아

7 메이크업의 분류에 대한 특징이 잘못 연결된 것은?
① 캐릭터 메이크업(character make-up)은 극중 역할에 따라 작품 속의 인물로 변모시켜주는 특징을 갖는다.
② 미디어 메이크업은 매체의 종류에 따라 지면 광고를 위한 인쇄 매체와 TV, CF 등의 영상 매체로 구분할 수 있다.
③ 웨딩 메이크업은 결혼식 본식 때에만 활용하는 메이크업으로 분류한다.
④ 최근에는 아트 메이크업을 활용하여 상업적 용도와 홍보의 용도로 사용된다.

8 메이크업 제품으로 자신의 얼굴의 장점을 부각시키고 결점을 보완하여 아름다움을 추구하는 메이크업 기능을 무엇이라 하는가?
① 보호의 기능　② 미화의 기능
③ 사회적 기능　④ 심리적 기능

9 다음 중 눈 밑 다크서클이나 여드름, 기미 등을 커버할 때 사용하는 메이크업 브러쉬는?
① 팬 브러쉬　　　② 파운데이션 브러쉬
③ 컨실러 브러쉬　④ 컨투어링 브러쉬

10 메이크업의 기원에 대한 설명으로 틀린 것은?

① 장식설 – 아름다움에 대한 욕망으로 몸을 치장하기 시작하였다.
② 보호설 – 외부 환경 및 위험으로부터 몸을 보호하기 위함이었다.
③ 종교설 – 신분과 계급을 구별하기 위한 목적이었다.
④ 본능설 – 이성을 유혹하기 위해 아름답게 장식하고자 한 것이다.

11 컨실러에 대한 설명으로 틀린 것은?

① 파운데이션으로 가릴 수 없는 반점이나 잡티 등을 부분적으로 커버한다.
② 40대 이후 여성의 피부는 잔주름과 잡티가 늘어나므로 무조건 사용해야 한다.
③ 펜슬형, 케이크형, 팁이 내장된 액상형 등 커버하고자 하는 부위에 따라 적절히 선택한다.
④ 부분적인 작은 점을 가릴 때에는 펜슬형이 사용하기 편리하다.

12 브러쉬의 보관 방법으로 잘못된 것은?

① 세척할 경우 미지근한 물에 샴푸나 비누로 풀어서 가볍게 문지르듯이 빨아준다.
② 사용할 때마다 색조 화장품의 잔여물을 말끔히 털어낸다.
③ 드라이기로 바짝 말린다.
④ 브러쉬 끝을 가지런히 모아서 마른 타월로 물기를 제거한 후 그늘에 뉘어서 모양이 흐트러지지 않게 말린다.

13 메이크업 베이스나 크림 파운데이션과 같이 용기에 든 화장품을 위생적으로 덜어 쓸 때 사용하며 베이스의 색상을 서로 섞어서 쓸 때도 사용하는 도구는?

① 아이리쉬 컬러   ② 핀셋
③ 스파츌라   ④ 아이 브러쉬와 콤

14 강한 포인트 색을 바르고자 할 때 주로 사용되는 브러쉬로 재질은 면이나 밍크가 있으며 물 세척이 가능한 브러쉬는?

① 팁 브러쉬　　　② 스크루 브러쉬
③ 아이 브러쉬와 콤　　　④ 팬 브러쉬

15 평활근에 대한 설명 중 틀린 것은?

① 근원섬유에는 가로무늬가 없다.
② 신경을 절단하면 자동적으로 움직일 수 없다.
③ 운동신경의 분포가 없는 대신 자율신경이 분포되어 있다.
④ 수축은 서서히 느리게 지속된다.

16 이·미용업의 상속으로 인한 영업자 지위승계신고 시 구비 서류로 잘못된 것은?

① 영업자 지위승계 신고서
② 가족관계증명서
③ 양도계약서 사본
④ 상속인임을 증명할 수 있는 서류

17 얼굴 정면을 기준으로 세로로 5등분 했을 때 잘못된 기준은?

① 왼쪽 헤어라인 : 왼쪽 눈꼬리
② 왼쪽 눈꼬리 : 오른쪽 눈머리
③ 오른쪽 눈머리 : 오른쪽 눈꼬리
④ 오른쪽 눈꼬리 : 오른쪽 헤어라인

18 외모에 자신감을 부여함으로써 심리적으로 능동적이고 적극적인 자신감을 가지게 됨으로써 긍정적 효과를 기대할 수 있는 메이크업의 기능은?

① 보호의 기능　　　② 심리적 기능
③ 사회적 기능　　　④ 변화의 기능

19 색상 표현이 용이하고 자연스러워 누구나 쉽게 사용할 수 있으며 파우더를 압축한 형태의 블러셔 타입은?
① 케이크 타입   ② 크림 타입
③ 스틱 타입   ④ 젤 타입

20 다음 중 향수의 분류에 따른 향료의 함유량이 가장 적은 것은?
① 퍼퓸(perfume)
② 샤워 코롱(shower cologne)
③ 오데 코롱(eau de cologne)
④ 오데 토일렛(eau de toilet)

21 공중위생관리법상 미용업에서 손질할 수 있는 손님의 신체 범위를 가장 잘 나타낸 것은?
① 얼굴, 손, 머리   ② 손, 발, 얼굴, 머리
③ 머리, 피부   ④ 얼굴, 피부, 머리

22 공중위생영업을 하고자 하는 자가 필요로 하는 것으로 옳은 것은?
① 통보   ② 인가
③ 신고   ④ 허가

23 다음 중 건열멸균법에 대한 설명 중 잘못된 것은?
① 물리적 소독법에 속한다.
② 건열멸균기를 사용한다.
③ 화염을 대상에 직접 접하여 멸균하는 방식이다.
④ 유리기구, 주사침, 유지, 분말 등에 이용된다.

24 다음 중 가법 혼합에 대한 설명으로 잘못된 것은?
① 빛의 혼합으로 빛의 삼원색은 빨강, 초록, 파랑이다.
② 빛을 가하여 색을 혼합하는 방법으로 원래의 색보다 명도가 높아진다.
③ 빨강과 녹색빛을 동시에 가하면 노란빛이 된다.
④ 모든 색은 같은 양으로 혼합하여 검정색이 된다.

25 감법 혼색의 3색상이 모두 섞이면 나타나는 색상은?
① cyan
② black
③ pink
④ red

26 파운데이션을 펴바를 때에 스펀지를 밀듯이 활용하는 기법은?
① 패딩 기법
② 그라데이션 기법
③ 슬라이딩 기법
④ 블렌딩 기법

27 이·미용업자는 영업장 면적의 (   ) 이상의 증감이 있을 때 변경신고를 하여야 하는가?
① 5분의 1
② 4분의 1
③ 3분의 1
④ 2분의 1

28 생리기능과 대사조절을 하는 조절영양소가 아닌 것은?
① 비타민
② 무기질
③ 지방
④ 물

29 광노화로 인한 피부 변화로 옳지 않은 것은?
① 굵고 깊은 주름이 생긴다.
② 불규칙한 색소 침착이 생긴다.
③ 피부가 거칠고 건조해진다.
④ 피부의 표면이 얇아진다.

30 표피 내에 존재하지 않는 세포는 무엇인가?
① 각질 형성 세포
② 머켈 세포
③ 랑게르한스 세포
④ 베타 세포

31 다음 중 질병 발생의 3대 요인이 바르게 나열된 것은?
① 감염력, 연령, 인종
② 숙주, 감염력, 환경
③ 병인, 숙주, 환경
④ 병인, 환경, 감염력

32 다음 중 공중보건학의 정의로 가장 적합한 것은?
① 질병예방, 생명연장, 건강증진에 주력하는 기술이며 과학이다.
② 질병예방, 생명유지, 조기치료에 주력하는 기술이며 과학이다.
③ 질병예방, 생명연장, 질병치료에 주력하는 기술이며 과학이다.
④ 질병의 조기발견, 조기예방, 생명연장에 주력하는 기술이며 과학이다.

33 이·미용에서 사용하는 1회용 면도날은 손님 몇 명까지 사용할 수 있는가?
① 4명
② 2명
③ 3명
④ 1명

34 다음 중 이·미용업소에서 손님이 보기 쉬운 곳에 게시하지 않아도 되는 것은?
① 신고증
② 사업자등록증
③ 개설자의 면허증 원본
④ 이·미용 요금표

35 다음 중 법정감염병 중 제2급에 해당하지 않는 감염병은?
① 황열
② 세균성 이질
③ 풍진
④ 장티푸스

36 다음 중 예방접종에서 디.피.티(D.P.T)와 무관한 질병은?
① 디프테리아
② 결핵
③ 파상풍
④ 백일해

37 다음 중 소독제에 사용되는 약제로 가장 적당한 것은?
① 향기로운 냄새가 나야 한다.
② 취급 방법이 복잡해야 한다.
③ 용매에 쉽게 용해해야 한다.
④ 살균하고자 하는 대상물을 손상시키지 않아야 한다.

38 다음 중 변경신고를 하지 않고 영업소의 소재지를 변경한 때의 1차 위반 행정처분기준은?
① 영업장 폐쇄명령
② 영업정지 1월
③ 영업허가 취소
④ 영업정지 2월

39 다음 중 위생교육은 일 년에 몇 시간을 교육 이수해야 하는가?
① 3시간
② 2시간
③ 5시간
④ 6시간

40 다음 중 화장품 성분 중 여드름 피부용 화장품에 사용되는 성분으로 잘못된 것은?
① 살리실산
② 알부틴
③ 아줄렌
④ 글리실리진산

41 다음 중 클렌징 제품에 대한 설명으로 잘못된 것은?
① 클렌징 오일은 물에 용해되는 특성이 있고 민감성 피부, 약건성 피부, 탈수 피부에 사용하면 효과적이다.
② 비누는 사용 역사가 가장 오래된 클렌징 제품이고 종류가 다양하다.
③ 클렌징 밀크는 O/W 타입으로 친유성이며 건성, 노화, 민감성 피부에만 사용할 수 있다.
④ 클렌징 크림은 친유성과 친수성이 있으며 친유성은 반드시 이중 세안을 해서 클렌징 제품이 피부에 남아 있지 않도록 해야 한다.

42 다음 중 화장품에 주로 사용되는 방부제는 어느 것인가?
① 벤조산
② 파라옥시안식향산메틸
③ 에탄올
④ BHT

43 다음 중 에센셜 오일을 추출하는 방법으로 잘못된 것은?
① 용제 추출법
② 압착법
③ 수증기 증류법
④ 혼합법

44 다음 중 화장품 제조 기술로 잘못된 것은?
① 용융 기술
② 유화 기술
③ 분산 기술
④ 가용화 기술

45 다음 중 채도에 대한 설명으로 바르지 않은 것은?
① 색의 밝은 정도
② 색의 맑고 탁한 정도
③ 색의 순수한 정도
④ 색의 강하고 약함

46 속눈썹 연장 시 필요한 재료로 옳지 않은 것은?
① 글루
② 핀셋
③ 송풍기
④ 속눈썹 롯드

47 다음 중 로마 시대의 화장 문화로 틀린 것은?
① 여자에게만 화장이 허용되었다.
② 네로 황제의 부인인 포파이에 사비나는 염소 우유로 목욕을 하고 초크로 얼굴을 하얗게 만들었다.
③ 귀족들은 많은 시간과 인력을 동원한 목욕과 화장을 즐겼다.
④ 아름다운 피부를 가꾸기 위해 냉수욕, 온수욕, 약물욕을 즐겼다.

48 다음 중 얼굴의 각 부분이 차지하는 비율을 나누어 놓아 이상적인 얼굴의 비율과 형태를 파악할 수 있는 것은?
① 얼굴 균형도
② 근육 구조
③ 골상
④ 피부 측정표

49 다음 중 무대 메이크업으로 구분할 수 있는 것이 아닌 것은?
① 연극 메이크업
② 무용 메이크업
③ 방송 메이크업
④ 오페라 메이크업

50 다음 중 제3급 감염병으로 옳은 것은?
① 결핵
② 콜레라
③ 파상풍
④ 장티푸스

51 다음 중 병원소에 해당되지 않는 것은?
① 물
② 보균자
③ 가축
④ 흙

52 다음 중 폐기물의 처리 방법 중 가장 위생적인 방법은?
① 투기법
② 소각법
③ 비료화법
④ 매립법

53 메이크업 카운슬링을 할 때 질문으로 잘못된 것은?
① 눈의 질병이나 수술 등을 한 적이 있는지 확인한다.
② 아이패치에 부작용이나 이물감이 없는지 확인한다.
③ 타 샵을 이용하고 있는지 확인한다.
④ 속눈썹 펌이나 연장에 대해 이해를 하고 있는지 확인한다.

54 파우더나 아이섀도를 바른 후 코 밑, 눈 밑, 입가 등 좁고 세심한 부위에 묻은 파우더를 털어내는 데 사용하는 부채꼴 모양의 뻣뻣한 털을 사용하는 브러쉬는?
① 스크루 브러쉬
② 팬 브러쉬
③ 아이 브러쉬
④ 블러셔 브러쉬

55 다음 중 눈썹을 다듬거나 정돈할 때 사용하는 도구가 아닌 것은?
① 스파츌라
② 아이브로 브러쉬
③ 트위저
④ 스크루 브러쉬

56 무스 타입 파운데이션의 특징으로 잘못된 것은?
① 가벼운 타입의 파운데이션에 속한다.
② 커버력이 약하여 깨끗한 피부에 많이 사용된다.
③ 거품 타입의 파운데이션으로 흡수력이 높다.
④ 흡수력이 좋아 건성 피부에 적합하다.

57 다음 중 웨딩 메이크업에 대한 설명으로 옳지 않은 것은?
① 신부와 신랑, 혼주를 위한 메이크업을 의미한다.
② 음영이 강조된 스모키한 스타일이 적합하다.
③ 드레스 디자인과 색상, 헤어스타일, 예식 장소 등을 고려한다.
④ 장시간의 일정으로 진행되기 때문에 지속력 있는 메이크업으로 표현한다.

58 다음 표피층에서 핵을 포함하고 있는 층은 어느 것인가?
① 각질층　　　　② 투명층
③ 과립층　　　　④ 유극층

59 다음 중 사춘기 이후에 주로 발달하는데 겨드랑이 등에 발달하여 특유의 체취를 내는 한선은 무엇인가?
① 대한선　　　　② 피지선
③ 소한선　　　　④ 임파선

60 피부의 피지선을 압박하여 피지를 분비하고 수축하여 체온 손실을 줄이는 역할을 하는 근육은 무엇인가?
① 괄약근　　　　② 내전근
③ 입모근　　　　④ 외전근

미용사 메이크업 필기 모의고사 ❹

1. 다음 중 요충에 대한 설명으로 옳은 것은?
① 집단 감염을 일으키는 특징이 있다.
② 충란을 산란한 곳에서는 소양증이 없다.
③ 흡충류에 속한다.
④ 심한 복통이 특징이다.

2. 다음은 어느 시대의 메이크업에 대한 설명인지 고르시오.

> 보기
> • 사회 진출로 여성들의 지위가 향상되었다.
> • 눈썹은 가늘게, 하얀 얼굴에 커다란 눈, 입술은 빨간색으로 작고 각진 듯 앵두 같은 작은 여성스러운 입술을 표현하였다.
> • 머리 길이와 치마 길이가 짧아지고, 보브(bob) 스타일의 헤어가 유행하였다.

① 1940년대   ② 1920년대
③ 1930년대   ④ 1950년대

3. 다음 중 미용업소의 적당한 조명도는 어느 정도인가?
① 85럭스 이상   ② 75럭스 이상
③ 90럭스 이상   ④ 80럭스 이상

4. 다음 중 공중위생관리법에 따른 미용사 위생교육의 세부사항을 법으로 정하는 자는?
① 교육부장관   ② 대통령
③ 보건복지부장관   ④ 고용노동부장관

5 다음 중 공중위생감시원을 두는 곳을 모두 고르시오.

보기	ㄱ. 특별시	ㄴ. 광역시
	ㄷ. 도	ㄹ. 군

① ㄴ, ㄷ ② ㄱ, ㄷ
③ ㄱ, ㄴ, ㄷ ④ ㄱ, ㄴ, ㄷ, ㄹ

6 모공이 매우 작아 눈에 띄지 않으며 각질이 들뜨기 쉬워 육안으로 보이는 피부는 무엇인가?
① 건성 피부 ② 중성 피부
③ 지성 피부 ④ 민감성 피부

7 조선시대 꾸밈의 정도에 따른 화장 분류와 고유 어휘로 옳지 않은 것은?
① 농장 : 변장 수준이 다르게 변형한 상태
② 성장 : 야하거나 화려한 화장
③ 담장 : 엷은 화장으로 기초화장
④ 염장 : 진한 상태의 색채 화장

8 피부 표피 중 가장 두꺼운 층은?
① 각질층 ② 유극층
③ 기저층 ④ 과립층

9 여드름 발생의 주요 원인과 가장 거리가 먼 것은?
① 염증 반응
② 여드름 균의 군락 형성
③ 모낭 내 이상 각화
④ 아포크린 한선의 분비 증가

10 클렌징 제품의 올바른 선택 조건이 아닌 것은?
① 충분하게 거품이 일어나는 제품을 선택해야 한다.
② 클렌징이 잘되어야 한다.
③ 피부의 산성막을 손상시키지 않는 제품이어야 한다.
④ 피부 유형에 따라 적절한 제품을 선택해야 한다.

11 피부 유형별 화장품 사용 방법으로 적합하지 않은 것은?
① 민감성 피부 : 무색, 무취, 무알코올 화장품 사용
② 복합성 피부 : T존과 U존 부위별로 각각 다른 화장품 사용
③ 건성 피부 : 수분과 유분이 함유된 화장품 사용
④ 모세혈관 확장 피부 : 일주일에 2번 정도 딥 클렌징 사용

12 '페인팅'이라는 용어는 누구의 작품에서 최초로 사용되었는가?
① 셰익스피어   ② 헤르만 헤세
③ 헤밍웨이   ④ 생텍쥐베리

13 다음 중 기초화장품의 기능으로 옳지 않은 것은?
① 피부 보호   ② 피부 정돈
③ 미백   ④ 세정

14 다음 중 우리나라 시대별 메이크업에 대한 설명으로 잘못된 것은?
① 우리나라 최초의 분은 1916년 박승직이 개발하고, 1922년 제조 허가된 "박가분"이었다.
② 1950년대에는 불란서 '코티'사와 기술 제휴를 하여 코티분이라는 신제품을 개발하였다.
③ 1920년대에는 현대식 화장법이 도입된 시기이며 얼굴은 희게, 눈썹은 반달 모양으로 그렸으며 볼과 입술은 붉게 표현하였다.
④ 개화기시대에도 조선시대와 마찬가지로 일반 여성의 화장과 직업 여성의 화장으로 나누었다.

답안 표기란				
10	①	②	③	④
11	①	②	③	④
12	①	②	③	④
13	①	②	③	④
14	①	②	③	④

15 다음 중 공중위생관리법에서 규정하고 있는 공중위생영업의 종류와 관계 없는 것은?
① 이용업
② 목욕장업
③ 세탁업
④ 교육서비스업

16 다음 중 시장·군수·구청장이 규정에 의해 행정처분을 실시하고자 할 때 청문이 필요한 사항으로 잘못된 것은?
① 일부 시설의 사용 변경
② 공중위생영업의 정지
③ 미용사의 면허취소·면허정지
④ 영업소 폐쇄명령 등의 처분

17 속눈썹의 구성 요소로 옳지 않은 것은?
① 핀셋을 이용해 케이스에 붙어 있는 속눈썹을 떼어 낸다.
② 반대 방향으로 휘어서 속눈썹의 부착 부분인 띠 부분을 부드럽게 한다.
③ 눈꼬리부터 5mm 떨어져서 속눈썹 가까이 붙인다.
④ 눈꼬리 부분은 아이라인 형태에 맞춰 붙인다.

18 다음 중 이·미용업소에서 손님이 보기 쉬운 곳에 게시하지 않아도 되는 것은?
① 개설자의 면허증 원본
② 신고증
③ 사업자등록증
④ 이·미용 요금표

19 다음 중 이·미용사의 면허를 받기 위한 자격 요건으로 알맞지 않은 것은?

① 미용에 관한 업무에 3년 이상 종사한 경험이 있는 자
② 교육부장관이 인정하는 고등기술학교에서 1년 이상 이·미용에 관한 소정의 과정을 이수한 자
③ 국가기술자격법에 의한 이·미용사의 자격을 취득한 자
④ 전문대학에서 이·미용에 관한 학과를 졸업한 자

20 다음 중 영업정지처분을 받고도 그 영업정지 기간 중 영업을 한 때에 대한 1차 위반 시 행정처분기준은?

① 영업정지 10월   ② 영업정지 30일
③ 영업정지 1월   ④ 영업장 폐쇄명령

21 다음 중 이·미용사의 면허증을 다른 사람에게 대여한 때의 법적 행정처분 조치사항으로 옳은 것은?

① 시·도지사는 그 면허를 취소하거나 1년 이내의 기간을 정하여 그 면허의 정지를 명할 수 있다.
② 시·도지사는 그 면허를 취소하거나 6월 이내의 기간을 정하여 그 면허의 정지를 명할 수 있다.
③ 시장·군수·구청장은 그 면허를 취소하거나 6월 이내의 기간을 정하여 그 면허의 정지를 명할 수 있다.
④ 시장·군수·구청장은 그 면허를 취소하거나 1년 이내의 기간을 정하여 그 면허의 정지를 명할 수 있다.

22 이·미용사는 영업소 외의 장소에는 이·미용 업무를 할 수 없지만 특별한 사유가 있는 경우에는 예외가 인정되는데 다음 중 특별한 사유에 해당하지 않는 것은?

① 긴급히 국외에 출타하는 자에 대한 이·미용
② 질병으로 영업소까지 나올 수 없는 자에 대한 이·미용
③ 혼례, 기타 의식에 참여한 자에 대하여 그 의식 직전에 행하는 이·미용
④ 시장·군수·구청장이 특별한 사정이 있다고 인정하는 경우에 행하는 이·미용

23 다음 중 위생교육은 일 년에 몇 시간을 받아야 하는가?
① 2시간　② 3시간
③ 5시간　④ 6시간

24 다음 중 병원성, 비병원성 미생물 및 포자를 가진 미생물 모두를 사멸 또는 제거하는 것은?
① 방부　② 소독
③ 정균　④ 멸균

25 다음 중 이·미용업소에서 1회용 면도날을 손님 몇 명까지 사용할 수 있는가?
① 1명　② 2명
③ 3명　④ 4명

26 다음 화장품 중 그 분류가 다른 것은?
① 화장수　② 탈색
③ 클렌징크림　④ 팩

27 다음 중 이·미용 업무에 종사할 수 있는 자는?
① 공인 이·미용학원에서 3개월 이상 이·미용에 관한 강습을 받은 자
② 이·미용업소에 취업하여 6개월 이상 이·미용에 관한 기술을 수습한 자
③ 이·미용업소에서 이·미용사의 감독 하에 이·미용 업무를 보조하고 있는 자
④ 시장·군수·구청장이 보조원이 될 수 있다고 인정하는 자

28 다음 중 계면활성제에 대한 설명 중 잘못된 것은?
① 계면활성제는 계면을 활성화시키는 물질이다.
② 계면활성제는 친수성기와 친유성기를 모두 소유하고 있다.
③ 계면활성제는 표면장력을 높이고 기름을 유화시키는 등의 특징을 가지고 있다.
④ 계면활성제는 표면활성제라고도 한다.

29 다음 중 가용화(solubilization) 기술을 적용하여 만들어진 것은?
① 마스카라　　　② 향수
③ 립스틱　　　　④ 크림

30 홈 케어 시 여드름 피부에 대한 조언으로 알맞지 않은 것은?
① 지나친 당분 섭취는 피함
② 여드름 전용 제품을 사용
③ 붉어지는 부위는 약간 진하게 파운데이션이나 파우더 사용
④ 지나치게 얼굴이 당길 경우 수분 크림, 에센스 사용

31 다음 법정감염병 중 제1급에 해당하는 것은?
① 레지오넬라증　　② A형 간염
③ 디프테리아　　　④ 한센병

32 다음 중 향수의 구비 요건이 아닌 것은?
① 향이 강하므로 지속성이 약해야 한다.
② 향에 특징이 있어야 한다.
③ 시대성에 부합하는 향이어야 한다.
④ 향의 조화가 잘 이루어져야 한다.

33 다음 중 바디 화장품의 종류와 사용 목적의 연결이 옳지 않은 것은?
① 데오드란트 파우더 – 탈색
② 선 스크린 – 자외선 방어
③ 바디 클렌저 – 세정
④ 바스 솔트 – 세정

34 다음 중 바디관리 화장품이 아닌 것은?
① 각질제거제
② 바디솔트
③ 샤워코롱
④ 데오드란트

35 다음 중 여드름 치유와 잔주름 개선에 효과가 있는 성분으로 옳은 것은?
① 아스코르빈산
② 레티노산
③ 코직산
④ 칼시페롤

36 다음 중 어두운 색의 피부를 하얗게 연출하고 싶을 때 사용되며 어둡고 칙칙한 느낌을 중화시켜주는 메이크업 베이스의 색은 무엇인가?
① 초록색
② 흰색
③ 보라색
④ 분홍색

37 다음 중 메이크업 베이스의 사용 목적으로 잘못된 것은?
① 피부 톤을 조절하여 피부의 결점을 보완시킨다.
② 피부 톤을 일정하게 정돈하여 피부 화장이 잘 되도록 한다.
③ 자외선, 바람, 먼지, 기후 등의 외부 자극으로부터 피부를 보호한다.
④ 피부의 수분 증발을 막아주고, 파운데이션이 피부에 직접 흡수되는 것을 막아준다.

38 다음 중 각질 제거용 화장품에 주로 쓰이며 죽은 각질을 빨리 떨어져 나가게 하고 건강한 세포가 피부를 구성할 수 있도록 도와주는 성분은?

① 라이코펜 ② 리포좀
③ 알파-하이드록시산 ④ 알파-토코페롤

39 다음 중 분장 메이크업 시 유의 사항에 해당되지 않는 것은?

① 공간을 감안한 메이크업
② 거리를 감안한 메이크업
③ 시술자의 기분에 따른 메이크업
④ 조명을 감안한 메이크업

40 다음 중 둥근 얼굴형에 어울리는 블러셔 방향은?

① 가로 방향으로 블러셔를 한다.
② 볼 화장의 흐름을 턱 쪽으로 향하도록 발라준다.
③ 세로 방향으로 블러셔를 한다.
④ 갸름해 보이도록 사선 방향으로 발라준다.

41 다음 중 신랑의 메이크업을 하는 방법 중 옳지 않은 것은?

① 피부색이 두꺼워지더라도 잡티를 완벽하게 커버한다.
② 리퀴드 파운데이션을 가볍게 바른다.
③ 눈썹의 투명 마스카라를 이용하여 자연스럽게 빗어준다.
④ 브라운 색상의 섀도를 이용하여 눈두덩이에 가볍게 음영만 잡아준다.

42 다음 중 피부의 과색소 침착으로 틀린 것은?

① 기미 ② 백반증
③ 주근깨 ④ 검버섯

43 다음 중 인간이 색을 지각하기 위한 3요소가 아닌 것은?
① 물체
② 조도
③ 시각
④ 광원

44 다음 중 모던하고 침착한 이미지의 색은 어느 것인가?
① 난색
② 한색
③ 중성색
④ 무채색

45 다음 중 촉촉한 피부 표현을 할 경우 어울리는 볼터치 타입은?
① 섀도 타입
② 크림 타입
③ 케이크 타입
④ 콤팩트 타입

46 다음은 현대 메이크업의 역사 중 몇 년대의 설명인가?

> 보기
> • 파운데이션은 불투명하고, 볼연지는 모카(mocha), 핑크빛, 베이지 또는 고풍스런 핑크색이었음
> • 입술은 포도주색이나 밝고 붉은색으로 돋보임
> • 눈썹은 더 이상 뽑지 않고, 아이라이너는 보일 듯 말 듯하게 사용하거나 코올(kohl) 연필을 사용하였음
> • 아이섀도의 색조가 다양해졌음

① 1930년대
② 1960년대
③ 1970년대
④ 1950년대

47 다음 중 원기, 희열, 풍부, 만족, 식욕, 활력이 연상되는 색채는?
① 빨강
② 녹색
③ 노랑
④ 주황

48 눈썹 연장 시술 전 알코올 소독 또는 자외선 소독을 해야 하는 도구는?
① 눈썹 브러쉬
② 핀셋
③ 우드스틱
④ 패치

49 다음은 무대 조명의 어떤 기능과 목적에 대한 설명인가?

> 보기 노랑 등의 따뜻한 색으로 행복하고 재미있는 상황을 연출할 수 있으며 청색 등의 차분한 색조로 우울한 상황을 연출할 수 있다.

① 무대 위에 초점을 제공
② 공연의 스타일 강화
③ 시각적 동작의 리듬 설정
④ 분위기 창조에 조력

50 다음 중 입모근의 설명으로 옳은 것은?
① 체온 조절
② 수분 조절
③ 피지 조절
④ 호르몬 조절

51 다음 중 건성 피부, 중성 피부, 지성 피부를 구분하는 기본적인 피부 유형 분석 기준은?
① 피부의 조직 상태
② 피지 분비 상태
③ 모공의 크기
④ 피부의 탄력도

52 다음 중 아로마 오일에 대한 설명 중 잘못된 것은?
① 아로마 오일은 피지에 쉽게 용해되지 않으므로 다른 첨가물을 혼합하여 사용한다.
② 아로마 오일은 염증 개선, 피부 미용에 효과적이다.
③ 아로마 오일은 피부 관리는 물론 화상, 여드름, 염증 치유에도 쓰인다.
④ 아로마 오일은 면역 기능을 높여준다.

53 다음 중에서 접촉감염지수(감성지수)가 가장 높은 질병은?
① 홍역
② 소아마비
③ 디프테리아
④ 성홍열

54 다음 중 소독약의 구비 조건에 부적합한 것은?
① 소독 대상물에 손상을 입히지 않을 것
② 독성이 적고 사용자에게 안전할 것
③ 환경오염이 발생하지 않을 것
④ 장시간에 걸쳐 소독의 효과가 서서히 나타날 것

55 고객 시술 시의 주의사항으로 옳지 않은 것은?
① 속눈썹 시술 시 제품은 천연제품으로 눈에 들어가도 상관없다.
② 시술 전에 카운슬링을 실시해 트러블을 피할 수 있도록 한다.
③ 피부 트러블이나 발진이 있는 경우 시술을 하지 않는다.
④ 눈 주위에 패치 사용 시 약간의 발진이나 자극으로 붉은 현상이 나타날 수 있으니 고객에게 미리 설명한다.

56 다음 중 소독 작용에 영향을 미치는 요인의 설명으로 잘못된 것은?
① 온도가 높을수록 소독 효과가 크다.
② 유기 물질이 많을수록 소독 효과가 크다.
③ 접속 시간이 길수록 소독 효과가 크다.
④ 농도가 높을수록 소독 효과가 크다.

57 다음 중 성장기에 있어 뼈의 길이 성장이 일어나는 곳을 무엇이라 하는가?

① 상지골
② 두개골
③ 연지상골
④ 골단연골

58 다음 중 심장근을 무늬 모양과 의지에 따라 분류한 것으로 옳은 것은?

① 횡문근, 불수의근
② 횡문근, 수의근
③ 평활근, 수의근
④ 평활근, 불수의근

59 다음 중 입술 형태에 따른 수정으로 옳지 않은 것은?

① 두껍고 큰 입술 – 입술 라인을 원래 입술보다 안쪽으로 그려준다.
② 얇은 입술 – 립 라이너로 원래 입술선보다 1~2mm 바깥쪽으로 그려준다.
③ 좁은 입술 – 입술산을 높이며 입꼬리를 입술 모양 그대로 하여 그려준다.
④ 쳐진 입술 – 구각 부분을 약간 올려서 그리고, 아랫 입술은 완만한 곡선으로 그려준다.

60 다음 중 아래에 내용을 읽고 색의 대비를 고르시오.

> **보기** 색의 차갑고(한색) 따뜻한(난색) 느낌이 주변 색의 영향으로 다르게 느껴지는 현상이다. 색의 차고 따뜻함에 변화가 오는 대비로 연두, 보라, 자주 계통은 중성색인데 이 중성색이라도 따뜻하게 느껴지기도 하고 차갑게 느껴지기도 한다. 중성 옆의 한색은 더욱 차게 보이고 중성색 옆의 난색은 더 따뜻하게 느껴진다.

① 명도 대비
② 한난 대비
③ 채도 대비
④ 연변 대비

미용사 메이크업 필기 모의고사 ❺

1 다음 중 화장품의 4대 요건이 아닌 것은?
① 안전성 ② 안정성
③ 유효성 ④ 기능성

2 다음 중 조선시대 메이크업 특징에 대한 설명으로 틀린 것은?
① 화장에 대해 여러 차례 금지령을 내렸다.
② 신체에 대한 청결을 중요시하여 화장에 대해 소홀히 여겼다.
③ 기생 신분의 여성들에게는 분대화장을 허용하였다.
④ 미인박명 사상의 영향으로 화장에 대해 부정적인 인식을 가졌다.

3 다음 중 1970년대 메이크업의 특징으로 잘못된 것은?
① 풍부한 색조 메이크업으로 복고풍의 우아하고 성숙한 여성미가 유행하였다.
② 미국 배우 파라 포셋의 자연스럽고 풍성한 헤어와 메이크업이 대표적인 스타일이다.
③ 짧은 머리에 커다란 눈, 작은 입술과 장미빛 볼, 가짜 주근깨 등 전통적인 미인의 모습과 다른 새로운 모습이 등장하였다.
④ 1970년대 후반으로 갈수록 진하고 강한 색이 유행하면서 브라운, 그레이, 어두운 그린 등의 섀도 표현과 광택 있는 볼과 입술이 유행하였다.

4 다음 중 메이크업 시술 시 유의해야 할 사항으로 옳지 않은 것은?
① 베이스 메이크업을 철저하게 한다.
② 포인트를 여러 곳에 두어 얼굴의 단점이 분산돼 보이도록 한다.
③ T.P.O를 고려한다.
④ 고객의 기분을 고려한다.

5 다음 중 메이크업 도구의 사용 또는 관리법으로 옳지 않은 것은?
① 티슈, 면봉 등은 한 번만 사용하고 버린다.
② 족집게, 가위 등은 세심하게 다루며, 사용 후 자외선 소독기 안에 넣는다.
③ 세척할 수 없는 상황에서는 1회용 스펀지를 사용한다.
④ 파운데이션 브러쉬는 사용 후 물에 담가둔다.

6 다음 중 유사톤으로 이루어진 배색의 방법으로 옳은 것은?
① 톤인톤 배색　　　② 그라데이션 배색
③ 톤온톤 배색　　　④ 악센트 배색

7 다음 중 '블루밍 효과'의 설명으로 바른 것은?
① 피부색을 고르게 보이도록 하는 것
② 보송보송하고 투명감 있는 피부표현
③ 파운데이션의 색소 침착을 방지하는 것
④ 밀착성을 높여 화장의 지속성을 높게 함

8 다음 중 메이크업의 목적에 대한 설명으로 바른 것은?
① 본능적인 목적-어떠한 상황을 표시하기 위함이다.
② 실용적인 목적-종족을 보호하고 방어하기 위함이다.
③ 표시적인 목적-성적 매력을 표현하기 위함이다.
④ 신앙적인 목적-생활의 편의를 도모하기 위함이다.

9 다음 중 그라데이션과 색상 혼합이 용이하며 다양한 색상으로 가장 대중적인 섀도의 종류는?

① 케이크 타입 ② 크림 타입
③ 펜슬 타입 ④ 파우더 타입

10 영상 매체 메이크업 중 TV 메이크업에 관한 설명으로 잘못된 것은?

① TV 화면에서의 메이크업 색상은 따뜻한 색보다는 차가운 청색 계열이 잘 어울린다.
② 시청자가 TV 화면 조정 시 가장 기준이 되는 색이 인간의 '피부색'이므로 피부색의 표현이 중요하다.
③ TV 메이크업은 크게 스트레이트 메이크업(straight makeup)과 캐릭터 메이크업(character makeup)으로 분류할 수 있다.
④ 얼굴의 유분으로 인한 조명 반사를 피하기 위해 투명 파우더를 꼼꼼히 발라준다.

11 피부 세포가 기저층에서 생성되어 각질층으로 되어 떨어져 나가기까지의 기간을 피부의 1주기(각화주기)라 한다. 성인에 있어서 건강한 피부인 경우 1주기는 보통 며칠인가?

① 45일 ② 28일
③ 15일 ④ 7일

12 신랑 메이크업의 표현 방법이 옳은 것은?

① 눈썹의 경계가 선명하도록 그려주어 인상을 선명하게 만들어 준다.
② 얼굴의 잡티를 완벽하게 커버할 수 있도록 두껍게 메이크업을 한다.
③ 아이섀도는 아이 홀 부분에 섀딩 컬러로 음영을 주어 색감이 꺼지지 않도록 한다.
④ 얼굴이 작아보이도록 치크 블러셔를 많은 양을 사용하여 진하게 표현한다.

13 수정 메이크업이란 화장품의 ( ) 차이를 이용하여 눈의 착시효과를 이용한 것으로 얼굴의 단점 보완과 입체감 부여를 위한 것이다. ( ) 안에 들어가야 하는 것은?
① 색상
② 명도
③ 채도
④ 질감

14 다음 중 붉은 피부에 적당한 메이크업 베이스 색상은?
① 노란색
② 핑크색
③ 초록색
④ 갈색

15 속눈썹 연장 시술 중 가모의 접착력을 높이는 재료로 옳은 것은?
① 전처리제
② 글루 리무버
③ 립앤아이 리무버
④ 마스카라

16 메이크업 카운슬링을 할 때 질문으로 잘못된 것은?
① 눈의 질병이나 수술 등을 한 적이 있는지 확인한다.
② 아이패치에 부작용이나 이물감이 없는지 확인한다.
③ 타 샵을 이용하고 있는지 확인한다.
④ 속눈썹 펌이나 연장에 대해 이해를 하고 있는지 확인한다.

17 일반적인 대머리분장을 하고자 할 때 준비해야 하는 주요 재료로 가장 거리가 먼 것은?
① 글라짠(glatzan)
② 오브라이트(oblate)
③ 스프리트검(spiritgum)
④ 라텍스(latex)

18 일반적인 뷰티 메이크업 시 피부 표현을 하는 방법으로 옳은 것은?
① 매트한 피부 표현을 위해서는 쉬머 제품을 활용한다.
② 붉은 톤의 피부에는 일반적으로 그린색의 메이크업 베이스를 사용한다.
③ 검은 피부를 커버하기 위해서는 무조건 밝은 파운데이션을 발라야 한다.
④ 파운데이션은 두껍게 발라야 커버력이 있으므로 두껍게 바를수록 좋다.

19 이마의 양쪽과 턱 끝 부분을 어둡게 섀딩하고 턱의 바깥 부분을 풍만해 보이도록 하기 위해 턱 양쪽에 하이라이트 제품을 사용하는 얼굴형은?
① 둥근 얼굴형
② 긴 얼굴형
③ 각진 얼굴형
④ 역삼각형

20 흑백사진 광고 메이크업을 할 때 가장 밝은 파운데이션으로 발라 주어야 하는 부분은?
① T존
② 아래턱
③ S존
④ 얼굴 외곽

21 예식 장소에 따른 웨딩 메이크업의 방법을 잘못 설명한 것은?
① 호텔 예식장은 눈부신 조명으로 피부색을 최대한 어둡게 표현한다.
② 일반 예식장은 노란기가 많은 조명 때문에 붉은 색상을 더해 표현해주면 좋다.
③ 교회나 성당은 경건한 분위기이므로 단정하고 우아한 이미지로 연출한다.
④ 야외 예식장은 따뜻한 분위기의 선명한 색상을 이용하여 신부의 눈매를 또렷하게 표현한다.

22 다음 중 그라데이션을 효과적으로 할 수 있는 브러쉬는 어느 것인가?
① 브러쉬 끝이 스퀘어인 브러쉬
② 브러쉬 끝이 둥근 브러쉬
③ 브러쉬 끝이 사선인 브러쉬
④ 브러쉬 끝이 부채형인 브러쉬

23 얼굴형에 따른 눈썹형과 이미지의 연결이 가장 적절한 것은?
① 긴형 – 상승형 – 쾌활한 이미지
② 둥근형 – 일자형 – 활동적인 이미지
③ 사각형 – 기본형 – 지적인 이미지
④ 역삼각형 – 아치형 – 여성스러운 이미지

24 콤 브러쉬의 설명으로 옳은 것은?
① 마스카라가 잘못 발라지거나 뭉쳤을 때 빗어주어 수정하는 속눈썹용 빗이다.
② 눈썹을 그릴 때 사용하는 사선 브러쉬이다.
③ 눈썹을 빗어줄 때 사용하는 나선형 브러쉬이다.
④ 노즈 섀도를 바를 때 사용하는 브러쉬이다.

25 다음 메이크업 제품의 연결 중 옳지 않은 것은?
① 메이크업 베이스 – 피부 색상 컨트롤 효과
② 파운데이션 – 피부 색상 표현
③ 파우더 – 피부 화장 지속력 상승
④ 컨실러 – 피부 색상 조절

26 아이라이너 브러쉬에 대한 설명으로 옳지 않은 것은?
① 리퀴드 타입, 케이크 타입, 젤 타입 등 제품 유형에 따라 브러쉬의 형태도 구분하여 선택한다.
② 젤 타입의 경우 모가 짧고 촘촘한 것이 사용하기 용이하다.
③ 케이크 타입으로 자연스러운 라인을 표현하려면 가늘고 섬세한 브러쉬를 사용한다.
④ 리퀴드 타입의 경우 브러쉬의 끝이 각지고 단단한 것이 섬세한 선 처리에 용이하다.

27 소독 약품의 구비 조건으로 잘못된 것은?
① 용해성이 높을 것
② 표백성이 있을 것
③ 사용이 간편할 것
④ 가격이 저렴할 것

28 다음 중 사람의 눈으로 볼 수 있는 가시광선의 범위는?
① 150~350mm
② 180~480mm
③ 350~950mm
④ 380~780mm

29 다음 중 건강한 성인의 피부 표면의 pH는?
① 3.5~4.0
② 6.5~7.0
③ 7.0~7.5
④ 4.5~6.5

30 다음 중 주로 40~50대에 나타나는 증상으로 혈액 흐름이 나빠져 모세혈관이 파손되어 코를 중심으로 양 뺨에 나비 형태로 붉어진 증상은?
① 비립종
② 섬유종
③ 주사
④ 켈로이드

31 다음 중 즉시 색소 침착 작용을 하는 광선으로 인공 선탠에 사용되는 것은?
① UV-A
② UV-B
③ UV-C
④ UV-D

32 다음 광노화의 설명으로 잘못된 것은?
① 피부 두께가 두꺼워진다.
② 섬유아 세포수의 양이 감소한다.
③ 콜라겐이 비정상적으로 늘어난다.
④ 점다당질이 증가한다.

33 다음 중 세계보건기구(WHO)에서 규정된 건강의 정의를 가장 적절하게 표현한 것은?
① 육체적으로 완전히 양호한 상태
② 정신적으로 완전히 양호한 상태
③ 질병이 없고 허약하지 않은 상태
④ 육체적, 정신적, 사회적 안녕이 완전한 상태

34 다음 감염병 중 세균성 감염병으로 옳은 것은?
① 말라리아
② 결핵
③ 일본뇌염
④ 유행성 간염

35 다음 중 법정감염병 중 제2급감염병에 속하는 것은?
① 후천성면역결핍증
② 장티푸스
③ 일본뇌염
④ B형 간염

36 다음 감염병 중 호흡기계 감염병에 속하는 것은?
① 콜레라　　　　② 장티푸스
③ 유행성 감염　　④ 백일해

37 인조 속눈썹 부착 후 관리 방법으로 잘못된 것은?
① 인조 속눈썹을 제거할 때는 손으로 잡아 뜯는다.
② 속눈썹 유지기간은 관리 상태에 따라 짧게는 1주일 길게는 1개월 이상 유지된다.
③ 스트랩 래시와 인디비쥬얼 래쉬의 경우 일회용 글루를 사용하지만 연장용 래시의 경우에는 일회용이 아닌 전문 글루를 사용한다.
④ 떼어낸 인조 속눈썹은 묻어있는 접착제와 마스카라를 깨끗이 제거 후 보관한다.

38 공중위생영업을 하고자 하는 자는 시설 및 설비를 갖추고 다음 중 누구에게 신고해야 하는가?
① 보건복지부장관
② 행정안전부장관
③ 시·도지사
④ 시장·군수·구청장(자치구의 구청장)

39 다음 중 상피 조직의 신진대사에 관여하며 각화 정상화 및 피부 재생을 돕고 노화 방지에 효과가 있는 비타민은 어느 것인가?
① 비타민 C　　　② 비타민 E
③ 비타민 A　　　④ 비타민 K

40 다음 중 물리적 소독 방법으로 잘못된 것은?
① 방사선 멸균법　　② 건열 소독법
③ 고압증기 멸균법　④ 생석회 소독법

41 다음 중 대장균이 사멸되지 않는 소독법은?
① 건열멸균
② 저온소독
③ 방사선멸균
④ 고압증기멸균

42 이·미용업 영업소의 일부 시설의 사용중지명령을 받고도 계속하여 그 시설을 사용한 자에 대한 벌칙사항은?
① 1년 이하의 징역 또는 1천만 원 이하의 벌금
② 1년 이하의 징역 또는 5백만 원 이하의 벌금
③ 6월 이하의 징역 또는 5백만 원 이하의 벌금
④ 6월 이하의 징역 또는 3백만 원 이하의 벌금

43 다음 중 파리가 매개할 수 있는 질병과 거리가 먼 것은?
① 발진티푸스
② 콜레라
③ 아메바성 이질
④ 장티푸스

44 다음 중 이·미용업소에서 종업원이 손을 소독할 때 가장 보편적이고 적당한 방법으로 옳은 것은?
① 승홍수
② 과산화수소
③ 역성비누
④ 석탄수

45 다음 중 생석회 분말 소독의 가장 적절한 소독 대상물은?
① 감염병 환자실
② 화장실 분변
③ 채소류
④ 상처

46 핸드 케어 제품 중 사용할 때 물을 사용하지 않고 직접 바르는 것으로 피부 청결 및 소독효과를 위해 사용하는 것은?
① 핸드 워시
② 핸드 새니타이저
③ 비누
④ 핸드로션

47 다음 중 살균 효과가 가장 높은 소독 방법은?
① 일광소독
② 염소소독
③ 저온소독
④ 고압증기멸균

48 캐리어 오일에 대한 설명으로 잘못된 것은?
① 캐리어는 운반이란 뜻으로 캐리어 오일은 마사지 오일을 만들 때 필요한 오일이다.
② 베이스 오일이라고 한다.
③ 피부 흡수력이 없이 빨리 휘발된다.
④ 에센셜 오일을 희석하는 데 사용한다.

49 다음 중 이·미용업무의 보조를 할 수 있는 자는?
① 이·미용사의 감독을 받은 자
② 이·미용사 응시자
③ 이·미용학원 수강자
④ 시·도지사가 인정한 자

50 기초화장품을 사용하는 목적이 아닌 것은?
① 세안
② 피부 정돈
③ 피부 보호
④ 피부 결점 보완

51 다음 중 세포 재생이 더 이상 되지 않으며 기름샘과 땀샘이 없는 것은?
① 흉터   ② 티눈
③ 두드러기   ④ 습진

52 과징금 부과 기준에서 영업소에 대한 처분일이 속한 년도의 전년도 총 매출 금액의 기준이 되는 기간은?
① 6개월   ② 1년
③ 2년   ④ 3년

53 이·미용사가 이·미용업소 외의 장소에서 이·미용을 했을 때 1차 위반 행정처분기준은?
① 200만 원 이하의 과태료
② 개선명령
③ 영업정지 1월
④ 영업정지 20일

54 다음 중 오일의 설명으로 바른 것은?
① 식물성 오일 – 향은 좋으나 부패하기 쉽다.
② 동물성 오일 – 무색투명하고 냄새가 없다.
③ 광물성 오일 – 색이 진하며 피부 흡수가 늦다.
④ 합성 오일 – 냄새가 나빠 정제한 것을 사용한다.

55 유아용 제품과 저자극성 제품에 많이 사용되는 계면활성제에 대한 설명 중 옳은 것은?
① 물에 용해될 때, 친수기에 양이온과 음이온을 동시에 갖는 계면활성제
② 물에 용해될 때, 이온으로 해리하지 않는 수산기, 에테르 결합, 에스테르 등을 분자 중에 갖고 있는 계면활성제
③ 물에 용해될 때, 친수기 부분이 음이온으로 해리되는 계면활성제
④ 물에 용해될 때, 친수기 부분이 양이온으로 해리되는 계면활성제

56 다음 중 화장품을 만들 때 필요한 4대 조건은?
① 안전성, 안정성, 사용성, 유효성
② 안전성, 방부성, 방향성, 유효성
③ 발림성, 안정성, 방부성, 사용성
④ 방향성, 안전성, 발림성, 사용성

57 다음 중 화장수(스킨로션)를 사용하는 목적과 가장 거리가 먼 것은?
① 클렌징을 하고나서도 지워지지 않는 피부의 잔여물을 제거하기 위해서
② 세안 후 남아있는 세안제의 알칼리성 성분 등을 닦아내어 피부 표면의 산도를 약산성으로 회복시켜 피부를 부드럽게 하기 위해서
③ 보습제, 유연제의 함유로 각질층을 촉촉하고 부드럽게 하면서 다음 단계에 사용할 제품의 흡수를 용이하게 하기 위해서
④ 각종 영양 물질을 함유하고 있어, 피부의 탄력을 증진시키기 위해서

58 다음 중 세균 증식에 가장 적합한 최적 수소이온농도는?
① pH 3.5~5.5
② pH 6.0~8.0
③ pH 8.5~10.0
④ pH 10.5~11.5

59 다음 중 이·미용업소의 시설 및 설비기준으로 옳은 것은?
① 소독을 한 기구와 소독을 하지 아니한 기구를 구분하여 보관할 수 있는 용기를 비치하여야 한다.
② 소독기, 적외선 살균기 등 기구를 소독하는 장비를 갖추어야 한다.
③ 밀폐된 별실을 24개 이상 둘 수 있다.
④ 작업장소와 응접장소, 상담실, 탈의실 등을 분리하여 칸막이를 설치하려는 때에는 각각 전체 벽면적의 2분의 1이다.

60 다음 중 이·미용사가 시설 및 설비기준을 위반한 경우 1차 위반에 대한 행정처분기준은?
① 경고
② 영업정지 10일
③ 영업정지 5일
④ 개선명령

미용사 메이크업 필기 모의고사 ❻

1 다음 중 청록색 눈 화장에 빨간색 입술 화장을 하였더니 청록과 빨간 색상이 원래의 색보다 더욱 뚜렷해 보이고 채도도 더 높게 보이는 현상은?
① 명도 대비
② 연변 대비
③ 색상 대비
④ 보색 대비

2 다음 중 이마에서 콧등까지 이어지는 부분으로 하이라이트 존이라고 하는 부위는 무엇인가?
① T존
② S존
③ O존
④ 애플존

3 다음 중 수분 함량이 적어 무대 메이크업 시 사용되는 파운데이션은?
① 컨실러
② 투웨이
③ 크림 파운데이션
④ 스틱형 파운데이션

4 다음 중 메이크업 아티스트의 사명으로 잘못된 것은?
① 새로이 유행하는 정보를 빨리 습득한다.
② 최고의 아름다움을 창출하고자하는 창조적 마인드를 가진다.
③ 공중위생에 만전을 기한다.
④ 모델의 개성보다는 유행하는 스타일로 아름다움을 살린다.

5 눈의 모양과 아이섀도 방법이 바르게 연결되지 못한 것은?
① 눈꼬리가 올라간 눈 - 눈꼬리 밑 부분에 아이섀도로 포인트를 준다.
② 큰 눈 - 부드럽고 자연스럽게 포인트를 강하게 처리하지 않으며 그라데이션 한다.
③ 처진 눈 - 포인트를 눈꼬리 아래쪽으로 주고 언더 라인을 강하게 한다.
④ 동그란 눈 - 눈앞머리와 눈꼬리를 짙게 처리하여 눈을 길어보이게 한다.

6 다음 중 입술 형태에 따른 메이크업 테크닉에 대한 설명으로 틀린 것은?
① 얇은 입술 - 본래의 입술선보다 1~2mm 정도 밖으로 늘려서 전체적으로 둥글고 풍만하게 보이도록 한다.
② 두꺼운 입술 - 본래의 입술선보다 1~2mm 정도 작게 안쪽으로 그리고, 입술산은 완만하게 그린 후 수축의 효과를 나타내기 위한 짙은 계열의 립스틱을 바른다.
③ 큰 입술 - 본래의 입술보다 구각 쪽에 1~2mm 작게 줄여 그리며 입술 중앙에 짙은 색의 립스틱을 바른다.
④ 작은 입술 - 짙은 립 라인을 이용하여 입술 라인을 그린 후 전체적으로 짙은 색상을 선택하여 수축되고 후퇴되어 보이는 색상을 선택하여 바른다.

7 다음 중 메이크업의 기능에 대한 설명으로 옳은 것은?
① 미적 기능 - 메이크업으로 외부 환경으로부터 피부를 보호한다.
② 사회적 기능 - 메이크업으로 개인의 지위, 직업, 신분 역할을 표시한다.
③ 문화적 기능 - 메이크업으로 개인의 사고방식이 나타난다.
④ 심리적 기능 - 메이크업으로 그 시대의 유행이나 경향을 표현한다.

8 다음 중 색채 조화의 공통 원리가 아닌 것은?
① 질서의 원리
② 대비의 원리
③ 색채조절의 원리
④ 비모호성의 원리

9 파운데이션과 파우더의 기능을 복합시켜 물과 함께 사용 가능한 제품은?
① 투웨이 케이크
② 파우더 팩트
③ 콤팩트 파우더
④ 팬 케이크

10 다음 중 브러쉬에 대한 설명으로 바르지 않은 것은?
① 브러쉬의 소재로 족제비, 오소리, 담비, 너구리 등의 털이 사용되기도 한다.
② 털의 형태는 단단한 것, 부드러운 것 등 사용 목적에 따라 구별하여 사용한다.
③ 브러쉬의 청결을 위하여 적절한 시기에 클렌징 오일로 세척해주는 것이 좋다.
④ 세척 후에는 통풍이 잘되는 곳에서 충분히 건조시키도록 한다.

11 TV에 나오는 얼굴은 많이 확대되어 보이는 경향이 있다. 따라서 TV 영상 메이크업 시 가장 유의해야 할 점은?
① 아이섀도 기법
② 피부 표현
③ 눈썹 모양
④ 입술의 질감

12 다음 중 얼굴의 윤곽수정이나 볼 화장을 할 때 사용하는 브러쉬는?
① 팁 브러쉬
② 스크루 브러쉬
③ 팬 브러쉬
④ 치크 브러쉬

13 다음 중 메이크업에 필요한 기타 부재료로 잘못된 것은?
① 브러쉬류
② 면봉
③ 눈썹칼
④ 티슈

14 다음 중 고대 메이크업 특징에 대한 설명 중 옳지 않은 것은?
① 이집트의 화장은 정교한 분장과 향유를 사용해 노출이 많은 피부를 보호하였다.
② 이집트의 화장은 볼이나 입술을 빨갛게 하고 정맥은 푸른기를 띠게 했고, 아이 메이크업도 중시하였다.
③ 로마시대의 여인들은 신체의 모든 구멍을 닦고 긁어내며 가슴, 팔, 겨드랑이, 다리, 코털 등을 제거하였다.
④ 그리스시대 여인들은 정성스러운 메이크업에 분백이나 입술 연지를 바르는 것은 물론이고, 손과 발 손질도 흔히 하였다.

15 웨딩 메이크업 시 유의 사항이 아닌 것은?
① 신부의 연령대를 고려해야 한다.
② 결혼식 장소에 따라서 달라지는 조명은 고려하지 않아도 된다.
③ 야외에서는 진행되는 예식의 경우 계절도 고려해야 한다.
④ 신부의 얼굴 형태, 헤어스타일, 예식장소 등이 모두 고려되어야 한다.

16 다음 중 마스카라가 뭉치거나 번졌을 때 사용할 수 있는 도구로 바르지 않은 것은?
① 팬 브러쉬
② 스크루 브러시
③ 아이브로 콤브
④ 면봉

17 마스카라의 종류에 대한 설명으로 맞는 것은?

① 롱래쉬 마스카라 – 장시간 유지시켜준다.
② 컬링 마스카라 – 속눈썹이 풍부해 보인다.
③ 볼륨 마스카라 – 속눈썹이 길어 보이는 효과가 있다.
④ 케이크 마스카라 – 고형 타입으로 물이나 유연 화장수에 섞어 사용한다.

18 계절 메이크업에 대한 설명으로 잘못된 것은?

① 봄 – 얼굴의 선보다는 면을 강조한 자연스러운 메이크업을 연출한다.
② 여름 – 건강하고 시원해 보이며 동적인 이미지로 표현한다.
③ 가을 – 다크 브라운, 와인, 레드, 화이트 등의 컬러를 사용하여 선명하고 화사하게 표현한다.
④ 겨울 – 메이크업의 강도가 가장 높은 계절로 입체감을 중시하여 표현한다.

19 얼굴형을 수정하기 위한 피부 표현의 방법으로 잘못된 것은?

① 둥근형 – 얼굴의 외곽 부분에 전체적으로 어두운 섀딩을 넣어서 전체 얼굴형이 갸름해 보이도록 한다.
② 사각형 – 이마 양옆과 양쪽의 각진 턱 뼈 부분에 섀딩을 넣어주고 이마 중앙에 다소 둥근 듯한 느낌으로 하이라이트를 준다.
③ 긴형 – 이마 끝과 턱에 두꺼운 섀딩을 넣어 길이가 짧아 보이도록 한다.
④ 역삼각형 – 이마에는 하이라이트를 주고 턱에는 섀딩을 넣어 얼굴을 갸름하게 보이도록 한다.

20 다음 중 얼굴형에 따른 볼 메이크업(cheek make up)의 방법으로 잘못된 것은?

① 둥근형 – 통통한 얼굴을 갸름하게 하는데 중점을 둔다.
② 사각형 – 약간 폭넓고 각이 진 턱 선을 짙은 색상으로 커버한다.
③ 다이아몬드형 – 볼 뼈의 두드러짐이 강조되지 않도록 광대뼈 중심으로 옅고 폭넓게 바른다.
④ 긴형 – 광대뼈 위에 혈색을 보완하기 위하여 세로의 느낌으로 길고 짙게 바른다.

21 속눈썹 연장 시 잘못된 것은?

① 속눈썹 연장 글루는 아무거나 사용해도 무관하다.
② 글루는 침전 현상을 방지하기 위해 좌우로 흔들어 사용하고 서늘한 곳에 보관한다.
③ 속눈썹 연장 시 고객의 눈 모양에 맞는 가모의 굴기와 컬의 모양, 길이 등을 고려하여 연장한다.
④ 속눈썹 연장 시 핀셋은 시술할 때마다 소독 후 사용한다.

22 다음 중 연극 공연 시 무대의 조명을 노란색으로 보이게 하려면 어떤 색광이 혼합되어야 하는가?

① 빨강+파랑   ② 빨강+초록
③ 초록+파랑   ④ 마젠타+파랑

23 다음 중 컬러 광고 포토 메이크업 시 고려해야 할 사항으로 잘못된 것은?

① 눈썹은 인위적이고 선적인 느낌보다 눈썹 결을 살려 자연스럽게 표현한다.
② 아이섀도는 모델의 의상색을 감안하여 선택한다.
③ 립스틱은 번짐이 많은 립 라이너를 사용하여 글로시하게 표현해 준다.
④ 치크 메이크업은 얼굴형과 조화를 고려하여 색상을 선택하고 입체감을 살려 섬세하게 표현해준다.

24 다음 중 분장 도구에 대한 설명이다. 바르지 않은 것은?
① 트위저 : 수염의 방향이나 결을 고를 때 사용한다.
② 수염 빗 : 정전기 발생을 방지하기 위해 쇠로 만든 빗을 사용한다.
③ 스파츌라 : 분장 재료를 위생적으로 덜거나 파운데이션 등을 배합하는 데 사용한다.
④ 블랙 스펀지 : 영상 분장을 위한 피부 표현을 할 때 사용한다.

25 다음 중 바이러스성 질환으로 수포가 입술 주위에 잘 생기고 흉터 없이 치유되나 재발이 잘되는 것은?
① 습진   ② 태선
③ 단순포진   ④ 대상포진

26 다음 중 피부의 구조에서 콜라겐과 엘라스틴이 자리 잡고 있는 층은?
① 표피   ② 진피
③ 피하조직   ④ 기저층

27 다음은 피부 유형에 대한 설명이다. 잘못된 것은?
① 정상 피부 – 유·수분 균형이 잘 잡혀 있다.
② 민감성 피부 – 각질이 드문드문 보인다.
③ 노화 피부 – 미세하거나 선명한 주름이 보인다.
④ 지성 피부 – 모공이 크고 표면이 귤껍질같이 보이기 쉽다.

28 다음 중 미백 작용과 가장 관계가 깊은 비타민은 어느 것인가?
① 비타민 K   ② 비타민 B
③ 비타민 C   ④ 비타민 D

29 다음 중 수염의 재료로 거리가 먼 것은?
① 생사
② 인조사
③ 크레이프 울
④ 면사

30 다음 중 주로 여름철에 발병하며 어패류 등의 생식이 원인이 되어 급성 장염 등의 증상을 나타내는 식중독은?
① 포도상구균 식중독
② 병원성 대장균 식중독
③ 장염비브리오 식중독
④ 보툴리누스균 식중독

31 다음 중 자외선 차단지수를 나타내는 약어는?
① UVC
② SPF
③ WHO
④ FDA

32 다음 중 내인성 노화가 진행될 때 감소 현상을 나타내는 것은?
① 각질층 두께
② 주름
③ 피부 처짐 현상
④ 랑게르한스 세포

33 공중위생관리법상 공중위생영업의 신고를 하고자 하는 경우 반드시 필요한 첨부서류가 아닌 것은?
① 영업시설개요서
② 교육수료증
③ 이·미용사 자격증
④ 설비개요서

34 다음 중 감염병 관리상 그 관리가 가장 어려운 대상은?
① 만성 감염병 환자
② 급성 감염병 환자
③ 건강 보균자
④ 감염병에 의한 사망자

35 다음 중 인수공통감염병이 아닌 것은?
① 페스트
② 우형 결핵
③ 나병
④ 야토병

36 다음 기생충 중 산란과 동시에 감염 능력이 있으며 건조에 저항성이 커서 집단 감염이 가장 잘되는 기생충은?
① 회충
② 십이지장충
③ 광절열두조충
④ 요충

37 다음 중 실내 공기의 오염지표로 주로 측정되는 것은?
① N_2
② NH_2
③ CO
④ CO_2

38 다음 중 이·미용사는 영업소 외의 장소에는 이·미용 업무를 할 수 없다. 그러나 특별한 사유가 있는 경우는 예외가 인정되는 데 다음 중 특별한 사유에 해당하지 않는 것은?
① 질병으로 영업소까지 나올 수 없는 자에 대한 이·미용
② 혼례, 기타 의식에 참여하는 자에 대하여 그 의식 직전에 행하는 이·미용
③ 긴급히 국외에 출타하는 자에 대한 이·미용
④ 시장·군수·구청장이 특별한 사정이 있다고 인정하는 경우에 행하는 이·미용

39 다음 중 저온소독법(pasteurization)에 이용되는 적절한 온도와 시간은?

① 50~55℃, 1시간
② 62~63℃, 30분
③ 65~68℃, 1시간
④ 80~84℃, 30분

40 다음 중 물리적 소독법에 속하지 않는 것은?

① 건열 멸균법
② 고압증기 멸균법
③ 크레졸 소독법
④ 자비 소독법

41 다음 중 피부질환의 증상에 대한 설명 중 옳은 것은?

① 수족구염 : 홍반성 결절이 하지부 부분에 여러 개 나타나며 손으로 누르면 통증을 느낀다.
② 지루성 피부염 : 기름기가 있는 인설(비듬)이 특징이며 호전과 악화를 되풀이 하고 약간의 가려움증을 동반한다.
③ 무좀 : 홍반에서부터 시작되며 수 시간 후에는 구진이 발생된다.
④ 여드름 : 구강 내 병변으로 동그란 홍반에 둘러싸여 작은 수포가 나타난다.

42 다음 중 소독약에 대한 설명 중 적합하지 않은 것은?

① 소독시간이 적당한 것
② 소독 대상물을 손상시키지 않는 소독약을 선택할 것
③ 인체에 무해하며 취급이 간편할 것
④ 소독약은 항상 청결하고 밝은 장소에 보관할 것

43 다음 중 식물성 오일이 아닌 것은?

① 아보카도 오일
② 피마자 오일
③ 올리브 오일
④ 실리콘 오일

44 다음 중 3% 수용액으로 사용하며, 자극성이 적어서 구내염, 인두염, 입안 세척, 상처 등에 사용되는 소독약은?

① 승홍수　　　　　② 과산화수소
③ 석탄산　　　　　④ 알코올

45 다음 중 네일샵에서 사용하는 타월류의 소독 방법으로 옳은 것은?

① 포르말린 소독　　② 석탄산 소독
③ 건열 소독　　　　④ 증기 또는 자비 소독

46 다음 미생물 중 크기가 가장 작은 것은?

① 세균　　　　　　② 곰팡이
③ 리케차　　　　　④ 바이러스

47 다음 중 출생률보다 사망률이 낮으며 14세 이하 인구가 65세 이상 인구의 2배를 초과하는 인구 구성형은?

① 피라미드형　　　② 종형
③ 항아리형　　　　④ 별형

48 다음 중 위생서비스수준의 평가 결과에 따른 조치에 해당되지 않는 것은?

① 이·미용업자는 위생관리등급의 표지를 영업소 출입구에 부착할 수 있다.
② 시·도지사는 위생서비스의 수준이 우수하다고 인정되는 영업소에 대한 포상을 실시할 수 있다.
③ 시장·군수·구청장은 위생관리등급별로 영업소에 대한 위생감시를 실시할 수 있다.
④ 시장·군수·구청장은 위생관리등급의 결과를 세무서장에게 통보할 수 있다.

49 다음 중 수질오염의 지표로 사용하는 "생물학적 산소요구량"을 나타내는 용어는?
① BOD
② DO
③ COD
④ SS

50 다음 중 공중위생관리법 시행규칙에 규정된 이·미용기구의 소독 기준으로 적합한 것은?
① 1cm²당 85㎼ 이상의 자외선을 10분 이상 쬐어준다.
② 100℃ 이상의 건조한 열에 10분 이상 쬐어준다.
③ 석탄산수(석탄산 3%, 물 97%)에 10분 이상 담가둔다.
④ 100℃ 이상의 습한 열에 10분 이상 쬐어준다.

51 다음 중 건전한 영업질서를 위하여 공중위생영업자가 준수하여야 할 사항을 준수하지 아니한 자에 대한 벌칙 기준은?
① 1년 이하의 징역 또는 1천만 원 이하의 벌금
② 6월 이하의 징역 또는 500만 원 이하의 벌금
③ 3월 이하의 징역 또는 300만 원 이하의 벌금
④ 300만 원의 과태료

52 공중위생영업자가 받아야 하는 위생교육 기간은 몇 시간인가?
① 매년 3시간
② 분기별 3시간
③ 매년 6시간
④ 분기별 6시간

53 다음 중 1회용 면도날을 2인 이상의 손님에게 사용한 때에 대한 1차 위반 시 행정처분기준은?
① 시정명령 ② 경고
③ 영업정지 5일 ④ 영업정지 10일

54 다음 중 조직에 독성이 있어서 인체에는 잘 사용되지 않고 소독제의 평가기준으로 사용되는 것은?
① 알코올 ② 크레졸
③ 과산화수소 ④ 석탄산수

55 다음 중 자외선 차단제에 관한 설명으로 옳지 않은 것은?
① 자외선 차단제는 SPF(Sun Protect Factor)의 지수가 매겨져 있다.
② 자외선 차단지수는 제품을 사용했을 때 홍반을 일으키는 자외선의 양으로 나눈 값이다.
③ 자외선 차단제의 효과는 자신의 멜라닌 색소의 양과 자외선에 대한 민감도에 따라 달라질 수 있다.
④ SPF(Sun Protect Factor)가 낮을수록 차단지수가 높다.

56 다음 중 "피부에 대한 자극, 알러지, 독성이 없어야 한다."는 내용은 화장품의 4대 요건 중 어느 것에 해당하는가?
① 안전성 ② 안정성
③ 사용성 ④ 유효성

57 다음 중 땀의 분비로 인한 냄새와 세균의 증식을 억제하기 위해 주로 겨드랑이 부위에 사용하는 제품은?

① 데오드란트 로션　　② 핸드 로션
③ 보디 로션　　　　　④ 파우더

58 다음 중 내가 좋아하는 향수를 구입하여 샤워 후 바디에 나만의 향으로 산뜻하고 상쾌함을 유지시키고자 한다면, 부향률은 어느 정도로 하는 것이 좋은가?

① 1~3%　　　　② 3~5%
③ 6~8%　　　　④ 9~12%

59 다음 피부 노화 인자 중 외부 인자가 아닌 것을 고르시오.

① 자외선　　　② 건조
③ 추위　　　　④ 나이

60 다음 중 화장품의 분류에 관한 설명 중 잘못된 것은?

① 샴푸는 기초화장품에 속한다.
② 선탠 오일은 바디 화장품에 속한다.
③ 클렌징 오일은 기초 화장품에 속한다.
④ 오데퍼퓸은 방향 화장품에 속한다.

미용사 메이크업 필기 모의고사 ❼

1. 다음 중 색채의 중량감은 (   )와 관계있고 강약감은 (   )와 관계가 있다. (   )에 들어갈 것이 순서에 맞게 연결된 것은?
① 명도/채도
② 색채/채도
③ 채도/명도
④ 명도/색채

2. 다음 중 메이크업 화장품의 분류 중 옳은 것은?
① 피부 표현 제품 – 메이크업 베이스, 파운데이션, 페이스 파우더
② 눈 화장 제품 – 아이섀도, 아이라이너, 마스카라, 컨실러
③ 블러셔 제품 – 블러셔, 섀딩 컬러, 아이래시 컬러
④ 입술 화장 제품 – 립 라이너, 립스틱, 치크

3. 다음 중 패션쇼에서 모델에게 백색 조명이 비춰지게 하려면 어떤 조명들이 배합되어야 하는가?
① 블루, 레드, 마젠타
② 레드, 그린, 블루
③ 마젠타, 그린, 옐로
④ 옐로, 마젠타, 시안

4. 다음 중 메이크업 종사자로서의 인간 관계와 전문가적인 태도에 관한 내용으로 가장 거리가 먼 것은?
① 예의바르고 친절한 서비스를 모든 고객에게 제공한다.
② 고객의 기분에 주의를 기울여야 한다.
③ 효과적인 의사소통 방법을 익혀두어야 한다.
④ 대화의 주제는 종교나 정치 또는 개인적인 문제에 관련된 것이 좋다.

5 모델에게 메이크업을 할 때 코의 화장법으로 적당하지 않은 방법은?

① 큰 코는 전체가 드러나지 않도록 코 전체를 다른 부분보다 연한 색으로 펴바른다.
② 낮은 코는 코의 양측면에 세로로 진한 크림파우더 또는 다갈색의 아이섀도를 바르고 콧등에 엷은 색을 바른다.
③ 코끝이 둥근 경우 코끝의 양측면에 진한 색을 펴바르고 코끝에는 엷은 색을 바른다.
④ 너무 높은 코는 코 전체에 진한 색을 펴 바른 후 양측면에 엷은 색을 바른다.

6 다음 중 베이스 메이크업 단계에서 필요한 도구로 잘못된 것은?

① 스크루 브러쉬   ② 스파츌라
③ 파우더 브러쉬   ④ 라텍스 스펀지

7 다음 중 메이크업 브러쉬의 세척 방법으로 옳지 않은 것은?

① 보통 비눗물이나 탄산 소다수에 담고 부드러운 털은 손으로 가볍게 비벼 빤다.
② 털이 빳빳한 것은 세정 브러쉬로 닦아낸다.
③ 털이 위로 가도록 하여 햇볕에 말린다.
④ 소독 방법으로 석탄산수를 사용해도 된다.

8 다음 중 색의 3속성을 일정한 법칙에 따라 체계화하여 표시한 색 이름은?

① 관용색명   ② 고유색명
③ 순수색명   ④ 계통색명

9 다음 중 메이크업 베이스의 기능이 아닌 것은?

① 피부 보호
② 피부 색상 보완
③ 결점 커버
④ 파운데이션의 밀착력 증가

10 다음 중 블러셔 메이크업은 바르는 위치에 따라 이미지의 변화가 많다. 설명이 바르지 못한 것은?

① 섹시한 이미지 – 웃으면 생기는 눈 밑의 볼록한 뺨 부분에 둥글게 바른다.
② 지적인 느낌 – 볼 뼈 위쪽은 밝은 색으로 그 밑은 약간 어두운 색으로 바른다.
③ 여성적인 느낌 – 얼굴 중앙에 동그랗게 발라준 후 관자놀이를 향해 발라준다.
④ 젊고 활동적인 느낌 – 볼 뼈 아래 부분에 사선으로 바른다.

11 다음 중 피부 타입에 따른 기초화장품 선택으로 옳지 않은 것은?

① 건성 피부 – T존 부위에 번들거림이 있으므로 유분이 적은 화장품을 사용한다.
② 지성 피부 – 유분보다는 수분 함량이 많은 화장품을 사용한다.
③ 민감성 피부 – 민감성 전용 화장품을 사용한다.
④ 복합성 피부 – 두 가지 타입의 화장품을 사용한다.

12 다음 중 파운데이션, 크림류 등의 메이크업 제품을 용기로부터 덜어낼 때 사용하는 도구는?

① 팬 브러쉬(fan brush)   ② 팁 브러쉬(tip brush)
③ 스파츌라(spatula)   ④ 컨실러(concealer)

13 다음 중 메이크업의 목적으로 바르지 않은 것은?

① 얼굴의 단점은 보완하고 장점을 부각시키는 것
② 화장품을 이용하여 인간의 신체를 아름답게 꾸미는 것
③ 인간의 외형을 물리적으로 아름답게 하여 자신감과 만족감을 주는 것
④ 화장품을 이용하여 사람들의 이미지를 비슷하게 변화시키는 것

14 다음 중 파우더 등의 메이크업 잔여물을 털어낼 때 사용하는 도구로 옳은 것은?

① 팁 브러쉬(tip brush)
② 팬 브러쉬(fan brush)
③ 아이브로 콤 브러쉬(eyebrow comb brush)
④ 스크루 브러쉬(screw brush)

15 다음 중 로코코시대 메이크업의 특징에 대한 설명이 잘못된 것은?

① 얼굴을 희고 진하게 표현하였다.
② 얼굴 파우더, 아이브로, 루즈 등 화장품을 다양하게 사용하였다.
③ 숱이 적은 눈썹을 보충하기 위해 인조 속눈썹을 붙였다.
④ 가벼운 화장과 색조를 강조하지 않은 자연스러운 화장을 선호하였다.

16 다음 보기 중 컬러 파우더의 설명으로 바르지 않은 것은?

① 퍼플 : 인공조명 아래서 더욱 화려해 나이트 메이크업 시 주로 쓰인다.
② 핑크 : 볼에 붉은 기가 있는 경우 더욱 잘 어울린다.
③ 그린 : 붉은 기를 줄여준다.
④ 브라운 : 자연스러운 섀딩 효과가 있다.

17 다음 중 컨실러의 사용 방법으로 옳은 것은?

① 여름철에 주로 사용하며 피지 분비가 많은 지성 피부에 사용하면 좋다.
② 땀이나 물에 쉽게 지워지지 않으므로 얼굴뿐만 아니라 외부로 노출된 피부에 사용하면 좋다.
③ 피부의 음영이나 다크서클, 주근깨, 점 등의 잡티를 커버해주므로 파운데이션보다 1~2단계 밝은색을 선택하여 파운데이션 바르기 전이나 후에 사용한다.
④ 거품 타입으로 흡수력이 좋고 사용감이 가벼우므로 투명한 피부에 사용하는 것이 좋다.

18 다음 중 메이크업 기원에 대한 설명으로 잘못된 것은?
① 이성유인설 – 이성에게 아름답고 멋지게 보이고 싶고 추한 모습을 감추고 싶은 본능
② 장식설 – 잡귀나 악마를 물리치기 위해 자신의 신체를 꾸미고 치장하는 목적
③ 보호설 – 기후, 벌레, 위험으로부터 자신을 보호하기 위한 목적
④ 종교설 – 자신과 부족의 심리적 보호와 욕구를 충족하기 위한 욕구

19 둥근 얼굴형에 수정 메이크업을 하려고 할 때 바르지 못한 것은?
① 입술 – 양 구각을 위쪽으로 당겨 턱 선이 뾰족해보이게 한다.
② 눈썹 – 진하게 검은색으로 둥글게 그려 온화함을 준다.
③ 하이라이트 – 콧등에 하이라이트를 길게 주어 얼굴이 길어보이게 한다.
④ 섀딩 – 볼 양쪽으로 섀딩을 주어 얼굴이 갸름해 보이게 한다.

20 얼굴형에 따른 화장술의 설명으로 옳은 것은?
① 삼각형 얼굴의 경우 아래로 처진 눈썹을 그려준다.
② 사각형 얼굴의 경우 일자형의 눈썹을 그려준다.
③ 마름모형 얼굴의 경우 광대뼈 부분을 밝게 표현한다.
④ 역삼각형 얼굴의 경우 볼을 밝게 표현한다.

21 다음 중 헤모글로빈을 구성하는 매우 중요한 물질로 피부의 혈색과도 밀접한 관계에 있으며 결핍되면 빈혈이 일어나는 영양소는?
① 철분(Fe) ② 칼슘(Ca)
③ 요오드(I) ④ 마그네슘(Mg)

22 다음 중 클래식한 이미지의 웨딩 메이크업 설명 중 옳지 않은 것은?
① 밝은 베이지 계열의 파운데이션을 세심히 펴바르고 하이라이트와 섀딩을 꼼꼼히 표현한다.
② 너무 화려하거나 튀는 컬러는 피하고 자연스럽고 차분하면서도 너무 가라앉지 않은 색상을 선택하도록 한다.
③ 베이지, 오렌지, 브라운 등으로 단계별 그라데이션을 시켜 주고 약간의 골드 펄로 변화를 줄 수 있다.
④ 펄이 함유된 핑크나 살구색 계열의 립스틱을 발라 사랑스럽게 연출한다.

23 다음 중 건성 피부의 특징과 가장 거리가 먼 것은?
① 각질층의 수분이 50% 이하로 부족하다.
② 피부가 손상되기 쉬우며 주름 발생이 쉽다.
③ 피부가 얇고 외관으로 피부결이 섬세해 보인다.
④ 모공이 작다.

24 다음 중 면역 세포의 종류가 아닌 것은?
① N.K 세포　　② T 세포
③ B 세포　　　④ K 세포

25 다음 중 대기오염에 영향을 미치는 기상조건으로 가장 관계가 큰 것은?
① 강우, 강설　　② 고온, 고습
③ 기온역전　　　④ 저기압

26 다음 중 피부에 존재하는 감각기관 중 가장 많이 분포하는 것은?
① 촉각점　　② 온각점
③ 냉각점　　④ 통각점

27 다음 중 잉어, 참붕어, 피라미 등의 민물고기를 생식하였을 때 감염될 수 있는 것은?

① 간흡충증
② 구충증
③ 유구조충증
④ 말레이사상충증

28 다음 중 목적에 따른 메이크업에 대한 설명이 잘못된 것은?

① 미디어 메이크업 – 영상 매체를 위한 메이크업으로 개성 있고 화려하게 표현한다.
② 시네마 메이크업 – 영화 촬영을 위한 메이크업으로 자연스럽게 표현한다.
③ 포토 메이크업 – 컬러포토, 잡지, 카탈로그 등 인쇄 매체를 위한 메이크업으로 철저하고 꼼꼼하게 표현한다.
④ 캐릭터 메이크업 – 연극, 오페라, 공연 등에서 등장인물의 성격을 분석하여 그에 적절한 메이크업으로 표현한다.

29 다음 중 스트레이트 메이크업(straight make up)에 대한 설명으로 옳은 것은?

① 작품의 성격과 출연하는 인물의 성격에 맞게 배우는 모습을 변화시킨다.
② 무용, 오페라, 쇼, 연극 등 다양한 공연 예술에 적합한 메이크업이다.
③ 출연자의 성격이나 개성보다는 용모를 아름답게 표현하고 조명의 강렬한 광선으로 부터 반사를 막아주는 목적으로 행해진다.
④ 피부톤이 촉촉하고 윤기가 있으며 반짝이는 느낌이 들 정도로 글로시(glossy)하게 표현한다.

30 다음 중 수질오염을 측정하는 지표로서 물에 녹아있는 유리산소를 의미하는 것은?

① 용존산소(DO)
② 생물화학적 산소요구량(BOD)
③ 화학적 산소요구량(COD)
④ 수소이온농도(pH)

31 다음 중 자외선의 작용으로 옳지 않은 것은?
① 살균 작용
② 비타민 D 형성
③ 피부의 색소 침착
④ 아포 사멸

32 다음 중 흑백사진 광고 메이크업에 대한 설명 중 잘못된 것은?
① 옐로, 베이지, 핑크 같은 명도가 높은 색상은 어둡게 표현된다.
② 얼굴의 윤곽수정이 필요한 경우는 섀딩을 사용하지만 너무 짙은 색의 섀딩은 사진에 검게 나오므로 주의한다.
③ 파우더는 투명 파우더를 충분히 발라서 유분기를 없애고 메이크업의 지속력을 높인다.
④ 펄이 들어간 아이섀도나 블루밍 파우더는 빛을 반사해서 사진에 번들거리게 나오므로 부적합하다.

33 E.O 가스 멸균법의 장점이라 할 수 있는 것은?
① 멸균 후 장기간 보존이 가능하다.
② 멸균 시 소요되는 비용이 저렴하다.
③ 멸균 조작이 쉽고 간단하다.
④ 멸균 시간이 짧다.

34 다음 중 파상풍, 장티푸스, 결핵 등의 예방 접종은 어떤 면역인가?
① 인공능동면역
② 인공수동면역
③ 자연능동면역
④ 자연수동면역

35 보건행정의 제 원리에 관한 것으로 맞는 것은?
① 일반행정원리의 관리과정적 특성과 기획과정은 적용되지 않는다.
② 의사결정과정에서 미래를 예측하고 행동하기 전의 행동계획을 결정한다.
③ 보건행정에서는 생태학이나 역학적 고찰이 필요 없다.
④ 보건행정은 공중보건학에 기초한 과학적 기술이 필요하다.

36 다음 중 건성 피부, 중성 피부, 지성 피부를 구분하는 피부 유형 분석 기준으로 옳은 것은?
① 피부의 탄력도
② 피지분비 상태
③ 피부 내 랑게르한스 세포수
④ 피부의 조직 상태

37 다음 중 액체 라텍스에 대한 설명으로 옳은 것은?
① 볼드캡, 화상, 상처 제작에 사용되는 액체이다.
② 수염 제작에 사용되는 라텍스이다.
③ 눈썹을 감추기 위해 사용되는 재료이다.
④ 수염을 붙이는 데 사용하는 접착제이다.

38 소독 장비 사용 시 주의해야 할 사항 중 옳은 것은?
① 건열멸균기 – 멸균된 물건을 소독기에서 꺼낸 즉시 냉각시켜야 살균효과가 크다.
② 자비소독 – 금속성 기구들은 물이 끓기 전부터 넣고 끓인다.
③ 간헐멸균기 – 가열과 가열 사이에 20℃ 이상의 온도를 유지한다.
④ 자외선 소독기 – 날이 예리한 기구 소독 시 타월 등으로 싸서 넣는다.

39 다음 중 같은 병원체에 의하여 발생하는 인수공통감염병은?
① 천연두　　　　② 콜레라
③ 디프테리아　　④ 공수병

40 다음 중 건열멸균법에 대한 설명 중 옳지 않은 것은?
① 드라이 오븐(dry oven)을 사용한다.
② 유리 제품이나 주사기 등에 적합하다.
③ 젖은 손으로 조작하지 않는다.
④ 110~130℃에서 1시간 내에 실시한다.

41 다음 중 고압증기멸균법에 대한 설명으로 옳지 않은 것은?
① 멸균 방법이 쉽다.
② 멸균 시간이 길다.
③ 소독 비용이 비교적 저렴하다.
④ 높은 습도에 견딜 수 있는 물품이 주 소독 대상이다.

42 다음 중 이물질에 대항하기 위해 혈액에서 생성되는 방어 물질은?
① 항진
② 식세포
③ 항체
④ 항원

43 다음 중 공중위생영업소를 개설하고자 하는 자는 원칙적으로 언제까지 위생교육을 받아야 하는가?
① 개설하기 전
② 개설 후 3개월 내
③ 개설 후 6개월 내
④ 개설 후 1년 내

44 다음 중 가장 작은 크기의 미생물로 수두, 인플루엔자, 홍역, 감기 등을 일으키는 것은?
① 바이러스
② 진균
③ 세균
④ 리케차

45 다음 중 공중위생영업자가 정당한 사유 없이 6개월 이상 계속 휴업하는 경우 행정처분은?
① 영업장 폐쇄명령
② 영업정지 1월
③ 영업정지 3월
④ 영업정지 6월

46 다음 중 세 가지 색으로 나누는 배색으로 주로 국기에 사용되는 배색 방법은?
① 톤인톤 배색
② 트리콜로 배색
③ 콘트라스트 배색
④ 액센트 배색

47 다음 중 로마시대의 화장 문화로 틀린 것은?
① 여자에게만 화장이 허용되었다.
② 네로 황제의 부인인 포파이아 사비나는 염소 우유로 목욕을 하고 초크로 얼굴을 하얗게 만들었다.
③ 귀족들은 많은 시간과 인력을 동원한 목욕과 화장을 즐겼다.
④ 아름다운 피부를 가꾸기 위해 냉수욕, 온수욕, 약물욕을 즐겼다.

48 다음 중 이용사 또는 미용사의 면허를 받을 수 없는 자는?
① 전문대학 또는 이와 동등 이상의 학력이 있다고 교육부장관이 인정하는 학교에서 이용 또는 미용에 관한 학과를 졸업한 자
② 고등학교 또는 이와 동등의 학력이 있다고 교육부장관이 인정하는 학교에서 이용 또는 미용에 관한 학과를 졸업한 자
③ 교육부장관이 인정하는 고등기술학교에서 6월 이상 이용 또는 미용에 관한 소정의 과정을 이수한 자
④ 국가기술자격법에 의한 이용사 또는 미용사(일반, 피부)의 자격을 취득한 자

49 이·미용업자는 신고한 영업장 면적이 얼마 이상의 증감이 있을 경우 변경신고를 해야 하는가?
① 5분의 1 ② 3분의 1
③ 절반   ④ 4분의 1

50 다음 중 지성 피부의 특징으로 옳은 것은?
① 모세혈관이 약화되거나 확장되어 피부 표면으로 보인다.
② 피지 분비가 왕성하여 피부 번들거림이 심하며 피부결이 곱지 못하다.
③ 표피가 얇고 피부표면이 항상 건조하고 잔주름이 쉽게 생긴다.
④ 표피가 얇고 투명해 보이며 외부자극에 쉽게 붉어진다.

51 다음 중 공중위생영업에 해당되지 않는 것은?
① 세탁업 ② 이·미용업
③ 숙박업 ④ 식당 조리업

52 다음 중 에멀전의 형태를 가장 잘 설명한 것은?
① 지방과 물이 불균일하게 섞인 것이다.
② 두 가지 액체가 같은 농도의 한 액체로 섞여 있다.
③ 고형의 물질이 아주 곱게 혼합되어 균일한 것처럼 보인다.
④ 두 가지 또는 그 이상의 액상 물질이 균일하게 혼합되어 있는 것이다.

53 1차 위반 시의 행정처분이 면허취소가 아닌 것은?
① 국가기술자격법에 의하여 이·미용사 자격이 취소된 때
② 공중의 위생에 영향을 미칠 수 있는 감염병 환자로서 보건복지부령이 정하는 자
③ 면허정지처분을 받고 그 정지 기간 중 업무를 행한 때
④ 국가기술자격법에 의하여 미용사자격 정지처분을 받을 때

54 다음 중 기초화장품의 주된 사용 목적에 속하지 않는 것은?
① 세안 ② 피부 정돈
③ 피부 보호 ④ 피부 채색

55 다음 중 화장품 성분 중 무기 안료의 특성은?
① 내광성, 내열성이 우수하다.
② 선명도와 착색력이 뛰어나다.
③ 유기 용매에 잘 녹는다.
④ 유기 안료에 비해 색의 종류가 다양하다.

56 다음 중 알코올에 대한 설명으로 틀린 것은?
① 항바이러스제로 사용된다.
② 화장품에서 용매, 운반체, 수렴제로 쓰인다.
③ 알코올이 함유된 화장수는 오랫동안 사용하면 피부를 건성화 시킬 수 있다.
④ 인체 소독용으로는 메탄올(methanol)을 주로 사용한다.

57 다음 중 이·미용 영업에 있어 청문을 실시하여야 할 대상이 되는 행정처분 내용은?
① 시설개수
② 경고
③ 시정명령
④ 영업정지

58 다음 중 화장수의 역할이 아닌 것은?
① 피부의 수렴작용을 한다.
② 피부 노폐물의 분비를 촉진시킨다.
③ 각질층에 수분을 공급한다.
④ 피부의 pH 균형을 유지시킨다.

59 다음 중 자외선 차단을 도와주는 화장품 성분이 아닌 것은?
① 파라아미노 안식향산
② 옥틸디메틸파바
③ 콜라겐
④ 티타늄디옥사이드

60 다음 중 미백 화장품에 사용되는 원료가 아닌 것은?
① 코직산
② 레티놀
③ 알부틴
④ 비타민 C 유도체

미용사 메이크업 필기 모의고사 ❽

1. 다음 중 고대 이집트의 신격화된 파라오의 왕권을 보호하는 상징이며 눈 화장의 모티브가 된 것은?
① 스핑크스　② 태양신
③ 호루스의 눈　④ 파라오

2. 다음 중 서양의 근대 메이크업 역사에서 창백한 얼굴을 꾸미는 데 사용했던 재료로 알맞은 것은?
① 콜　② 아교
③ 진흙　④ 백납분

3. 메이크업의 목적으로 옳지 않은 것은?
① 자신을 보호하고 신분을 표시하거나 종교적 의식 행사로 사용되었다.
② 인체를 아름답게 꾸미기 위하여 의복이 발달되지 못했던 시기에는 장식의 유일한 수단이었다.
③ 사회적 에티켓으로 사용되는 목적은 없다.
④ 심리적 안정과 자신감을 얻기 위하여 사용된다.

4. 다음 중 여성의 신분과 직업에 따라 분대 화장과 비분대 화장으로 이분화되었던 시기는 언제인가?
① 고구려　② 백제
③ 고려　④ 신라

5 그리스 화장 문화에 대한 설명으로 옳은 것은?
① 남존여비 사상으로 여성의 지위가 상승하였다.
② 화장은 귀족여성에게만 행하여졌다.
③ 그리스인들은 화장보다는 목욕 문화가 발달하였다.
④ 피부를 가꾸는 것은 금기시 되었다.

6 1960년대 나타난 화장형태로 꿈과 같이 환상적 세계를 표현하는 하나의 가면 같은 장식적인 메이크업은?
① 환타지 메이크업   ② 내추럴 메이크업
③ 바디 페인팅   ④ 섹시 메이크업

7 냉소적이고 불확실한 사회 분위기를 대표하는 펑크 스타일이 유행하던 시기는?
① 1960년대   ② 1970년대
③ 1980년대   ④ 1990년대

8 얼굴에 대한 설명으로 틀린 것은?
① 눈, 코, 입이 있는 머리의 앞과 뒷면을 의미한다.
② 머리 앞면의 전체적 윤곽이나 생김새를 뜻한다.
③ 안면(顔面) 또는 용안(容顔)이라고도 한다.
④ 효과적인 메이크업을 위해서는 얼굴에 대한 이해가 필수적이다.

9 얼굴의 균형과 분석에 대한 설명이다. 옳지 않은 것은?
① 눈썹의 앞머리는 콧방울에서 수직으로 올린 선에 위치한다.
② 눈과 눈 사이의 길이는 눈의 길이와 같은 것이 이상적이다.
③ 얼굴 균형도의 가로 비율은 3:1, 세로 비율은 5:1이다.
④ 윗입술과 아랫입술의 비율은 3:1이다.

답안 표기란				
5	①	②	③	④
6	①	②	③	④
7	①	②	③	④
8	①	②	③	④
9	①	②	③	④

10 메이크업의 종류 중 튀어나와야 할 곳과 들어가야 할 곳을 구분지어 입체적인 윤곽을 잡아주는 메이크업은?

① 컨투어링 메이크업
② 스트로빙 메이크업
③ 스모키 메이크업
④ 윤광 메이크업

11 베이스 메이크업의 테크닉의 설명 중 바르지 않은 것은?

① 스펀지를 사용하면 체온에 의한 흡수 효과를 볼 수 있다.
② 브러쉬를 사용할 경우 전체적으로 고르고 얇게 발려 자연스러운 표현이 가능하다.
③ 베이스 메이크업의 도포 방법으로는 두드리기(patting)와 밀기(sliding)가 있다.
④ 커버를 요할 때에는 두드려서 흡수시키며 밀착력을 높인다.

12 눈썹 형태의 특징으로 옳은 것은?

① 아치형 – 역동적, 남성적인 느낌
② 각진형 – 단정하고 여성적인 느낌
③ 상승형 – 여성적이고 우아한 느낌
④ 수평형 – 어려보이고 활동적인 느낌

13 립 메이크업 시 주의사항으로 틀린 것은?

① 입술의 모양을 수정하여 얼굴 전체의 균형을 맞춘다.
② 아이섀도, 블러셔 색상과 관계없이 색상을 선택한다.
③ 입술의 윤곽을 살려주고 색감을 부여하여 생동감 있게 표현한다.
④ 입술 형태에 따라 알맞은 형태로 수정한다.

14 메이크업 시술 시 윗입술과 아랫입술의 이상적인 비율은?

① 1 : 1
② 1 : 2
③ 1 : 1.5
④ 1 : 3

15 무채색의 명도를 단계별로 정리한 것으로 명도자라고도 부르는 것은 어느 것인가?
① 색입체
② 그레이 스케일
③ 색상환
④ 배색 이미지 스케일

16 명도와 채도의 복합 개념으로 동일한 색상에서의 밝고 어두움, 진하고 흐린 강약의 차이를 뜻하는 것은?
① 색상
② 무채색
③ 톤
④ 난색

17 다음 중 메이크업의 조건으로 잘못된 것은?
① 강조
② 대비
③ 조화
④ T.P.O

18 색의 온도감이 나타나지 않는 중성색으로 바른 것은?
① 노랑
② 녹색
③ 남색
④ 귤색

19 색 중에서 따뜻하게 느껴지는 난색이 아닌 것을 고르시오.
① 빨강
② 파랑
③ 노랑
④ 주황

20 붉은 느낌이 나타나게 할 때 사용되는 조명은?
① 백열등　　　　　② 수은등
③ 형광등　　　　　④ 레이저

21 색의 혼합에 대한 설명으로 틀린 것은?
① 가법 혼색은 빛과 관련이 있다.
② 감법 혼색의 3원색은 빨강(red), 녹색(green), 파랑(blue)이다.
③ 색료의 3원색은 감법 혼색과 관련이 있다.
④ 무대조명과 관련된 혼색은 가법 혼색이다.

22 다음 중 메이크업 브러쉬에 대한 설명으로 틀린 것은?
① 아이라이너 브러쉬 – 탄력 있고 가는 것이 좋다.
② 아이섀도 브러쉬 – 브러쉬 중 가장 얇기 때문에 정교한 표현 시 사용한다.
③ 팬 브러쉬 – 부채꼴 모양으로 생긴 브러쉬로 잔여물을 털어낼 때 사용한다.
④ 립 브러쉬 – 립 제품을 입술에 바르기 위한 브러쉬이다.

23 파우더 등의 메이크업 잔여물을 털어낼 때 사용하는 브러쉬는?
① 파우더 브러쉬　　② 팬 브러쉬
③ 블러셔 브러쉬　　④ 스티플링 브러쉬

24 입술 수정 화장에 적합한 메이크업의 도구로 알맞은 것은?
① 스파츌라　　　　② 면봉
③ 우드스틱　　　　④ 팁 브러쉬

25 베이스 메이크업 제품에 대한 설명으로 잘못된 것은?
① 파운데이션은 피부톤을 조절하는 역할을 한다.
② 프라이머는 얇은 막을 만들어 깔끔한 피부 표현을 위한 제품이다.
③ 메이크업 베이스는 파운데이션에 대한 밀착력과 지속성을 높여주는 역할을 한다.
④ 컨실러는 깨끗하고 투명한 피부 표현을 위해 필수적이다.

26 파우더의 종류에 대한 설명으로 바르지 않은 것은?
① 볼에 붉은 기가 있는 경우에는 핑크색 파우더를 이용하는 것이 적합하다.
② 하이라이트 파우더는 화사하고 입체감 있는 표현이 가능하다.
③ 프레스드 파우더는 고형 상태의 압축 타입이다.
④ 가루 타입의 루즈 파우더는 가장 일반적인 형태이다.

27 마스카라에 대한 설명으로 옳지 않은 것은?
① 컬링 마스카라 – 속눈썹을 올려주는 효과가 필요할 때
② 투명 마스카라 – 눈썹의 톤 조절 시
③ 워터 프루프 마스카라 – 여름철, 눈가 번짐이 심할 때
④ 롱래시 마스카라 – 긴 속눈썹을 원할 때

28 립 메이크업 제품에 대한 설명으로 잘못된 것은?
① 립 라커는 마무리 단계에서 입술의 입체감을 부여할 때 사용한다.
② 립 글로스는 립스틱에 비해 투명감 있게 연출된다.
③ 립스틱은 가장 일반적인 제형이다.
④ 립밤은 입술보호제 역할을 한다.

29 파운데이션 사용에 대한 설명으로 옳지 않은 것은?
① 질감 표현을 위해 펄 베이스, 수분 크림 등을 믹스하여 사용할 수 있다.
② 모델의 피부상태를 파악하여 알맞은 제형의 파운데이션을 선택한다.
③ 스틱 타입의 파운데이션은 커버력이 약하지만 사용이 간편하여 빠른 메이크업 완성에 용이하다.
④ 커버력을 요할 때에는 스펀지를 이용해 두드리기 기법을 사용한다.

30 여름철 베이스 메이크업에 대한 설명으로 잘못된 것은?
① 어두운 컬러의 펄 파운데이션을 사용하여 태닝한 듯 건강한 피부 표현을 할 수 있다.
② 자외선 보호를 위해 선크림을 사용하도록 한다.
③ 땀이 많은 여름철 메이크업을 위한 방수 기능의 제품을 사용하는 것이 좋다.
④ 완벽한 피부 결점 커버를 위해 두껍게 피부 표현한다.

31 얼굴형에 따른 수정 메이크업 테크닉에 대한 설명으로 적합한 것은?
① 역삼각형 – 넓은 이마의 양쪽과 뾰족한 턱선의 끝부분에 음영을 넣어주어 완만해보이도록 한다.
② 긴형 – 전체적으로 세로느낌의 음영을 주어 우아한 얼굴이 되도록 한다.
③ 사각형 – 각진 얼굴형이므로 강한 인상을 부각시킨다.
④ 둥근형 – 시선을 얼굴 가로 방향으로 유도하여 둥근 얼굴을 갸름하게 보이도록 음영을 준다.

32 립 메이크업 제품 선택 요령으로 바르지 않은 것은?
① 자신이 좋아하는 색상을 위주로 선택한다.
② 전체적인 메이크업 이미지에 따라 색상을 선택한다.
③ 표현하고자 하는 질감에 따라 제형을 달리 선택한다.
④ 발림성이 좋고 얼룩지지 않는 제품을 선택한다.

33 아이브로 메이크업에 대한 설명으로 바르지 않은 것은?
① 눈썹 산의 위치는 눈썹 앞머리에서 시작하여 눈썹 전체 길이의 1/3 지점 정도가 되도록 한다.
② 눈썹의 끝은 앞머리보다 쳐지지 않도록 그려준다.
③ 눈썹의 색상이 진할 경우 아이브로 마스카라를 사용하여 톤을 정리한다.
④ 모델의 눈썹 상태를 파악하여 알맞은 제형의 아이브로 화장품을 선택한다.

34 웨딩 메이크업 시 사전 체크 사항으로 바르지 않은 것은?
① 신부 대기실의 조명을 기준으로 메이크업한다.
② 신부의 웨딩드레스 컬러, 스타일, 소재 등을 확인한다.
③ 신랑과 신부의 스타일과 이미지의 조화를 고려한다.
④ 신부의 피부 타입 및 피부 상태, 안면 분석을 바탕으로 메이크업을 계획한다.

35 다음 피부의 표피 중에서 피부로부터 수분이 증발하는 것을 막는 층은?
① 과립층
② 각질층
③ 기저층
④ 유극층

36 화장품에 배합되는 에탄올의 역할로 잘못된 것은?
① 수렴효과
② 청량감
③ 보습작용
④ 소독작용

37 다음 중 화장품 성분 중에서 양모에서 정제한 것은?
① 감마-오리자놀
② 플라센타
③ 밍크오일
④ 라놀린

38 피부의 대사 기능과 생리 조절을 하는 비타민으로 지방에 녹는 비타민이 아닌 것은?
① 비타민 A
② 비타민 B
③ 비타민 D
④ 비타민 E

39 피부에 홍반을 일으키는 자외선 B를 차단하는 지수로 올바른 것은?
① PA
② PVC
③ SPF
④ SFP

40 피부의 90%를 차지하고 있으며 표피 두께의 10~40배 정도로 실질적인 피부에 해당되는 조직은 어느 것인가?
① 가시층
② 진피
③ 피하조직
④ 표피

41 다음 중 클렌징 로션에 대한 설명으로 옳은 것은?
① 눈 화장, 입술 화장을 지우는 데 주로 사용한다.
② 민감성 피부에도 적합하다.
③ 사용 후 반드시 비누세안을 해야 한다.
④ 친수성 에멀젼(W/O타입)이다.

42 다음 설명으로 알맞은 것은?

> **보기** 물질 이동 시 물질을 이루고 있는 입자들이 스스로 운동하여 농도가 높은 곳에서 낮은 곳으로 액체나 기체 속을 분자가 퍼져 나가는 현상

① 능동수송
② 확산
③ 삼투
④ 여과

43 다음 중 아줄렌(azulene)은 어디에서 얻어지는가?
① 호호바 오일
② 로열젤리
③ 아르니카
④ 카모마일

44 다음 중 캐리어 오일에 대한 설명으로 잘못된 것은?
① 베이스 오일이라고도 한다.
② 피부 흡수력이 좋아야 한다.
③ 에션셜 오일을 추출할 때 오일과 분류되어 나오는 증류액을 말한다.
④ 캐리어는 운반이란 뜻으로 캐리어 오일은 마사지 오일을 만들 때 필요한 오일이다.

45 다음 중 1950년대에 유행한 헤어스타일로 잘못된 것은?
① 보브 스타일
② 햅번 스타일
③ 포니테일 스타일
④ 픽시 컷

46 다음 중 팩의 유형에 속하지 않는 것은?
① 티슈 오프(tissue-off) 타입
② 워터(water) 타입
③ 필 오프(peel-off) 타입
④ 워시 오프(wash-off) 타입

47 다음은 어떤 베이스 오일을 설명한 것인가?

> **보기** 인간의 피지와 화학구조가 매우 유사한 오일로 피부망을 비롯하여 여드름, 습진, 건성 피부에 안심하고 사용할 수 있으며 침투력과 보습력이 우수하여 일반 화장품에도 많이 함유되어 있다.

① 호호바 오일
② 스위트 아몬드 오일
③ 아보카도 오일
④ 그레이프 시드 오일

48 정상적인 건강한 성인의 피부 표면의 pH는?
① 6.5~7.0 ② 3.5~4.0
③ 7.0~7.5 ④ 4.5~6.5

49 다음 중 모발의 성분은 주로 무엇으로 이루어지는가?
① 탄수화물 ② 지방
③ 단백질 ④ 칼슘

50 다음 중 100℃에서도 살균되지 않는 균은 어느 것인가?
① 파상풍균 ② 결핵균
③ 장티푸스균 ④ 대장균

51 이·미용사는 영업소 외의 장소에는 이·미용 업무를 할 수 없다. 그러나 특별한 사유가 있는 경우는 예외가 인정되는 데 다음 중 특별한 사유에 해당하지 않는 것은?
① 긴급히 국외에 출타하는 자에 대한 이·미용
② 혼례, 기타 의식에 참여하는 자에 대하여 그 의식 직전에 행하는 이·미용
③ 질병으로 영업소까지 나올 수 없는 자에 대한 이·미용
④ 시장·군수·구청장이 특별한 사정이 있다고 인정하는 경우에 행하는 이·미용

52 다음 중 질병 발생의 3대 요소가 아닌 것은?
① 환경 ② 병인
③ 면역 ④ 숙주

53 모기를 매개 곤충으로 하여 일으키는 질병이 아닌 것은?
① 말라리아 ② 사상충염
③ 일본뇌염 ④ 발진티푸스

54 예방 접종 중 세균의 독소를 순화(약독화)하여 사용하는 것은?
① 파상풍 ② 장티푸스
③ 콜레라 ④ 폴리오

55 다음 중 이·미용사 면허를 받을 수 있는 자가 아닌 것은?
① 보건복지부 장관이 인정하는 외국인 이용사 또는 미용사 자격 소지자
② 국가기술자격법에 의한 이용사 또는 미용사 자격을 취득한 자
③ 고등학교에서 이용 또는 미용에 관한 학과를 졸업한 자
④ 전문대학에서 이용 또는 미용에 관한 학과 졸업자

56 다음 중 이·미용업소의 조명은 얼마 이상이어야 하는가?
① 175럭스 ② 100럭스
③ 75럭스 ④ 125럭스

57 수돗물로 사용할 상수의 대표적인 오염 지표는?(심미적 영향 물질 제외)
① COD
② 증발 잔류량
③ 대장균 수
④ 탁도

58 공중위생업자에게 개선명령을 명할 수 없는 경우는 언제인가?
① 보건복지부령이 정하는 공중위생업의 종류별 시설 및 설비기준을 위반한 경우
② 공중위생업자는 그 이용자에게 건강상 위해요인이 발생하지 아니하도록 영업관련 시설 및 설비를 위생적이고 안전하게 관리해야 하는 위생관리의무를 위반한 경우
③ 면도기는 1회용 면도날만을 손님 1인에 한하여 사용한 경우
④ 이·미용기구는 소독을 한 기구와 소독을 하지 아니한 기구로 분리하여 보관해야 하는 위생관리 의무를 위반한 경우

59 고객에게 도박 그밖에 사행행위를 했을 경우 1차 위반 시 행정처분기준은?
① 영업정지 1월
② 영업정지 3월
③ 영업정지 2월
④ 영업장 폐쇄명령

60 가구나 용품 등을 일차적으로 청결하게 세척하는 것은 다음의 소독 방법 중 어디에 해당되는가?
① 방부
② 희석
③ 정균
④ 여과

미용사 메이크업 필기 모의고사 ❾

1 분대 화장은 어떤 신분과 직업을 가진 여성들의 화장인가?
① 여염집 여성 ② 천민
③ 귀부인들의 화장 ④ 기생

2 백화점에서 신제품을 시연하는 메이크업 아티스트의 자세로 옳지 않은 것은?
① 분명하고 또렷한 목소리로 설명한다.
② 모델 옆에 서서 고객들의 시야를 방해하지 않도록 한다.
③ 전문 용어를 많이 사용하여 전문가다운 면모를 과시한다.
④ 시연 제품의 장점을 이해하기 쉽게 설명한다.

3 20세기 초반에 대중 매체에 등장하는 스타들의 메이크업에 대한 설명으로 옳은 것은?
① 1920년대-가는 활모양 눈썹의 그레타 가르보
② 1930년대-창백한 얼굴에 짙은 눈 화장을 한 클라라 보우
③ 1940년대-각진 눈썹에 풍성한 속눈썹을 강조한 마릴린 먼로
④ 1950년대-가늘고 짧은 눈썹과 아이라이너로 눈꼬리를 올린 오드리 햅번

4 메이크업 도구의 세척 방법으로 적당한 것은?
① 립 브러쉬-브러쉬 클리너 또는 클렌징 크림으로 세척한다.
② 라텍스 스펀지-뜨거운 물로 세척하고 햇빛에 건조한다.
③ 아이섀도 브러쉬-클렌징 크림이나 클렌징 오일로 세척한다.
④ 팬 브러쉬-브러쉬 클리너로 세척 후 세워서 건조한다.

5 차갑고 우아한 이미지의 겨울 메이크업을 연출하고자 할 때 어울리는 컬러로 알맞은 것은?
① 실버-와인
② 골드-와인
③ 옐로-오렌지
④ 핑크-브라운

6 패션쇼 메이크업에 대한 설명으로 옳지 않은 것은?
① 의상 스타일에 따라 메이크업 패턴이 달라진다.
② 메이크업 아티스트의 주관적인 스타일이 가장 중요하다.
③ 헤어, 의상, 메이크업, 소품이 모두 조화롭게 표현되어야 한다.
④ 시간이 한정되어 있는 현장 메이크업이므로 신속한 동작과 집중력이 필요하다.

7 모발 화장품의 기능과 제품 설명으로 알맞은 것은?
① 영양 기능 : 헤어 무스, 헤어 린스
② 세정 기능 : 헤어 샴푸, 헤어 스프레이
③ 정발 기능 : 헤어 스프레이, 헤어 무스
④ 양모 기능 : 헤어 토닉, 헤어 크림

8 아이섀도 중 돌출되거나 넓어 보이게 표현할 때 사용하는 컬러는?
① 하이라이트 컬러
② 포인트 컬러
③ 베이스 컬러
④ 언더 컬러

9 긴 얼굴형을 보완하기 위한 눈썹 모양으로 적당한 것은?
① 직선적인 눈썹
② 올라간 눈썹
③ 화살형 눈썹
④ 아치형 눈썹

10 화려하고 활동적인 이미지를 연출하고자 할 때 어울리는 립 컬러 톤은?
① 파스텔 톤
② 페일 톤
③ 비비드 톤
④ 스트롱 톤

11 어떤 색이 주위색이나 배경색의 영향으로 다르게 느껴지는 현상은?
① 물체의 혼합
② 보색 비교
③ 대비 현상
④ 배색 효과

12 건강한 모발의 pH 범위로 옳은 것은?
① pH 3~4
② pH 4.5~5.5
③ pH 6.5~7.5
④ pH 8.5~9.5

13 다음 중 메이크업 도구의 사용 방법으로 틀린 것은?
① 면봉 – 눈 끝, 입술 라인, 아이라인 등 섬세한 수정이 필요할 때 사용
② 퍼프 – 메이크업 제품을 혼합할 때 사용
③ 아이브로 콤 브러쉬 – 마스카라가 뭉치거나 눈썹이 엉켰을 때 사용
④ 아이래시 컬러 – 속눈썹의 결을 만드는 데 사용

14 다음 중 땀샘의 역할이 아닌 것은?
① 땀 분비　　　　　② 체온 조절
③ 분비물 배출　　　④ 피지 분비

15 색소의 염료와 안료를 구분할 때 특징으로 옳지 않은 것은?
① 안료는 물과 오일에 모두 녹지 않는다.
② 무기 안료는 커버력이 우수하고 유기 안료는 빛, 산, 알칼리에 약하다.
③ 염료는 메이크업 화장품을 만드는 데 주로 사용된다.
④ 염료는 물이나 오일에 녹는다.

16 표피의 구조 순서로 알맞은 것은?
① 각질층, 기저층, 유극층, 투명층, 과립층
② 각질층, 과립층, 기저층, 유극층, 투명층
③ 각질층, 투명층, 과립층, 유극층, 기저층
④ 각질층, 유극층, 투명층, 과립층, 기저층

17 지성 피부의 화장품 적용 목적과 효과로 옳지 않은 것은?
① 피지 분비 및 정상화　② 모공 수축
③ 유연 회복　　　　　　④ 항염, 정화 기능

18 다음 중 인체의 생리적 조절 작용에 관여하는 영양소는?
① 단백질　　　　② 비타민
③ 지방질　　　　④ 탄수화물

19 다음 중 메이크업 화장품에 포함되지 않는 것은?
① 네일 에나멜
② 에센스
③ 마스카라
④ 리퀴드 파운데이션

20 다음 중 파장이 가장 길고 인공 선탠 시 활용되는 광선은?
① UV-A
② UV-B
③ UV-C
④ LED

21 매니큐어(manicure)를 바르는 순서로 맞는 것은?
① 네일 에나멜-베이스 코트-톱 코트
② 베이스 코트-네일 에나멜-톱 코트
③ 톱 코트-네일 에나멜-베이스 코트
④ 네일 표백제-네일 에나멜-베이스 코트

22 헤모글로빈을 구성하는 물질로 결핍 시 빈혈을 유발하는 영양소로 알맞은 것은?
① 요오드
② 철분
③ 비타민
④ 마그네슘

23 기능성 화장품에 대한 설명으로 잘못된 것은?
① 피부의 미백에 도움을 주는 제품
② 피부를 검게 태우는 데 도움을 주는 제품
③ 자외선으로부터 피부를 보호하는 데 도움을 주는 제품
④ 피부의 주름개선에 도움을 주는 제품

24 눈썹을 없애는 메이크업을 할 때 가장 먼저 해야 하는 작업은?
① 실러로 코팅하는 작업
② 왁스나 클라스트로 메우는 작업
③ 스프리트 검을 붙이는 작업
④ 라텍스를 붙이는 작업

25 보습제로 바람직한 조건이 아닌 것은?
① 흡수력이 지속되어야 한다.
② 고휘발성이어야 한다.
③ 흡습력이 다른 환경 조건의 영향을 쉽게 받지 않아야 한다.
④ 다른 성분과 공존성이 좋아야 한다.

26 전염성이 강하며 주로 2~10세 소아에게 많이 발생하는 피부 질환은?
① 절종   ② 수두
③ 단순 포진   ④ 농가진

27 콜레라 예방접종은 어떤 면역 방법인가?
① 인공수동면역   ② 인공능동면역
③ 자연수동면역   ④ 자연능동면역

28 다음 중 공중보건의 3대 요소에 속하지 않는 것은?
① 수명연장   ② 건강증진
③ 감염병 치료   ④ 질병예방

29 피부 표피층 중에서 가장 두꺼운 층으로 세포 표면에는 가시 모양의 돌기를 가지고 있는 것은?
① 유극층 ② 과립층
③ 각질층 ④ 기저층

30 다음 중 이·미용실에서 사용하는 수건을 철저하게 소독하지 않았을 때 주로 발생할 수 있는 감염병은?
① 장티푸스 ② 트라코마
③ 페스트 ④ 일본뇌염

31 다음 중 콜레라 예방접종은 어떤 면역 방법인가?
① 인공수동면역 ② 인공능동면역
③ 자연능동면역 ④ 자연수동면역

32 다음 중 객담이 묻은 휴지의 소독 방법으로 옳은 것은?
① 고압멸균법 ② 소각소독법
③ 자비소독법 ④ 저온소독법

33 다음 중 소독의 정의를 가장 잘 설명한 것은?
① 미생물의 발육과 생활을 제지 또는 정지시켜 부패 또는 발효를 방지하는 조작
② 병원성 미생물의 생활력을 파괴 또는 멸살시켜 감염 또는 증식력을 없애는 조작
③ 모든 미생물의 생활력을 멸살 또는 파괴시키는 조작
④ 오염된 미생물을 깨끗이 씻어 내는 작업

34 다음 중 이·미용 업소에서 일반적 상황에서의 수건 소독법으로 가장 적당한 것은?
① 석탄산 소독법 ② 크레졸 소독법
③ 자비 소독법 ④ 적외선 소독법

35 다음 중 화학적 살균법이라고 할 수 없는 것은?
① 자외선 살균법 ② 알코올 살균법
③ 염소 살균법 ④ 과산화수소 살균법

36 다음 중 공중위생영업을 하고자 할 때 필요한 것은?
① 허가 ② 통보
③ 인가 ④ 신고

37 공중위생영업자가 준수하여야 할 위생관리기준은 다음 중 어느 것으로 정하고 있는가?
① 대통령령 ② 국무총리령
③ 노동부령 ④ 보건복지부령

38 다음 중 이·미용업 영업자가 변경신고를 해야 하는 것을 모두 고르시오.

| 보기 | ㄱ. 영업소의 소재지
ㄴ. 신고한 영업장 면적의 3분의 1 이상의 증감
ㄷ. 종사자의 변동 사항
ㄹ. 영업자의 재산 변동 사항 |

① ㄱ ② ㄱ, ㄴ
③ ㄱ, ㄴ, ㄷ ④ ㄱ, ㄴ, ㄷ, ㄹ

39 다음 중 영업소 외에서의 이용 및 미용 업무를 할 수 없는 경우는?

① 관할 소재 동 지역 내에서 주민에게 이·미용을 하는 경우
② 질병, 기타의 사유로 인하여 영업소에 나올 수 없는 자에 대하여 미용을 하는 경우
③ 혼례나 기타 의식에 참여하는 자에 대하여 그 의식의 식전에 미용을 하는 경우
④ 특별한 사정이 있다고 인정하여 시장·군수·구청장이 인정하는 경우

40 시장·군수·구청장이 영업정지가 이용자에게 심한 불편을 주거나 그 밖에 공익을 해할 우려가 있는 경우에 영업정지 처분에 갈음한 과징금을 부과할 수 있는 금액 기준은?

① 1천만 원 이하
② 2천만 원 이하
③ 1억 원 이하
④ 2억 원 이하

41 다음 중 이·미용사의 면허를 받지 아니한 자 중 이·미용사 업무에 종사할 수 있는 자는?

① 이·미용업무에 숙달된 자로 이·미용사 자격증이 없는 자
② 이·미용사로서 업무정지 처분 중에 있는 자
③ 이·미용업소에서 이·미용사의 감독을 받아 이·미용업무를 보조하고 있는 자
④ 학원 설립·운영에 관한 법률에 의하여 설립된 학원에서 3월 이상 이용 또는 미용에 관한 강습을 받은 자

42 다음 중 이·미용사의 면허가 취소된 후 계속하여 영업을 행한 자에 대한 벌칙은?
① 6월 이하의 징역 또는 300만 원 이하의 벌금
② 500만 원 이하의 벌금
③ 300만 원 이하의 벌금
④ 200만 원 이하의 범금

43 다음 중 영업소 출입 검사 관련 공무원이 영업자에게 제시해야 하는 것은?
① 주민등록증　　② 수거증
③ 공중위생감시원증　　④ 위생감시등급표

44 다음 중 위생교육에 관한 기록을 보관해야 하는 기간은?
① 6개월 이상　　② 1년 이상
③ 2년 이상　　④ 3년 이상

45 다음 중 이·미용사 면허를 받을 수 없는 자는?
① 간질 병자　　② 당뇨병 환자
③ 비활동성 B형 간염자　　④ 비전염성 피부 질환자

46 다음 중 방역용 석탄산수의 알맞은 사용 농도는?
① 1%　　② 3%
③ 5%　　④ 70%

47 다음 중 이·미용실에 사용하는 타월의 소독 방법으로 적당한 것은?

① 포르말린 소독법 ② 석탄산 소독법
③ 건열 소독법 ④ 증기 또는 자비소독법

48 다음 중 공중위생영업의 신고에 필요한 제출 서류가 아닌 것은?

① 영업시설 및 설비개요서
② 교육수료증
③ 영업신고서
④ 재산세 납부 영수증

49 다음 중 영업정지에 갈음한 과징금 부과의 기준이 되는 매출금액은 처분 전년도의 몇 년간의 총매출액을 기준으로 하는가?

① 1년 ② 2년
③ 3년 ④ 4년

50 다음 중 이·미용업소에서 실내조명은 몇 럭스 이상이어야 하는가?

① 75럭스 ② 100럭스
③ 150럭스 ④ 200럭스

51 다음 중 세안용 화장품의 구비 조건으로 옳지 않은 것은?

① 안정성-물이 묻거나 건조해지면 형과 질이 잘 변해야 한다.
② 용해성-냉수나 온탕에 잘 풀려야 한다.
③ 기포성-거품이 잘 나고 세정력이 있어야 한다.
④ 자극성-피부를 자극시키지 않고 쾌적한 방향이 있어야 한다.

52 다음 중 화장품 원료 중 왁스류에 대한 설명으로 옳지 않은 것은?
① 왁스류는 식물성 왁스류 뿐이다.
② 왁스류는 유액 제품의 점성을 높이거나 스틱 제품에 많이 사용된다.
③ 라놀린도 왁스류에 포함된다.
④ 융점이 가장 높은 왁스는 카르나우바 왁스이다.

53 시트러스(감귤류) 에센셜 오일이 아닌 것은?
① 오렌지   ② 쟈스민
③ 베르가모트   ④ 레몬

54 바니싱 크림의 주성분은?
① 스쿠알렌   ② 오일
③ DNA   ④ 스테아린산

55 콜라겐 제품은 화장품에 사용할 경우 피부에 어떤 작용을 하는가?
① 주름을 없앤다.   ② 영양을 공급한다.
③ 방부제 역할을 한다.   ④ 수분을 유지시킨다.

56 다음 중 캐리어 오일에 대한 설명 중 옳지 않은 것은?
① 베이스 오일이라 한다.
② 에센셜 오일을 희석하는 데 사용한다.
③ 에센셜 오일을 피부에 효과적으로 침투시키기 위해 사용한다.
④ 안정성이 우수하며 공기 중에 노출시켜도 산패가 되지 않는다.

57 다음 중 로션의 제형별 설명으로 옳지 않은 것은?
① O/W형 제품은 가볍고 산뜻한 사용감을 준다.
② W/O형 제품은 보습 효과가 우수하다.
③ W/O형 제품은 산뜻한 사용감과 보습 효과가 우수하다.
④ W/S형 제품은 유분감이 많고 무거운 사용감을 준다.

58 다음 중 화장품의 정의에 대한 설명으로 옳지 않은 것은?
① 우리나라 화장품의 정의는 인체를 청결 또는 미화하기 위한 것이다.
② 인체에 대한 작용이 경미한 것을 말한다.
③ 화장품의 정의는 나라별로 다르다.
④ 우리나라는 기능성 화장품을 법으로 정하지 않았다.

59 다음 중 색채의 명암 조절 및 커버력을 높이는 착색 안료에 사용되는 것은?
① 탈크   ② 레이크
③ 카올린   ④ 마이카

60 다음 중 유성 원료에 대한 설명이다. 옳지 않은 것은?
① 유성 원료는 피부에 인공 피지막을 형성하는 데 중요한 역할을 한다.
② 유성 원료 중 고체 상태인 것을 왁스라고 한다.
③ 유성 원료 중 액체 상태인 것을 오일이라고 한다.
④ 유성 원료 중 석유에서 추출되는 광물성 오일 중의 하나가 실리콘 오일이다.

미용사 메이크업 필기 모의고사 ⑩

1. 다음 중 메이크업의 기본 개념으로 아름다운 부분을 돋보이고자 하는 욕망으로부터 유래한 설로 옳은 것은?
① 보호설
② 종교설
③ 신분 표시설
④ 장식설

2. 다음 중 화장(化粧)의 뜻을 바르게 설명한 것은?
① 개화 이전에 사용하던 야용(冶容)과 함께 얼굴 화장을 일컫는 말
② 몸단장까지 이르는 말
③ 옷차림까지 화사하게 하였을 때
④ 아름다운 육체에 아름다운 정신이 깃듦

3. 다음은 어느 시대에 대한 설명인가?

> **보기**
> • 퐁탕주형의 헤어스타일 유행
> • 남녀 모두 패치 사용
> • 몸의 악취를 감추기 위해 향수 유행

① 1910년대
② 로코코시대
③ 로마시대
④ 바로크시대

4. 다음 중 메이크업 숍의 안전한 관리를 위해 필요한 수칙으로 옳은 것은?
① 편안하고 아늑한 분위기를 위해 간접 조명만 설치한다.
② 정기적인 점검과 일지 작성을 통해 안전과 위생을 최우선으로 관리한다.
③ 화재 배상 책임 보험의 가입은 업주의 선택 사항이다.
④ 럭셔리한 시설이 중요하다.

5 다음 중 패션쇼 현장에서 사용하는 메이크업으로 파우더 사용을 절제해 촉촉하고 윤기 있는 피부 표현을 강조하는 메이크업은?

① 사이버 메이크업
② 돌리 메이크업
③ 글로시 메이크업
④ 에스틱 메이크업

6 다음은 우리나라 화장의 역사에 대한 설명이다. 알맞은 시기는?

> 보기 계절별(봄은 입술 화장, 여름은 자외선 차단, 가을은 눈화장, 겨울은 기초 손질)로 중점미용법이 정착된 시기

① 1920년대
② 1940년대
③ 1910년대
④ 1970년대

7 바로크시대 미용과 메이크업에 대한 설명으로 옳은 것은?

① 하얀 피부를 찬미하여 피부 화장을 두껍게 하였으며 남녀 모두 눈 아래 눈꺼풀에 짙은 화장을 하였다.
② 이 시대의 미인형은 긴 웨이브에 퐁탕주를 쓰고 흰색 분을 바른 머리에 홍조를 띄거나 붉은 연지를 칠하였다.
③ 여성들의 머리스타일이 거대하고, 조형적이며 환상적인 것의 극치였다.
④ 메이크업은 창백한 피부에 뺨의 위치보다 약간 밑에 볼 화장을 하고, 깨끗하고 밝게 강조한 눈썹, 장미꽃 봉우리 같은 입술이다.

8 다음 중 솔라닌이 원인이 되는 식중독과 관련있는 것은?

① 매실
② 감자
③ 복어
④ 버섯

9 메이크업 시술 시 고객상담에 대한 목적으로 틀린 것은?

① 관찰을 통해 얼굴 형태, 특성 등을 파악한다.
② 메이크업 시행 전 피부 상태 파악은 피부 관리 분야이므로 생략한다.
③ 고객의 심리적, 정서적 특성을 파악한다.
④ 메이크업 방향과 보완책을 고객에게 설명한다.

10 작은형 얼굴에서 느껴지는 이미지와 거리가 먼 것은?

① 귀여움　　② 총명함
③ 너그러움　　④ 당돌함

11 파운데이션을 바르는 테크닉으로 옳지 않은 것은?

① 안쪽에서 바깥쪽으로 펴준다.
② 한꺼번에 다량 사용하면 베이스 메이크업에 걸리는 시간을 절약할 수 있다.
③ 눈 밑의 다크서클은 컨실러나 밝은색의 파운데이션으로 커버한다.
④ 입체적인 느낌을 원할 때는 두 가지 이상의 파운데이션을 사용하여 입체감을 줄 수 있다.

12 다음 중 피부 색상이 결정지어지는 요소가 아닌 것은?

① 멜라닌 색소　　② 엘라스틴
③ 카로틴 색소　　④ 헤모글로빈

13 볼 부분으로 피부에 볼륨감이 있고 양쪽 귀밑 선에서 턱 선까지의 움직임이 적은 부분이어서 화장이 쉽게 흐트러지지 않는 부위는?

① S-zone
② Y-zone
③ T-zone
④ O-zone

14 다음 중 아이섀도 컬러의 명칭으로 잘못된 것은?

① 베이스 컬러 – 은회색, 흰색, 펄이 들어간 연한 핑크색이 효과적이다.
② 악센트 컬러 – 악센트 컬러의 목적은 눈을 강조하여 표현하는 데 있다.
③ 섀도 컬러 – 좁아 보이게 하거나 들어가 보이게 하고자 하는 부위에 사용해서 깊이 있는 눈매를 표현해준다.
④ 하이라이트 컬러 – 돌출되어 보이게 하거나 넓게 보이고자 하는 부위, 두드러지게 보이고자 하는 부위에 사용한다.

15 파운데이션을 펴바르기 위해 스펀지를 밀듯이 활용하는 기법은?

① 페더링 기법
② 패팅 기법
③ 슬라이딩 기법
④ 스트록 컷 기법

16 다음 색에 관한 설명 중 틀린 것은?

① 색의 순도를 채도라 한다.
② 색의 밝기를 명도라 한다.
③ 빨강, 노랑, 파랑 등을 무채색이라 한다.
④ 유사한 색끼리 근접하여 배열한 것을 색상환이라고 한다.

17 먼셀 표색계에 대한 해설로 알맞지 않은 것은?
① 색의 3속성을 한 눈에 알 수 있다.
② 색상은 밸류(value)로 규정하였다.
③ 채도는 크로마(chroma)라고 규정하였다.
④ 3차원적인 색입체를 구성하였다.

18 다음은 가산 혼합과 감산 혼합의 설명이다. 적합하지 않은 것은?
① 순색의 강도가 낮아져 어두워지는 혼합은 감산 혼합이다.
② 가산 혼합은 빛의 혼합이다.
③ 가산 혼합을 모두 섞으면 검정이 된다.
④ 감산 혼합은 색료의 혼합이라고도 한다.

19 다음 중 인간이 지각할 수 있는 빛의 범위는?
① 가시광선   ② 감마선
③ 자외선   ④ 적외선

20 다음 중 파운데이션보다 커버력이 높아 점이나 주근깨 등 커버가 필요한 부위에 바르는 제품은?
① 파우더   ② 라이닝 컬러
③ 컨실러   ④ 메이크업 베이스

21 아이 메이크업 제품에 대한 설명으로 옳지 않은 것은?
① 아이라이너로 또렷한 눈매를 표현한다.
② 마스카라는 속눈썹이 풍성해 보이도록 해준다.
③ 아이 프라이머는 아이 메이크업의 지속력과 발색을 높일 때 사용한다.
④ 아이섀도는 펄감이 많고 입자가 큰 것이 효과적이다.

22 다음 중 스파츌라에 대한 설명으로 틀린 것은?
 ① 소재는 나무로 되어있는 것이 좋다.
 ② 메이크업 제품 등을 덜어 낼 때 사용한다.
 ③ 제품을 믹싱할 때 용이하게 사용된다.
 ④ 위생적인 면을 고려하여 사용 즉시 세척하도록 한다.

23 다음 중 법정감염병 중 제3급감염병에 속하는 것은?
 ① 발진티푸스   ② 장티푸스
 ③ 파라티푸스   ④ 콜레라

24 다음 중 피지에 의한 광택과 번들거림을 방지하며 블루밍(blooming) 효과를 주는 것은?
 ① 크림 파운데이션   ② 리퀴드 파운데이션
 ③ 파우더   ④ 투웨이 케이크

25 기본 메이크업 시술에 대한 설명으로 틀린 것은?
 ① 피부색 등을 고려하여 자연스러운 파운데이션을 선택한다.
 ② 메이크업을 하기 위한 클렌징을 실시한다.
 ③ 메이크업 시 트렌드, 제품 정보 등을 시술자만 알고 있도록 한다.
 ④ 메이크업 목적, 디자인과 조화로운 아이라인을 그려준다.

26 다음 중 얼굴형에 따른 눈썹 화장법으로 옳지 않은 것은?
 ① 삼각형 – 눈썹 산을 높게 그려준다.
 ② 사각형 – 강하지 않은 둥근 느낌을 낸다.
 ③ 마름모형 – 약간 내려간 듯 길게 그린다.
 ④ 역삼각형 – 자연스럽게 그리되 볼이 들어간 경우 눈꼬리를 내려 그린다.

27 다음 중 T.P.O에 따른 메이크업(Time, Place, Occasion)에 대한 설명으로 맞지 않은 것은?

① 시간과 장소와 목적에 따라 메이크업이 달라질 수 없다.
② 낮시간과 밤시간에 따라 메이크업의 색상이 달라진다.
③ 면접, 결혼, 연극, 한복, 쇼 등 목적에 따라서 메이크업이 달라진다.
④ 실내 또는 실외의 장소에 따라 메이크업이 달라진다.

28 다음 중 표피층의 순서로 옳은 것은?

① 각질층-투명층-과립층-유극층-기저층
② 각질층-기저층-유극층-과립층-투명층
③ 각질층-유극층-과립층-투명층-기저층
④ 각질층-투명층-과립층-기저층-유극층

29 다음 중 피부 표피층에서 가장 두꺼운 층은?

① 각질층　　　　② 유극층
③ 과립층　　　　④ 기저층

30 다음 중 생물학적 산소요구량(BOD)과 용존 산소량(DO) 값의 관계로 옳은 것은?

① BOD가 높으면 DO도 높다.
② BOD가 높으면 DO는 낮다.
③ BOD가 낮으면 DO는 낮다.
④ BOD와 DO는 관계가 없다.

31 다음 중 탄수화물, 단백질, 지방을 총괄적으로 지칭하는 것은?

① 조절 영양소　　　② 열량 영양소
③ 생리 영양소　　　④ 구성 영양소

32 다음 중 인수 공통 감염병에 해당하는 것은?
① 천연두 ② 디프테리아
③ 공수병 ④ 콜레라

33 다음 중 기초화장품의 필요성에 해당되지 않는 것은?
① 피부미백 ② 피부세정
③ 피부정돈 ④ 피부보호

34 다음 중 여드름의 발생 가능성이 가장 적은 화장품의 성분을 고르시오.
① 호호바 오일 ② 라놀린
③ 미네랄 오일 ④ 이소프로필팔미테이트

35 다음 중 인체의 생리적 조절 작용에 관여하는 영양소는?
① 탄수화물 ② 지방
③ 단백질 ④ 비타민

36 다음 중 식중독 세균이 가장 잘 증식할 수 있는 온도 범위는?
① 12~23℃ ② 0~10℃
③ 25~37℃ ④ 38~49℃

37 다음 중 식중독 중 치사율이 가장 높은 것으로 오염된 통조림이나 어패류에 인해 발생되는 것은?
① 보툴리누스균 식중독
② 포도상구균 식중독
③ 장염비브리오 식중독
④ 웰치균 식중독

38 다음 중 산소가 없어야만 증식하는 균은?
① 백일해
② 파상풍균
③ 결핵균
④ 디프테리아

39 다음 중 일반적인 미생물의 생식에 가장 중요한 요소로만 나열된 것은?
① 온도-습도-자외선
② 온도-습도-시간
③ 온도-습도-영양분
④ 온도-적외선-pH

40 다음 중 병원성 미생물을 완전히 제거한 상태를 무엇이라고 하는가?
① 소독
② 멸균
③ 살균
④ 방부

41 다음 중 살균 효과가 가장 높은 소독 방법으로 알맞은 것은?
① 일광소독
② 염소소독
③ 고압증기멸균
④ 저온소독

42 소독약의 사용과 보존상의 주의사항 중 틀린 것은?
① 소독약액은 사전에 많이 제조해둔 뒤에 필요량만큼씩 사용한다.
② 약품을 냉암소에 보관함과 동시에 라벨이 오염되지 않도록 다른 것과 구분해 둔다.
③ 소독물체에 적당한 소독약이나 소독방법을 선정한다.
④ 병원미생물의 종류, 저항성에 따라 그 방법, 시간을 고려한다.

43 다음 중 석탄산 소독의 장점은?
① 안정성이 높고 화학변화가 적다.
② 바이러스에 대한 효과가 크다.
③ 피부 및 점막에 자극이 없다.
④ 살균력이 크레졸 비누액보다 높다.

44 이·미용실의 기구(가위, 레이저) 소독으로 가장 적당한 약품은?
① 70~80%의 알코올
② 100~200배 희석 역성비누
③ 5% 크레졸 비누액
④ 50%의 페놀액

45 다음 중 천연향의 추출 방법 중 주로 열대성 과실에서 향을 추출할 경우 사용하는 방법은?
① 수증기 증류법
② 압착법
③ 비휘발성 용매 추출법
④ 휘발성 용매 추출법

46 행정처분기준 중 1차 위반이 경고에 해당하는 것은?
① 귓볼뚫기 시술을 할 때
② 시설 및 설비기준을 위반한 때
③ 신고를 하지 아니하고 영업소 소재를 변경한 때
④ 지위승계신고를 하지 아니한 때

47 다음 중 이·미용작업 시 시술자의 손 소독 방법으로 잘못된 것은?
① 락스액에 충분히 담궜다가 깨끗이 헹군다.
② 흐르는 물에 비누로 깨끗이 씻는다.
③ 시술 전 70% 농도의 알코올을 적신 솜으로 깨끗이 씻는다.
④ 세척액을 넣은 미온수와 솔을 이용하여 깨끗하게 닦는다.

48 영업신고를 하지 아니하고 영업소의 소재지를 변경한 때의 1차 위반 행정처분기준은?
① 경고
② 영업정지 1월
③ 영업정지 2월
④ 영업장 폐쇄명령

49 다음 중 토사물, 분뇨, 배설물 등의 소독법으로 잘못된 것은?
① 소각법
② 일광소독
③ 생석회
④ 석탄산

50 다음 중 출생률보다 사망률이 낮으며 14세 이하 인구가 65세 인구의 2배를 초과하는 구성형은?
① 종형
② 피라미드형
③ 항아리형
④ 별형

51 다음 중 세정작용과 기포형성 작용이 우수하여 비누, 샴푸, 클렌징 폼 등에 주로 사용되는 것은?
① 음이온성 계면활성제
② 양이온성 계면활성제
③ 양쪽성 계면활성제
④ 비이온성 계면활성제

52 다음 중 식물성 향료에 관한 설명으로 잘못된 것은?
① 종류가 다양하다.
② 가격이 싸다.
③ 자극과 독성이 없어 피부에 안전하다.
④ 꽃, 과실, 종자, 목재, 줄기 등에서 추출한다.

53 다음 중 화장품의 포장에 기재해야 할 내용이 아닌 것은?
① 내용물의 용량 및 중량
② 제조자의 이름
③ 사용기한 및 개봉 후 사용시간
④ 제조번호

54 다음 중 소독용 과산화수소(H_2O_2) 수용액의 적당한 농도는?
① 3.5~5.0%　② 5.0~6.0%
③ 2.5~3.5%　④ 6.5~7.5%

55 다음 중 화장품 제조에서 사용되는 기술의 종류가 아닌 것은?
① 가용화 기술　② 유화 기술
③ 분산 기술　④ 산화 기술

56 다음 중 종사자와 직업병과의 연결로 옳은 것은?
① DJ-진폐증　② 인쇄공-열사병
③ 수영선수-잠수병　④ 조종사-고산병

57 다음 중 공중위생관리법에서 규정하고 있는 공중위생영업의 종류에 해당되지 않는 것은?

① 이·미용업 ② 건물위생관리업
③ 학원 영업 ④ 세탁업

58 다음 중 건성 피부에 적합하지 않은 화장품의 성분은?

① 살리실산 ② 콜라겐
③ 히알루론산 ④ 글리세린

59 다음 중 파리에 의해 주로 전파될 수 있는 감염병은?

① 페스트 ② 장티푸스
③ 사상충증 ④ 황열

60 다음 중 산업재해의 지표로 주로 사용되는 것을 올바르게 짝지은 것은?

보기	ㄱ. 전수율	ㄴ. 도수율
	ㄷ. 강도율	ㄹ. 사망률

① ㄱ, ㄴ ② ㄱ, ㄴ, ㄷ
③ ㄱ, ㄴ, ㄷ, ㄹ ④ ㄱ, ㄷ

기출문제

기출문제 1회
기출문제 2회

기출문제 1회

01 다음 중 절족 동물 매개 감염병이 아닌 것은?
① 페스트   ② 유행성 출혈열
③ 말라리아   ④ 탄저

02 다음 중 이·미용업소의 실내온도로 가장 알맞은 것은?
① 10℃ 이하   ② 12~15℃
③ 18~21℃   ④ 25℃ 이상

03 공중보건학의 대상으로 가장 적합한 것은?
① 개인   ② 지역주민
③ 의료인   ④ 환자집단

04 다음 질병 중 모기가 매개하지 않는 것은?
① 일본뇌염   ② 황열
③ 발진티푸스 ④ 말라리아

05 다음 ( ) 안에 알맞은 말을 순서대로 옳게 나열한 것은?

> 세계보건기구(WHO)의 본부는 스위스 제네바에 있으며, 6개의 지역사무소를 운영하고 있다. 이중 우리나라는 ( ) 지역에, 북한은 ( ) 지역에 소속되어있다.

① 서태평양, 서태평양
② 동남아시아, 동남아시아
③ 동남아시아, 서태평양
④ 서태평양, 동남아시아

06 요충에 대한 설명으로 옳은 것은?
① 집단감염의 특징이 있다.
② 충란을 산란한 곳에는 소양증이 없다.
③ 흡충류에 속한다.
④ 심한 복통이 특징적이다.

07 일산화탄소(CO)와 가장 관계가 적은 것은?
① 혈색소와의 친화력이 산소보다 강하다.
② 실내공기 오염의 대표적인 지표로 사용된다.
③ 중독 시 중추신경계에 치명적인 영향을 미친다.
④ 냄새와 자극이 없다.

08 다음 중 세균 세포벽의 가장 외층을 둘러싸고 있는 물질로 백혈구의 식균작용에 대항하여 세균의 세포를 보호하는 것은?
① 편모 ② 섬모
③ 협막 ④ 아포

09 다음 기구(집기) 중 열탕소독이 적합하지 않은 것은?
① 금속성 식기
② 면 종류의 타월
③ 도자기
④ 고무제품

10 다음 전자파 중 소독에 가장 일반적으로 사용되는 것은?
① 음극선 ② 엑스선
③ 자외선 ④ 중성자

11 다음의 계면활성제 중 살균보다는 세정의 효과가 더 큰 것은?
① 양성 계면활성제
② 비이온 계면활성제
③ 양이온 계면활성제
④ 음이온 계면활성제

12 분해 시 발생하는 발생기 산소의 산화력을 이용하여 표백, 탈취, 살균효과를 나타내는 소독제는?
① 승홍수 ② 과산화수소
③ 크레졸 ④ 생석회

13 역성비누액에 대한 설명으로 틀린 것은?
① 냄새가 거의 없고 자극이 적다.
② 소독력과 함께 세정력이 강하다.
③ 수지, 기구, 식기소독에 적당하다.
④ 물에 잘 녹고 흔들면 거품이 난다.

14 바이러스에 대한 설명으로 틀린 것은?
① 독감 인플루엔자를 일으키는 원인이 여기에 해당한다.
② 크기가 작아 세균여과기를 통과한다.
③ 살아있는 세포 내에서 증식이 가능하다.
④ 유전자는 DNA와 RNA 모두로 구성되어 있다.

15 폐경기의 여성이 골다공증에 걸리기 쉬운 이유와 관련이 있는 것은?
① 에스트로겐의 결핍
② 안드로겐의 결핍
③ 테스토스테론의 결핍
④ 티록신의 결핍

16 피부색에 대한 설명으로 옳은 것은?
① 피부의 색은 건강상태와 관계없다.
② 적외선은 멜라닌 생성에 큰 영향을 미친다.
③ 남성보다 여성, 고령층보다 젊은층에 색소가 많다.
④ 피부의 황색은 카로틴에서 유래한다.

17 기미를 악화시키는 주요한 원인으로 틀린 것은?
① 경구 피임약의 복용
② 임신
③ 자외선 차단
④ 내분비 이상

18 광노화로 인한 피부변화로 틀린 것은?
① 굵고 깊은 주름이 생긴다.
② 피부의 표면이 얇아진다.
③ 불규칙한 색소 침착이 생긴다.
④ 피부가 거칠고 건조해진다.

19 B-림프구의 특징으로 틀린 것은?
① 세포 사멸을 유도한다.
② 체액성 면역에 관여한다.
③ 림프구의 20~30%를 차지한다.
④ 골수에서 생성되며 비장과 림프절로 이동한다.

20 에크린 한선에 대한 설명으로 틀린 것은?
① 실밥을 둥글게 한 것 같은 모양으로 진피 내에 존재한다.
② 사춘기 이후에 주로 발달한다.
③ 특수한 부위를 제외한 거의 전신에 분포한다.
④ 손바닥, 발바닥, 이마에 가장 많이 분포한다.

21 모세혈관 파손과 구진 및 농포성 질환이 코를 중심으로 양볼에 나비모양을 이루는 피부병변은?
① 접촉성 피부염   ② 주사
③ 건선   ④ 농가진

22 영업소 외의 장소에서 이·미용 업무를 수행할 수 있는 경우에 해당하지 않는 것은?
① 질병이나 그 밖의 사유로 영업소에 나올 수 없는 자에 대하여 이·미용을 하는 경우
② 혼례나 그 밖의 의식에 참여하는 자에 대하여 그 의식 직전에서 이·미용을 하는 경우
③ 방송 등의 촬영에 참여하는 사람에 대하여 그 촬영 직전에 이·미용을 하는 경우
④ 특별한 사정이 있다고 사회복지사가 인정하는 경우

23 공중위생관리법에 규정된 사항으로 옳은 것은?(단, 예외 사항은 제외한다)

① 이·미용사의 업무범위에 관하여 필요한 사항은 보건복지부령으로 정한다.
② 이·미용사의 면허를 가진 자가 아니어도 이·미용을 개설할 수 있다.
③ 미용사(일반)의 업무범위에는 파마, 아이론, 면도, 머리피부 손질, 피부미용 등이 포함된다.
④ 일정한 수련과정을 거친 자는 면허가 없어도 이용 또는 미용업무에 종사할 수 있다.

24 이·미용업소의 폐쇄 명령을 받고도 계속하여 영업을 하는 때 관계공무원이 취할 수 있는 조치로 틀린 것은?

① 당해 영업소의 간판 기타 영업표지물의 제거
② 영업을 위하여 필수불가결한 기구 또는 시설물을 사용할 수 없게 하는 봉인
③ 당해 영업소가 위법한 영업소임을 알리는 게시물 등의 부착
④ 당해 영업소 시설 등의 개선명령

25 이·미용업 영업자가 지켜야 하는 사항으로 옳은 것은?

① 부작용이 없는 의약품을 사용하여 순수한 화장과 피부미용을 하여야 한다.
② 이·미용기구는 소독하여야 하며 소독하지 않은 기구와 함께 보관하는 때에는 반드시 소독한 기구라고 표시하여야 한다.
③ 1회용 면도날은 사용 후 정해진 소독기준과 방법에 따라 소독하여 재사용하여야 한다.
④ 이·미용업 개설자의 면허증 원본을 영업소 안에 게시하여야 한다.

26 다음 ( ) 안에 알맞은 것은?

공중위생영업자의 지위를 승계하는 자는 ( ) 이내에 보건복지부령이 정하는 바에 따라 시장·군수 또는 구청장에게 신고하여야 한다.

① 7일　　② 15일
③ 1월　　④ 2월

27 시장·군수·구청장이 영업정지가 이용자에게 심한 불편을 주거나 그 밖에 공익을 해할 우려가 있는 경우에 영업정지처분에 갈음한 과징금을 부과할 수 있는 금액기준은?(단, 예외의 경우는 제외한다)

① 1천만 원 이하　　② 2천만 원 이하
③ 1억 원 이하　　　④ 2억 원 이하

✪ 「공중위생관리법」 개정에 맞게 문제를 수정했습니다.

28 영업정지 명령을 받고도 그 기간 중에 계속하여 영업을 한 공중위생영업자에 대한 벌칙 기준은?

① 6월 이하의 징역 또는 500만 원 이하의 벌금
② 1년 이하의 징역 또는 1천만 원 이하의 벌금
③ 2년 이하의 징역 또는 2천만 원 이하의 벌금
④ 3년 이하의 징역 또는 3천만 원 이하의 벌금

29 여드름 관리에 효과적인 화장품 성분은?

① 유황　　　② 하이드로퀴논
③ 코직산　　④ 알부틴

30 비누에 대한 설명으로 틀린 것은?
① 비누의 세정작용은 비누 수용액이 오염과 피부 사이에 침투하여 부착을 약화시켜 떨어지기 쉽게 하는 것이다.
② 거품이 풍성하고 잘 헹구어져야 한다.
③ pH가 중성인 비누는 세정작용 뿐만 아니라 살균, 소독효과가 뛰어나다.
④ 메디케이티드(medicated) 비누는 소염제를 배합한 제품으로 여드름, 면도, 상처 및 피부 거칠음 방지효과가 있다.

31 자외선 차단방법 중 자외선을 흡수시켜 소멸시키는 자외선 흡수제가 아닌 것은?
① 이산화티탄 ② 신나메이트
③ 벤조페논 ④ 살리실레이트

32 자외선 차단제에 관한 설명으로 틀린 것은?
① 자외선 차단제는 SPF(Sun Protect Factor)의 지수가 표기되어 있다.
② SPF(Sun Protect Factor)는 수치가 낮을수록 자외선 차단지수가 높다.
③ 자외선 차단제의 효과는 피부의 멜라닌 양과 자외선에 대한 민감도에 따라 달라질 수 있다.
④ 자외선 차단지수는 제품을 사용했을 때 홍반을 일으키는 자외선의 양을, 제품을 사용하지 않았을 때 홍반을 일으키는 자외선의 양으로 나눈 값이다.

33 기초화장품에 대한 내용으로 틀린 것은?
① 기초화장품이란 피부의 기능을 정상적으로 발휘하도록 도와주는 역할을 한다.
② 기초화장품의 가장 중요한 기능은 각질층을 충분히 보습시키는 것이다.
③ 마사지 크림은 기초화장품에 해당하지 않는다.
④ 화장수의 기본기능으로 각질층에 수분, 보습 성분을 공급하는 것이 있다.

34 미백 화장품의 기능으로 틀린 것은?
① 각질세포의 탈락을 유도하여 멜라닌 색소 제거
② 티로시나아제를 활성화하여 도파(DOPA) 산화 억제
③ 자외선차단 성분이 자외선 흡수 방지
④ 멜라닌 합성과 확산을 억제

35 캐리어 오일(carrier oil)이 아닌 것은?
① 라벤더 에센셜 오일
② 호호바 오일
③ 아몬드 오일
④ 아보카도 오일

36 눈썹의 종류에 따른 메이크업의 이미지를 연결한 것으로 틀린 것은?
① 짙은 색상 눈썹 - 고전적인 레트로 메이크업
② 긴 눈썹 - 성숙한 가을 이미지 메이크업
③ 각진 눈썹 - 사랑스런 로맨틱 메이크업
④ 엷은 색상 눈썹 - 여성스러운 엘레강스 메이크업

37 먼셀의 색상환표에서 가장 먼 거리를 두고 서로 마주보는 관계의 색채를 의미하는 것은?

① 한색   ② 난색
③ 보색   ④ 잔여색

38 메이크업 도구에 대한 설명으로 가장 거리가 먼 것은?

① 스펀지 퍼프를 이용해 파운데이션을 바를 때에는 손에 힘을 빼고 사용하는 것이 좋다.
② 팬 브러쉬(fan brush)는 부채꼴 모양으로 생긴 브러쉬로 아이섀도를 바를 때 넓은 면적을 한 번에 바를 수 있는 장점이 있다.
③ 아이래시 컬러(eyelash curler)는 속눈썹에 자연스러운 컬을 주어 속눈썹을 올려주는 기구이다.
④ 스크루 브러쉬(screw brush)는 눈썹을 그리기 전에 눈썹을 정리해주고 짙게 그려진 눈썹을 부드럽게 수정할 때 사용할 수 있다.

39 얼굴의 윤곽 수정과 관련한 설명으로 틀린 것은?

① 색의 명암 차이를 이용해 얼굴에 입체감을 부여하는 메이크업 방법이다.
② 하이라이트 표현은 1~2톤 밝은 파운데이션을 사용한다.
③ 섀딩 표현은 1~2톤 어두운 브라운색 파운데이션을 사용한다.
④ 하이라이트 부분은 돌출되어 보이도록 베이스 컬러와의 경계선을 잘 만들어 준다.

40 메이크업 미용사의 자세로 가장 거리가 먼 것은?

① 고객의 연령, 직업, 얼굴모양 등을 살펴 표현해주는 것이 중요하다.
② 시대의 트렌드를 대변하고 전문인으로서의 자세를 취해야 한다.
③ 공중위생을 철저히 지켜야 한다.
④ 고객에게 메이크업 미용사의 개성을 적극 권유한다.

41 긴 얼굴형의 화장법으로 옳은 것은?

① 턱에 하이라이트를 처리한다.
② T존에 하이라이트를 길게 넣어준다.
③ 이마 양 옆에 섀딩을 넣어 얼굴 폭을 감소시킨다.
④ 블러셔는 눈 밑 방향으로 가로로 길게 처리한다.

42 메이크업 도구의 세척 방법이 바르게 연결된 것은?

① 립 브러쉬(lip brush) - 브러쉬 클리너 또는 클렌징 크림으로 세척한다.
② 라텍스 스펀지(latex sponge) - 뜨거운 물로 세척, 햇빛에 건조한다.
③ 아이섀도 브러쉬(eye-shadow brush) - 클렌징 크림이나 클렌징 오일로 세척한다.
④ 팬 브러쉬(fan brush) - 브러쉬 클리너로 세척 후 세워서 건조한다.

43 색에 대한 설명으로 틀린 것은?
① 흰색, 회색, 검정 등 색감이 없는 계열의 색을 통틀어 무채색이라고 한다.
② 색의 순도는 색의 탁하고 선명한 강약의 정도를 나타내는 명도를 의미한다.
③ 인간이 분류할 수 있는 색의 수는 개인적인 차이는 존재하지만 대략 750만 가지 정도이다.
④ 색의 강약을 채도라고 하며 눈에 들어오는 빛이 단일 파장으로 이루어진 색일수록 채도가 높다.

44 파운데이션의 종류와 그 기능에 대한 설명으로 가장 거리가 먼 것은?
① 크림 파운데이션은 보습력과 커버력이 우수하여 짙은 메이크업을 할 때나 건조한 피부에 적합하다.
② 리퀴드 타입은 부드럽고 쉽게 퍼지며 자연스러운 화장을 원할 때 적합하다.
③ 트윈 케이크 타입은 커버력이 우수하고 땀과 물에 강하여 지속력을 요하는 메이크업에 적합하다.
④ 고형스틱 타입의 파운데이션은 커버력은 약하지만 사용이 간편해서 스피드한 메이크업에 적합하다.

45 아이브로 화장 시 우아하고 성숙한 느낌과 세련미를 표현하고자 할 때 가장 잘 어울릴 수 있는 것은?
① 회색 아이브로 펜슬
② 검정색 아이섀도
③ 갈색 아이브로 섀도
④ 에보니 펜슬

46 얼굴의 골격 중 얼굴형을 결정짓는 가장 중요한 요소가 되는 것은?
① 위턱뼈(상악골) ② 아래턱뼈(하악골)
③ 코뼈(비골) ④ 관자뼈(측두골)

47 여름 메이크업에 대한 설명으로 가장 거리가 먼 것은?
① 시원하고 상쾌한 느낌이 들도록 표현한다.
② 난색 계열을 사용해 따뜻한 느낌을 표현한다.
③ 구릿빛 피부 표현을 위해 오렌지색 메이크업 베이스를 사용한다.
④ 방수 효과를 지닌 제품을 사용하는 것이 좋다.

48 미국의 색채학자 파버 비렌이 탁색계를 '톤(tone)'이라고 부르던 것에서 유래한 배색기법은?
① 까마이외(camaieu) 배색
② 토널(tonal) 배색
③ 트리콜로레(tricolore) 배색
④ 톤온톤(tone on tone) 배색

49 얼굴형과 그에 따른 이미지의 연결이 가장 적절한 것은?

① 둥근형 – 성숙한 이미지
② 긴형 – 귀여운 이미지
③ 사각형 – 여성스러운 이미지
④ 역삼각형 – 날카로운 이미지

50 한복 메이크업 시 유의하여야 할 내용으로 옳은 것은?

① 눈썹을 아치형으로 그려 우아해 보이도록 표현한다.
② 피부는 한 톤 어둡게 표현하여 자연스러운 피부톤을 연출하도록 한다.
③ 한복의 화려한 색상과 어울리는 강한 색조를 사용하여 조화롭게 보이도록 한다.
④ 입술의 구각을 정확히 맞추어 그리는 것보다는 아웃커브로 그려 여유롭게 표현하는 것이 좋다.

51 아이섀도의 종류와 그 특징을 연결한 것으로 가장 거리가 먼 것은?

① 펜슬 타입 – 발색이 우수하고 사용하기 편리하다.
② 파우더 타입 – 펄이 섞인 제품이 많으며 하이라이트 표현이 용이하다.
③ 크림 타입 – 유분기가 많고 촉촉하며 발색도가 선명하다.
④ 케이크 타입 – 그라데이션이 어렵고 색상이 뭉칠 우려가 있다.

52 메이크업의 정의와 가장 거리가 먼 것은?

① 화장품과 도구를 사용한 아름다움의 표현 방법이다.
② "분장"의 의미를 가지고 있다.
③ 색상으로 외형적인 아름다움을 나타낸다.
④ 의료기기나 의약품을 사용한 눈썹손질을 포함한다.

53 다음에서 설명하는 메이크업이 가장 잘 어울리는 계절은?

> 강렬하고 이지적인 이미지가 느껴지도록 심플하고 단아한 스타일이나 콘트라스트가 강한 색상과 밝은 색상을 사용하는 것이 좋다.

① 봄　　② 여름
③ 가을　④ 겨울

54 봄 메이크업의 컬러 조합으로 가장 적합한 것은?

① 흰색, 파랑, 핑크 계열
② 겨자색, 벽돌색, 갈색 계열
③ 옐로, 오렌지, 그린 계열
④ 자주색, 핑크, 진보라 계열

55 아이브로 메이크업의 효과와 가장 거리가 먼 것은?
① 인상을 자유롭게 표현할 수 있다.
② 얼굴의 표정을 변화시킨다.
③ 얼굴형을 보완할 수 있다.
④ 얼굴에 입체감을 부여해 준다.

56 다음 중 컬러 파우더의 색상 선택과 활용법의 연결이 가장 거리가 먼 것은?
① 퍼플 - 노란피부를 중화시켜 화사한 피부 표현에 적합하다.
② 핑크 - 볼에 붉은 기가 있는 경우 더욱 잘 어울린다.
③ 그린 - 붉은 기를 줄여준다.
④ 브라운 - 자연스러운 섀딩 효과가 있다.

57 기미, 주근깨 등의 피부결점이나 눈 밑 그늘에 발라 커버하는 데 사용하는 제품은?
① 스틱 파운데이션(stick foundation)
② 투웨이 케이크(two way cake)
③ 스킨 커버(skin cover)
④ 컨실러(concealer)

58 메이크업 미용사의 작업과 관련한 내용으로 가장 거리가 먼 것은?
① 모든 도구와 제품은 청결히 준비하도록 한다.
② 마스카라나 아이라인 작업 시 입으로 불어 신속히 마르게 도와준다.
③ 고객의 신체에 힘을 주거나 누르지 않도록 주의한다.
④ 고객의 옷에 화장품이 묻지 않도록 가운을 입혀준다.

59 메이크업 색과 조명에 관한 설명으로 틀린 것은?
① 메이크업의 완성도를 높이는 데는 자연광선이 가장 이상적이다.
② 조명에 의해 색이 달라지는 현상은 저채도 색보다는 고채도 색에서 잘 일어난다.
③ 백열등은 장파장 계열로 사물의 붉은색을 증가시키는 효과가 있다.
④ 형광등은 보라색과 녹색의 파장 부분이 강해 사물이 시원하게 보이는 효과가 있다.

60 눈썹을 빗어주거나 마스카라 후 뭉친 속눈썹을 정돈할 때 사용하면 편리한 브러쉬는?
① 팬 브러쉬
② 스크루 브러쉬
③ 노즈 섀도 브러쉬
④ 아이라이너 브러쉬

정답																							
01	④	02	③	03	②	04	③	05	④	06	①	07	②	08	③	09	④	10	③	11	④	12	②
13	②	14	④	15	①	16	④	17	③	18	②	19	①	20	①	21	②	22	④	23	①	24	④
25	④	26	③	27	③	28	②	29	①	30	③	31	①	32	①	33	④	34	④	35	①	36	③
37	③	38	②	39	④	40	④	41	③	42	①	43	②	44	④	45	③	46	②	47	②	48	②
49	④	50	①	51	④	52	②	53	②	54	③	55	①	56	②	57	④	58	②	59	②	60	②

기출문제 2회

01 18세기 말 "인구는 기하급수적으로 늘고 생산은 산술급수적으로 늘기 때문에 체계적인 인구 조절이 필요하다"라고 주장한 사람은?
① 프랜시스 플레이스
② 에드워드 윈슬로우
③ 토마스 R. 말더스
④ 로베르트 코흐

02 감염병 예방 및 관리에 관한 법률상 제2급감염병이 아닌 것은?
① A형 간염
② 장출혈성 대장균 감염증
③ 세균성 이질
④ 파상풍

✪ 2020년부터 변경된 『감염병 예방 및 관리에 관한 법률』의 개정 사항에 맞게 문제를 수정했습니다.

03 장염비브리오 식중독의 설명으로 가장 거리가 먼 것은?
① 원인균은 보균자의 분변이 주원인이다.
② 복통, 설사, 구토 등이 생기며 발열이 있고, 2~3일이면 회복된다.
③ 예방은 저온 저장, 조리기구·손 등의 살균을 통해서 할 수 있다.
④ 여름에 집중적으로 발생한다.

04 이·미용사의 위생복을 흰색으로 하는 것이 좋은 주된 이유는?
① 오염된 상태를 가장 쉽게 발견할 수 있다.
② 가격이 비교적 저렴하다.
③ 미관상 가장 보기가 좋다.
④ 열 교환이 가장 잘된다.

05 보건행정에 대한 설명으로 가장 적합한 것은?
① 공중보건의 목적을 달성하기 위해 공공의 책임 하에 수행하는 행정 활동
② 개인보건의 목적을 달성하기 위해 공공의 책임 하에 수행하는 행정 활동
③ 국가 간의 질병 교류를 막기 위해 공공의 책임 하에 수행하는 행정 활동
④ 공중보건의 목적을 달성하기 위해 개인의 책임 하에 수행하는 행정 활동

06 모기가 매개하는 감염병이 아닌 것은?
① 일본뇌염   ② 콜레라
③ 말라리아   ④ 사상충증

07 대기오염 방지 목표와 연관성이 가장 적은 것은?
① 경제적 손실 방지
② 직업병의 발생 방지
③ 자연환경의 악화 방지
④ 생태계 파괴 방지

08 다음 중 식기류 소독에 가장 적당한 것은?
① 30% 알코올
② 역성 비누액
③ 40℃의 온수
④ 염소

09 살균력과 침투성은 약하지만 자극이 없고 발포 작용에 의해 구강이나 상처 소독에 주로 사용되는 소독제는?
① 페놀   ② 염소
③ 과산화수소 ④ 알코올

10 세균 증식 시 높은 염도를 필요로 하는 호염성균에 속하는 것은?
① 콜레라
② 장티푸스
③ 장염 비브리오
④ 이질

11 소독 방법에서 고려되어야 할 사항으로 가장 거리가 먼 것은?
① 소독 대상물의 성질
② 병원체의 저항력
③ 병원체의 아포 형성 유무
④ 소독 대상물의 그람 염색 유무

12 병원체의 병원소 탈출 경로와 가장 거리가 먼 것은?
① 호흡기로부터 탈출
② 소화기 계통으로 탈출
③ 비뇨 생식기 계통으로 탈출
④ 수질 계통으로 탈출

13 따뜻한 물에 중성 세제로 잘 씻은 후 물기를 뺀 다음 70% 알코올에 20분 이상 담그는 소독법으로 가장 적합한 것은?
① 유리제품   ② 고무제품
③ 금속제품   ④ 비닐제품

14 병원성 미생물의 발육을 정지시키는 소독 방법은?
① 희석   ② 방부
③ 정균   ④ 여과

15 계란모양의 핵을 가진 세포들이 일렬로 밀접하게 정렬되어 있는 한 개의 층으로 새로운 세포형성이 가능한 층은?
① 각질층 ② 기저층
③ 유극층 ④ 망상층

16 피부의 과색소 침착 증상이 아닌 것은?
① 기미 ② 백반증
③ 주근깨 ④ 검버섯

17 정상적인 피부의 pH 범위는?
① pH 3~4 ② pH 6.5~8.5
③ pH 4.5~6.5 ④ pH 7~9

18 적외선이 피부에 미치는 영향으로 가장 거리가 먼 것은?
① 온열효과가 있다.
② 혈액순환 개선에 도움을 준다.
③ 피부건조화, 주름 형성, 피부탄력 감소를 유발한다.
④ 피지선과 한선의 기능을 활성화하여 피부 노폐물 배출에 도움을 준다.

19 식후 12~16시간 경과되어 정신적, 육체적으로 아무것도 하지 않고 가장 안락한 자세로 조용히 누워있을 때 생명을 유지하는 데 소요되는 최소한의 열량을 의미한 것은?
① 순환대사량 ② 기초대사량
③ 활동대사량 ④ 상대대사량

20 비듬이 생기는 원인과 관계없는 것은?
① 신진대사가 계속적으로 나쁠 때
② 탈지력이 강한 샴푸를 계속 사용할 때
③ 염색 후 두피가 손상되었을 때
④ 샴푸 후 린스를 하였을 때

21 피부 노화의 이론과 가장 거리가 먼 것은?
① 셀룰라이트 형성
② 프리래디컬 이론
③ 노화의 프로그램설
④ 텔로미어 학설

22 이·미용업을 하고자 하는 자가 하여야 하는 절차는?
① 시장·군수·구청장에게 신고한다.
② 시장·군수·구청장에게 통보한다.
③ 시장·군수·구청장의 허가를 얻는다.
④ 시·도지사의 허가를 얻는다.

23 건전한 영업질서를 위하여 공중위생영업자가 준수하여야 할 사항을 준수하지 아니한 자에 대한 벌칙기준은?
① 1년 이하의 징역 또는 1천만 원 이하의 벌금
② 6월 이하의 징역 또는 500만 원 이하의 벌금
③ 3월 이하의 징역 또는 300만 원 이하의 벌금
④ 300만 원 과태료

24 면허가 취소된 자는 누구에게 면허증을 반납하여야 하는가?
① 보건복지부장관
② 시·도지사
③ 시장·군수·구청장
④ 읍·면장

25 이·미용영업소에서 영업정지 처분을 받고 그 정지 기간 중에 영업을 한 때의 1차 위반 행정처분 내용은?
① 영업정지 1월
② 영업정지 2월
③ 영업정지 3월
④ 영업장 폐쇄명령

26 영업자의 위생관리 의무가 아닌 것은?
① 영업소에서 사용하는 기구를 소독한 것과 소독하지 아니한 것을 분리·보관한다.
② 영업소에서 사용하는 1회용 면도날은 손님 1인에 한하여 사용한다.
③ 자격증을 영업소 안에 게시한다.
④ 면허증을 영업소 안에 게시한다.

27 의료법 위반으로 영업장 폐쇄명령을 받은 이·미용 영업자는 얼마의 기간 동안 같은 종류의 영업을 할 수 없는가?
① 2년
② 1년
③ 6개월
④ 3개월

28 공중위생관리법규상 위생관리등급의 구분이 바르게 짝지어진 것은?
① 최우수업소 : 녹색등급
② 우수업소 : 백색등급
③ 일반관리대상 업소 : 황색등급
④ 관리미흡대상 업소 : 적색등급

29 유연화장수의 작용으로 가장 거리가 먼 것은?
① 피부에 보습을 주고 윤택하게 해준다.
② 피부에 남아있는 비누의 알칼리 성분을 중화시킨다.
③ 각질층에 수분을 공급해준다.
④ 피부의 모공을 넓혀준다.

30 크림 파운데이션에 대한 설명 중 가장 적합한 것은?
① 얼굴의 형태를 바꾸어 준다.
② 피부의 잡티나 결점을 커버해 주는 목적으로 사용된다.
③ O/W형은 W/O형에 비해 비교적 사용감이 무겁고 퍼짐성이 낮다.
④ 화장 시 산뜻하고 청량감이 있으나 커버력이 약하다.

31 피지조절, 항 우울과 함께 분만 촉진에 효과적인 아로마 오일은?
① 라벤더　　② 로즈마리
③ 자스민　　④ 오렌지

32 피부 클렌저(cleanser)로 사용하기에 적합하지 않은 것은?
① 강알칼리성 비누
② 약산성 비누
③ 탈지를 방지하는 클렌징 제품
④ 보습효과를 주는 클렌징 제품

33 가용화(solubilization) 기술을 적용하여 만들어진 것은?
① 마스카라　　② 향수
③ 립스틱　　　④ 크림

34 미백 화장품에 사용되는 대표적인 미백 성분은?
① 레티노이드(retinoid)
② 알부틴(arbutin)
③ 라놀린(lanolin)
④ 토코페롤아세테이트(tocopherol acetate)

35 진피층에도 함유되어 있으며 보습기능으로 피부관리 제품에 사용되어지는 성분은?
① 알코올(alcohol)
② 콜라겐(collagen)
③ 판테놀(panthenol)
④ 글리세린(glycerine)

36 눈의 형태에 따른 아이섀도 기법으로 틀린 것은?
① 부은 눈 : 펄감이 없는 브라운이나 그레이 컬러로 아이홀을 중심으로 넓지 않게 펴바른다.
② 처진 눈 : 포인트 컬러를 눈꼬리 부분에서 사선 방향으로 올려주고 언더 컬러는 사용하지 않는다.
③ 올라간 눈 : 눈 앞머리 부분에 짙은 컬러를 바르고 눈 중앙에서 꼬리까지 엷은 색을 발라주며 언더부분은 넓게 펴바른다.
④ 작은 눈 : 눈두덩이 중앙에 밝은 컬러로 하이라이트를 하며 눈앞머리에 포인트를 주고 아이라인은 그리지 않는다.

37 아이섀도를 바를 때 눈 밑에 떨어진 가루나 과다한 파우더를 털어내는 도구로 가장 적절한 것은?
① 파우더 퍼프
② 파우더 브러쉬
③ 팬 브러쉬
④ 블러셔 브러쉬

38 눈썹을 그리기 전, 후 자연스럽게 눈썹을 빗어주는 나사 모양의 브러쉬는?
① 립 브러쉬
② 팬 브러쉬
③ 스크루 브러쉬
④ 파우더 브러쉬

39 각 눈썹 형태에 따른 이미지와 그에 알맞은 얼굴형의 연결이 가장 적합한 것은?
① 상승형 눈썹-동적이고 시원한 느낌-둥근형
② 아치형 눈썹-우아하고 여성적인 느낌-삼각형
③ 각진형 눈썹-지적이며 단정하고 세련된 느낌-긴형, 장방형
④ 수평형 눈썹-젊고 활동적인 느낌-둥근형, 얼굴 길이가 짧은 형

40 색의 배색과 그에 따른 이미지를 연결한 것으로 옳은 것은?
① 악센트 배색 – 부드럽고 차분한 느낌
② 동일색 배색 – 무난하면서 온화한 느낌
③ 유사색 배색 – 강하고 생동감 있는 느낌
④ 그라데이션 배색 – 개성있고 아방가르드한 느낌

41 뷰티 메이크업과 관련한 내용으로 가장 거리가 먼 것은?
① 눈썹, 아이섀도, 입술 메이크업 시 고객의 부족한 면을 보완하여 균형 잡힌 얼굴로 표현한다.
② 메이크업은 색상, 명도, 채도 등을 고려하여 고객의 상황에 맞는 컬러를 선택하도록 한다.
③ 사람은 대부분 얼굴의 좌우가 다르므로 자연스러운 메이크업을 위해 최대한 생김새를 그대로 표현하여 생동감을 준다.
④ 의상, 헤어, 분위기 등의 전체적인 이미지 조화를 고려하여 메이크업한다.

42 계절별 화장법으로 가장 거리가 먼 것은?
① 봄 메이크업 : 투명한 피부 표현을 위해 리퀴드 파운데이션을 사용하며, 눈썹과 아이섀도를 자연스럽게 표현한다.
② 여름 메이크업 : 콘트라스트가 강한 색상으로 선을 강조하고 베이지 컬러의 파우더로 피부를 매트하게 표현한다.
③ 가을 메이크업 : 아이 메이크업 시 저채도의 베이지, 브라운 컬러를 사용하여 그윽하고 깊은 눈매를 연출한다.
④ 겨울 메이크업 : 전체적으로 깨끗하고 심플한 이미지를 표현하고, 립은 레드나 와인 계열 등의 컬러를 바른다.

43 사각형 얼굴의 수정 메이크업 방법으로 틀린 것은?

① 이마의 각진 부위와 튀어나온 턱뼈 부위에 어두운 파운데이션을 발라서 갸름하게 보이게 한다.
② 눈썹은 각진 얼굴형과 어울리도록 시원하게 아치형으로 그려준다.
③ 일자형 눈썹과 길게 뺀 아이라인으로 포인트 메이크업하는 것이 효과적이다.
④ 입술 모양을 곡선의 형태로 부드럽게 표현한다.

44 다음에서 설명하는 아이섀도 제품의 타입은?

- 장시간 지속 효과가 낮다.
- 기온변화로 번들거림이 생기는 단점이 있다.
- 유분이 함유되어 부드럽고 매끄럽게 펴바를 수 있다.
- 제품 도포 후 파우더로 색을 고정시켜 지속력과 색의 선명도를 향상시킬 수 있다.

① 크림 타입　② 펜슬 타입
③ 케이크 타입　④ 파우더 타입

45 파운데이션을 바르는 방법으로 가장 거리가 먼 것은?

① O존은 피지분비량이 적어 소량의 파운데이션으로 가볍게 바른다.
② V존은 잡티가 많으므로 슬라이딩 기법으로 여러 번 겹쳐 발라 결점을 가려준다.
③ S존은 슬라이딩 기법과 가볍게 두드리는 패딩기법을 병행하여 메이크업의 지속성을 높여준다.
④ 헤어라인은 귀 앞머리 부분까지 라텍스 스펀지에 남아있는 파운데이션을 사용해 슬라이딩 기법으로 발라준다.

46 긴 얼굴형에 적합한 눈썹 메이크업으로 가장 적합한 것은?

① 가는 곡선형으로 그린다.
② 눈썹 산이 높은 아치형으로 그린다.
③ 각진 아치형이나 상승형, 사선 형태로 그린다.
④ 다소 두께감이 느껴지는 직선형으로 그린다.

47 조선시대 화장 문화에 대한 설명으로 틀린 것은?

① 이중적인 성 윤리관이 화장 문화에 영향을 주었다.
② 여염집 여성의 화장과 기생 신분의 여성의 화장이 구분되었다.
③ 영육일치 사상의 영향으로 남·여 모두 미(美)에 대한 관심이 높았다.
④ 미인박명(美人薄命) 사상이 문화적 관념으로 자리잡음으로써 미(美)에 대한 부정적인 인식이 형성되었다.

48 메이크업 도구 및 재료의 사용법에 대한 설명으로 가장 거리가 먼 것은?

① 브러쉬는 전용 클리너로 세척하는 것이 좋다.
② 아이래시 컬러는 속눈썹을 아름답게 올려줄 때 사용한다.
③ 라텍스 스펀지는 세균이 번식하기 쉬우므로 깨끗한 물로 씻어서 재사용한다.
④ 면봉은 부분 메이크업 또는 메이크업 수정 시 사용한다.

49 색과 관련한 설명으로 틀린 것은?
① 물체의 색은 빛이 거의 모두 반사되어 보이는 색이 백색, 빛이 모두 흡수되어 보이는 색이 흑색이다.
② 불투명한 물체의 색은 표면의 반사율에 의해 결정된다.
③ 유리잔에 담긴 레드 와인(red wine)은 장파장의 빛은 흡수하고 그 외의 파장은 투과하여 붉게 보이는 것이다.
④ 장파장을 단파장보다 산란이 잘 되지 않는 특성이 있어 신호등의 빨강색은 흐린 날 멀리서도 식별가능하다.

50 한복 메이크업 시 주의사항이 아닌 것은?
① 색조화장은 저고리 깃이나 고름색상에 맞추는 것이 좋다.
② 너무 강하거나 화려한 색상을 피하는 것이 좋다.
③ 단아한 이미지를 표현하는 것이 좋다.
④ 한복으로 가려진 몸매를 입체적인 얼굴로 표현한다.

51 같은 물체라도 조명이 다르면 색이 다르게 보이나 시간이 갈수록 원래 물체의 색으로 인지하게 되는 현상은?
① 색의 불변성   ② 색의 항상성
③ 색 지각   ④ 색 감각

52 사극 수염분장에 필요한 재료가 아닌 것은?
① 스프리트 검(sprit gum)
② 쇠 브러쉬
③ 생사
④ 더마 왁스

53 '톤을 겹치다'라는 의미로 동일한 색상에서 톤의 명도차를 비교적 크게 둔 배색방법은?
① 동일색 배색   ② 톤온톤 배색
③ 톤인톤 배색   ④ 세퍼레이션 배색

54 메이크업 미용사의 기본적인 용모 및 자세로 가장 거리가 먼 것은?
① 업무 시작 전·후 메이크업 도구와 제품 상태를 점검한다.
② 메이크업 시 위생을 위해 마스크를 항상 착용하고 고객과 직접 대화하지 않는다.
③ 고객을 맞이 할 때는 바로 자리에서 일어나 공손히 인사한다.
④ 영업장으로 걸려온 전화를 받을 때는 필기도구를 준비하여 메모를 한다.

55 현대의 메이크업 목적으로 가장 거리가 먼 것은?
① 개성창출 ② 추위예방
③ 자기만족 ④ 결점보완

56 여름철 메이크업으로 가장 거리가 먼 것은?
① 썬탠 메이크업을 베이스 메이크업으로 응용해 건강한 피부 표현을 한다.
② 약간 각진 눈썹형으로 표현하여 시원한 느낌을 살려준다.
③ 눈매를 푸른색으로 강조하는 원 포인트 메이크업을 한다.
④ 크림 파운데이션을 사용하여 피부를 두껍게 커버하고 윤기 있게 마무리한다.

57 메이크업 베이스의 사용목적으로 틀린 것은?
① 파운데이션의 밀착력을 높여준다.
② 얼굴의 피부톤을 조절한다.
③ 얼굴에 입체감을 부여한다.
④ 파운데이션의 색소 침착을 방지해준다.

58 긴 얼굴형의 윤곽 수정 표현 방법으로 틀린 것은?
① 콧등 전체에 하이라이트를 주어 입체감 있게 표현한다.
② 눈 밑은 폭넓게 수평형의 하이라이트를 준다.
③ 노즈섀도는 짧게 표현해준다.
④ 이마와 아래턱은 섀딩 처리하여 얼굴의 길이가 짧아보이게 한다.

59 눈과 눈 사이가 가까운 눈을 수정하기 위하여 아이섀도 포인트가 들어가야 할 부분으로 옳은 것은?
① 눈앞머리 ② 눈중앙
③ 눈언더라인 ④ 눈꼬리

60 컨투어링 메이크업을 위한 얼굴형의 수정방법으로 틀린 것은?
① 둥근형 얼굴 - 양볼 뒷쪽에 어두운 섀딩을 주고 턱, 콧등에 길게 하이라이트를 한다.
② 긴형 얼굴 - 헤어라인과 턱에 섀딩을 주고 볼쪽에 하이라이트를 한다.
③ 사각형 얼굴 - T존의 하이라이트를 강조하고 U존에 명도가 높은 블러셔를 한다.
④ 역삼각형 얼굴 - 헤어라인에서 양쪽 이마 끝에 섀딩을 준다.

정답	01 ③	02 ④	03 ①	04 ①	05 ①	06 ②	07 ②	08 ②	09 ③	10 ③	11 ④	12 ④
	13 ①	14 ②	15 ②	16 ②	17 ③	18 ③	19 ③	20 ④	21 ①	22 ①	23 ①	24 ③
	25 ④	26 ③	27 ②	28 ①	29 ④	30 ②	31 ③	32 ①	33 ②	34 ②	35 ③	36 ④
	37 ③	38 ③	39 ①	40 ②	41 ③	42 ②	43 ①	44 ③	45 ②	46 ③	47 ③	48 ③
	49 ③	50 ④	51 ②	52 ④	53 ②	54 ②	55 ②	56 ④	57 ③	58 ①	59 ④	60 ③

핵심이론

1 메이크업 위생관리

1 메이크업의 의미
① 사전적 의미 : '제작하다', '보완하다', '완성시키다'라는 뜻
② 일반적 의미 : 신체적 아름다운 부분을 돋보이게 하고 약점이나 결점은 수정하거나 보완하는 미적 가치 추구 행위

2 메이크업의 4대 목적
① 본능적 목적 : 이성에게 성적 매력을 표현하는 수단으로 사용
② 실용적 목적 : 자신을 보호하거나 같은 종족임을 표시하는 수단으로 사용
③ 신앙적 목적 : 종교적 의미로 행해져 오다가 메이크업으로 변천
④ 표시적 목적 : 신분이나 계급, 미혼 또는 기혼을 표시하기 위한 목적으로 사용

3 메이크업의 기원
장식설, 본능설, 신체 보호설, 신분 표시설(표시 기능설), 종교설

4 메이크업의 기능
사회적 기능, 보호 기능, 미화의 기능, 심리적 기능

5 한국 메이크업의 역사
① 고조선 : 쑥과 마늘 사용, 깨끗하고 흰 피부
② 고구려 : 짧고 뭉툭한 눈썹, 입술과 볼에 연지, 신분과 직업에 따라 다르게 치장
③ 백제 : 두발과 화장으로 신분을 나타냄, 분을 바르되 연지를 바르지 않음, 은은한 화장, 화장품 제조 기술과 화장 기술을 일본에 전파
④ 신라 : '영육일치' 사상, 청결과 목욕 중시, 향낭 착용, 귓볼을 뚫고 귀고리 착용, 장도
⑤ 통일신라 : 중국여인들의 짙은 색조 화장을 모방하여 화려했을 것
⑥ 고려 : 화장의 이원화
- 분대화장 : 기생 중심의 짙은 화장
- 비분대화장 : 여염집 부인 중심의 옅은 화장
⑦ 조선
- 규합총서 : 화장품 제조 방법 및 화장 방법 수록
- 화장의 이원화가 뚜렷해지고 세분화됨
- 보염서 : 궁중화장품 전담 제작
⑧ 개화기~근대
- 강화도 조약 이후 청나라와 일본을 통해 서구식 메이크업과 화장을 유입
- 박가분 : 1916년, 제조 허가 1호
- 서가분 : 1937년, 박가분의 납 성분을 제거
⑨ 근대~현대
- 미스코리아 대회 개최(1957년)
- 유광, 물광과 같은 피부 질감 메이크업 유행(2000년대)
- 스모키, 레트로 메이크업 등 다양한 유행 메이크업 공존

6 서양 메이크업의 역사
① 고대

이집트	- B.C. 3000년경 종교적, 의학적 목적의 메이크업 - 백납과 향유 사용 - 콜을 이용한 눈 화장, 헤나 사용
그리스	- 과도한 화장보다는 목욕 문화 발달 - 하얀 피부를 선호, 백납 성분으로 된 안료를 발라 피부톤을 새하얗게 표현하고 눈썹을 검게 강조
로마	- 머리는 금발을 염색하거나 가발을 사용 - 사교 문화가 발달하고 우유나 포도주로 얼굴 마사지

② 중세
- 종교적인 영향으로 가발 사용, 화장 금지
- 넓은 이마, 갈색 아치형의 눈썹을 선호하고 여성들의 얼굴을 창백하게 하고 치아를 상아처럼 보이게 하는 화장법 유행
③ 르네상스(15C)
- 눈썹은 뽑아버리고 뺨과 입술에 가볍게 색조화장
- 흰 피부를 선호하고 가슴까지 백분을 바르고 머리에서 발끝까지 전신 화장
④ 엘리자베스(16C) : 미인형으로 창백한 피부와 붉은 머리, 길고 가는 매부리코, 강조된 넓은 이마와 붉은 입술을 표현하는 과도한 화장품 사용
⑤ 바로크(17C)
- 퐁탕주 헤어 유행, 붉은 연지, 장미꽃 같은 입술, 살이 찌고 둥근 용모 유행

- 얼굴에 패치 및 뷰티 스폿, 무슈 등의 애교 점 유행
⑥ 로코코(18C) : 백납분을 사용해 하얀 피부를 표현하고 피부 화장을 두껍게 하였으며 남녀 모두 아래 눈꺼풀에 짙은 화장, 남성에게도 여성 화장과 같은 습관화
⑦ 근대(19C)
- 위생과 청결을 중시, 자외선 차단제 개발, 산업혁명으로 화장품 대량 생산
- 휴대용 파우더, 파우더형 블러셔, 수분크림, 로션 종류가 인기
⑧ 1900년~1910년대
- 오리엔탈 풍의 영향을 받고 작고 진한 입술, 붉은 색조로 동양인처럼 표현
- 1차 세계대전 이후 여성해방의 주된 변화를 가져옴
⑨ 1920년대
- 여성들의 사회진출로 여성들의 지위 향상
- 모발과 치마 길이가 짧아지고 보브스타일의 헤어가 유행, 빨간 작고 각진 입술 표현
⑩ 1930년대
- 아이홀의 깊은 음영과 긴 속눈썹과 활모양의 가는 적갈색의 둥근 눈썹
- 여성잡지의 발달과 광고의 확대로 영화배우의 숭배 시작
⑪ 1940년대
- 두껍고 또렷한 곡선 형태의 눈썹과 볼륨이 느껴지는 도톰한 입술 표현
- 대부분의 여성이 화장을 하고 보헤미안풍 유행
⑫ 1950년대
- 밝은 색의 피부 톤, 눈썹 산을 바깥쪽으로 치켜 올리고 아이홀에 살구색과 밝은 브라운 톤으로 음영을 줌, 눈꺼풀은 짙게 화장하고 아이라이너로 길게 꼬리를 표현
- 입술은 윤기 있는 레드컬러로 정열적으로 표현하고 탈색한 블론드 모발색이 유행
⑬ 1960년대 : 귀여운 인형 같은 메이크업, 트위기 스타일 유행, 자유분방한 헤어스타일 인기
⑭ 1970년대
- 펑크스타일
- 아이섀도의 색조가 다양해지고 보색을 사용하는 데 관심을 가짐

⑮ 1980년대
- 컬러 tv의 색상 혁명 : 화려한 컬러 사용
- 여성스러움이 강조된 내추럴 풍(80년대 말)
- 볼연지를 은은하게 하고 눈 밑에 짙은 아이라이너로 선을 긋고, 눈꺼풀에는 보색인 보라와 금빛 짙은 핑크와 초록, 주황과 파랑으로 도포함
⑯ 1990년대 : 색조보다는 피부에 관심이 많아지고 투명한 피부를 그대로 드러내는 것이 트렌드
⑰ 2000년대
- 근본적인 것에서 우러나는 순수함이 부각되고 여러 가지 트렌드가 공존하는 시대
- 개인의 개성에 맞는 메이크업을 표현
⑱ 21세기
- 다양한 스타일이 공존되고 메이크업과 헤어는 펄 제품 사용의 대중화
- 인터넷의 발달로 유행의 흐름이 빠르게 진행

7 메이크업 위생관리

① 단정한 복장과 용모
- 깔끔하고 단정한 헤어, 메이크업, 복장 상태 유지
- 너무 화려하고 과한 치장보다는 작업 능률이 향상될 수 있는 편안한 복장 유지
② 청결한 위생상태
- 고객과의 가까운 거리 유지로 구강상태와 손 관리
- 도구와 기기 등의 청결과 위생에 유의하여야 함
- 작업 공간의 잦은 환기와 조명 등에도 신경 써야 함

8 메이크업 재료·도구 위생관리

브러쉬	- 전용 세척제 또는 액상 비누를 손바닥에 덜어 물에 적신 다음 살살 문지르듯이 세척 - 잔여물이 남지 않도록 하고 린스나 컨디셔너를 이용 - 손으로 브러쉬 모양을 잡아 그늘에서 종이 타월이나 수건에 뉘어서 말림
스펀지	- 사용량이 많으므로 여러 개를 준비하여 컬러별로 교체 - 미지근한 물에 샴푸를 사용에 손가락에 힘을 주지 않고 위, 아래로만 부드럽게 터치해 흐르는 물에 여러 번 빨아서 그늘에 건조시킴
퍼프	- 샴푸 한두 방울을 손바닥에 올려놓고 시계방향으로 접어 비비고 흐르는 미지근한 물에 헹궈서 손바닥으로 눌러 짠 다음 그늘에서 말림

9 메이크업 작업자 위생관리

친절하고 예의바른 태도, 고객을 존중하는 커뮤니케이션 능력, 숙련된 기술과 전문가로서의 자신감을 가지고 고객을 응대해야 함

10 피부의 정의

① 피부는 신체의 내부 환경을 보호하고 유지하는 역할을 하는 기관
② 표피, 진피, 피하조직의 3층 구조로 되어있음
③ 세균의 침입으로부터 신체를 보호할 수 있는 항균력을 지닌 기관

11 피부의 기능

보호 기능	- 물리적, 화학적 방어 기능 - 세균침입에 대한 보호 기능 - 랑게르한스세포는 병원균에 대한 항체 생성, 면역 기능 - 외부자극으로부터 피부를 보호
체온 조절 기능	- 외부의 열을 차단 - 체온을 조절
분비 및 배설 기능	- 노폐물의 배설작용 - 피지와 땀 분비작용
감각 작용	- 외부의 자극을 받아들여 반사작용을 통해서 몸을 방어 작용 - 냉각과 온각을 통한 땀의 분비 촉진 작용
저장 기능	- 표피 : 수분보유 기능 - 피하지방층 : 칼로리를 지방의 형태로 저장 - 진피 : 수분과 전해질 저장
방어, 면역 기능	- 물리적, 화학적 방어 작용 - 세균의 억제 기능
흡수 작용	- 피지선, 피부 세포를 통하여 흡수 작용
비타민 D 형성 작용	- 과립층에서 프로비타민 D를 비타민 D로 전환
멜라닌 생산	- 햇빛을 통해 멜라닌을 생산하고 유해한 자외선으로부터 피부 보호 작용
호흡 기능	- 신진대사 후 발생하는 이산화탄소를 피부 밖으로 방출

12 표피의 구조

각질층	- 표피의 가장 바깥층 - 케라틴, 천연보습인자, 지질 등이 존재 - 무핵의 세포체, 수분량은 15~20%
투명층	- 손바닥, 발바닥에 존재하는 생명력이 없는 무색, 무핵 세포 - 투명한 세포층으로 엘라이딘(elaidin)이라는 반유동적 단백질이 존재
과립층	- 피부 건조를 방지하는 중요한 역할 - 유핵과 무핵세포가 공존 - 비타민 D 합성
유극층	- 면역기능이 있는 랑게르한스세포 존재 - 표피 중 가장 두꺼운 층으로 유핵 세포층으로 세포 재생이 가능 - 림프액이 존재하여 영양공급, 노폐물 배출, 혈액순환 촉진
기저층	- 멜라닌을 생성하는 멜라노사이트가 있어 피부색과 모발색을 결정 - 세포분열을 통해 새로운 세포를 형성 - 표피의 가장 깊은 층으로 원통형이나 장방형의 단층으로 구성

13 진피의 구조

유두층	- 혈관이 집중되어 있어 상처회복 기능 - 표피의 기저층과 이어져 기저층에 영양분을 공급 - 유두모양의 돌기 형태를 이룸
망상층	- 교원섬유와 탄력섬유로 이루어진 그물 모양의 피하조직과 연결 - 랑게르선이 존재하여 상처의 흔적이 최소화
기질	- 진피의 결합섬유 사이를 채우는 물질 - 섬유성분과 세포 사이를 채우는 무정형의 물질 - 친수성 다당체로 물에 녹아있는 액체 상태로 존재

14 피하지방층

① 진피와 근육 뼈 사이에 위치
② 피하지방층은 지방으로 구성
③ 지방층은 영양과 에너지 보관소의 역할

15 모발(털)

① 모발의 특징 : 피부표면을 보호하며 손바닥, 발바닥, 입술, 눈꺼풀을 제외한 전신에 존재
② 모발의 기능 : 보호 기능, 지각 기능, 장식 기능, 노폐물 배출 기능, 충격완화 기능 등
③ 모근 : 피부 내부에 있는 모발

모낭	- 모근을 감싸고 있는 주머니 - 각각의 모발은 피부의 두께와 위치에 따라서 다른 모낭을 가지고 있음
모구	- 모근의 뿌리 부분이며 전구모양으로 털 성장 부위
모모세포	- 모발 형성과 세포분열 증식에 관여
모유두	- 유두의 형태로 모발의 영양공급 관여하는 혈관과 신경이 존재 - 모발의 성장을 담당

④ 모간 : 피부 밖으로 나와 있는 모발

모표피	- 모발의 가장 외부에 위치해 있는 층 (가장 바깥층) - 얇고 딱딱한 비늘 모양의 친유성 보호층
모피질	- 모발의 85~90%를 차지 - 3층 중에서 가장 두껍고 모발을 지탱하는 층 - 멜라닌을 함유하고 있음 - 모발의 탄력, 강도, 질감 모양과 같은 물리적·화학적인 성질을 좌우하는 부분
모수질	- 모발이 중심부에 벌집형태의 세포로 존재 - 경모에 존재하고 연모에는 없음
입모근	- 털세움근 또는 기모근 - 불수의근의 근육으로 추위, 무서움 등 자율신경계에 영향을 받아 수축·이완 작용을 함

⑤ 모발의 성장주기

성장기	- 세포분열이 가장 활발한 시기 - 성장기간은 남성 3~5년, 여성 4~6년
퇴화기	- 성장의 끝을 나타내는 신호이며 3주 정도 지속되는 짧은 기간 - 전체 모발의 1~2%를 차지
휴지기	- 성장이 멈추는 정지 단계 - 퇴행기가 끝나면 모낭은 3개월 정도의 휴지기를 가짐 - 전체 모발의 10~15% 정도

16 손발톱

① 손발톱의 특징
- 표피성 반투명한 케라틴 단백질의 각질세포로 구성
- 비타민이나 미네랄 등의 결핍 현상 시 영향을 받음

② 손발톱의 구조

조근 (네일 루트)	얇고 부드러운 피부로 손톱이 자라기 시작하는 부분
조체 (네일 바디)	육안으로 보이는 손톱 부분이며 아랫부분은 약하나 위로 갈수록 강한 강도를 지님
자유연(프리에지)	손톱의 끝부분으로 잘려나가는 부분
조상(네일 베드)	조체 밑에 있는 피부로 지각신경조직과 모세혈관이 있으며 조체를 받쳐주는 역할
조모 (네일 매트리스)	손톱의 성장이 진행되는 곳으로 신경, 혈관 및 세포의 작용을 함
반월(루눌라)	조체의 시작부분으로 완전히 케라틴화 되지 않은 반달모양의 흰색 부분
큐티클	조소피라고도 하며 미생물 등의 병균침입으로부터 조갑을 덮어 보호하는 역할

네일 폴드	손톱 주변을 감싸고 있는 피부로 손톱의 모양을 지지
하이포니키움	손톱 아래 살과 연결된 끝부분으로 박테리아의 침입을 막아줌
이포니키움	루눌라를 덮고 있는 손톱 위의 얇은 피부 조직
네일 그루브	네일 베드의 양측면에 좁게 패인 곳
네일 월	손톱 측면의 피부로 손톱과 밀착하여 고정 시켜줌

17 한선

① 땀샘이라고 하며 소한선과 대한선으로 구분
② 체온 조절과 노폐물 배출, 피지와 함께 피부를 보호하는 역할
③ 한선의 종류

소한선	- 일반적으로 말하는 땀샘 - 대한선보다 작아 소한선이라고 함 - 입술과 음부를 제외한 전신에 분포 - 특히 손바닥과 발바닥에 가장 많음 - 노폐물 배설, 체온 조절, 피부 건조 방지 (pH 4.5~6.5의 약산성) - 거의 전신에 분포, 무색, 무취, 99%가 수분
대한선	- 겨드랑이, 유두, 외음부, 배꼽, 항문 주변에 분포한 땀샘 - 단백질이 많은 진한 땀을 배출 - 태아기 때는 전신에 분포하나 출생 후 점차 활동이 없어지고 사춘기 이후에 성호르몬의 영향을 받아 분비가 다시 왕성해짐 - 흰색 또는 노란색을 띠며 점성이 있는 액체 분비(개인 특유의 체취)

18 피지선

① 피부 표면에 지질을 분비하는 부속기관, 모공을 통해 피지 배출
② 독립 피지선 : 유두, 입술, 구강, 점막, 눈꺼풀과 같은 얇은 점막에는 피지선이 직접 피부와 연결되어 분비됨
③ 피지 : 땀과 함께 피지막 형성, 모발과 피부에 윤기를 줌, 피부 각질층의 수분 방출을 억제

19 피부유형별 특징 및 관리방안

정상 피부	- 세안 후 당김이 거의 없음 - 피부 결이 곱고 부드러우며 섬세함 - T존 주변에 약간의 모공이 보이고 그 외엔 모공이 거의 보이지 않음 - 주름이 거의 보이지 않음 - 목적 : 현재 상태를 잘 유지하는 것

건성 피부	- 건조 시 갈라지는 현상이 있음 - 세안 후 아무것도 바르지 않으면 당김 - 모공이 거의 보이지 않음 - 유수분부족 건성과 수분부족 건성으로 나눌 수 있음 - 탄력이 없으며 잔주름이 생기기 쉽기 때문에 노화가 빨리 올 수 있음 - 피부결이 얇고 섬세함 - 알코올 함량이 적은 화장품 사용 - 수분보다는 유분이 많은 화장품 사용 - 마사지를 통해 혈액 순환을 촉진
지성 피부	- 모공이 크고 피부결이 고르지 않음 - 피부 노화가 천천히 진행 - 메이크업의 유지력이 오래 지속되지 않고 화장이 밀림 - 과도한 피지분비로 인해 피부 트러블 발생 - 알코올이 함유된 산뜻한 타입의 화장수 사용 - 각질제거(필링)를 주 2~3회 정도 실시 - 청결 효과의 수분팩을 자주 함
민감성 피부	- 피부 붉음증과 염증 또는 혈관 확장 및 파열 등이 나타날 수 있음 - 건조해지기 쉬우며 각질층이 얇아 피부 보호기능이 떨어짐 - 피부 색소침착 현상이 나타남 - 피지분비량이 고르지 못한 복합성 피부 상태일 경우가 많음 - 무향료, 무알코올 화장품을 사용 - 미온수로 세안하고 부드러운 로션타입의 클렌징을 사용 - 피부에 자극을 피하고 식습관의 조절과 충분한 수분을 공급하고 진정을 함
복합성 피부	- 2가지의 이상의 피부 성질 - T존은 지성 피부의 성상이 나타나고 U존은 건성 피부의 성상이 확연하게 차이나는 피부 - 눈가 주름이나 광대뼈 부분에 색소침착이나 기미가 발생 - 2가지 타입의 필링제, 클렌징을 사용 - 건조한 부위는 보습 효과를 주고 지성인 부위는 청결위주의 관리와 수렴 효과의 화장수 사용
노화 피부	- 피부 재생이 느리고 땀과 피지 분비가 적음 - 각질층이 두껍고 색소 침착으로 안색이 불균형함 - 얼굴 전체에 잔주름이나 굵은 주름이 두드러져 보임 - 유분기가 있는 화장품 사용 - 영양 공급과 혈액 순환 촉진을 위한 피부 관리를 함

20 5대 영양소

탄수화물	- 우리 몸이 필요로 하는 에너지 대부분을 공급하는 열량원 - 탄소(C), 수소(H), 산소(O)로 이루어진 유기물 - 뇌의 유일한 에너지원
지방	- 지방산과 글리세롤이 결합한 유기 화합물 - 1g당 약 9kcal의 열량을 내는 중요한 영양소 - 체온 유지, 충격 완화, 성장과 신체 유지에 중요한 요소
단백질	- 머리카락, 피부, 손톱, 발톱 등 우리 몸의 25%에 해당하는 부위를 구성하는 영양소 - 호르몬과 면역 물질도 생성하며 피부, 근육, 머리카락, 손톱 등 우리 몸을 이루는 모든 것들의 원료
비타민	- 성장 및 생명 유지에 꼭 필요한 유기 영양소 - 신체 기능 조절, 면역 기능 강화, 세포의 성장 촉진, 생리 대사에 보조적 역할
무기질	- 생체의 발육과 신진대사 기능을 원활하게 해주는 필수 영양소 - 체액 균형 유지, 세포 기능 활성화에 필요한 영양소

21 자외선

① 자외선의 정의
- 눈에 보이지 않는 광선으로 파장의 길이가 200~400nm
- 피부에 생물학적인 반응을 유발하는 광선
- 화학선 : 강한 살균, 소독 기능

② 자외선의 종류

자외선 A	- UV A, 320~400nm, 장파장 - 진피의 콜라겐, 엘라스틴의 변성을 일으켜 피부 노화나 색소 침착을 일으키기도 함
자외선 B	- UV B, 280~320nm, 중파장 - 표피 기저층 또는 진피층까지 도달하며 프로비타민 D를 체내에 합성함 - 단시간에 일광화상, 홍반 등의 피부 손상을 주며 피부암을 일으키기도 함
자외선 C	- UV C, 200~280nm, 단파장 - 에너지가 가장 강한 자외선 - 오존층의 흡수로 지표면에는 도달하지 않음 - 살균력이 강해 살균소독기에 이용됨

22 적외선

① 적외선의 정의
- 가시광선보다 파장이 길며 원적외선, 중적외

- 선, 근적외선으로 나뉨
- 피부에 이로운 영향을 주는 광선
- 피부 표면에 해가 없이 깊숙이 흡수되어 열을 발생하는 작용을 하기 때문에 열선이라 함

② 적외선의 종류
- 근적외선 : 진피 침투, 자극 효과
- 원적외선 : 표피 전층 침투, 진정 효과

③ 적외선이 피부에 미치는 영향
- 가시광선의 적색선보다 바깥쪽에 위치한 전자기파
- 근육의 이완을 촉진시키고 통증이나 긴장감을 완화시켜주기 때문에 근육치료에 많이 쓰임
- 제품의 흡수율을 높임
- 피부세포의 활성을 촉진시키며 혈액순환을 도움

23 면역의 정의

① 외부로부터 침입하는 미생물이나 화학물질에 대해 피부, 점막, 골수, 림프계, 흉선 등 인체를 보호하기 위해 가동되는 방어 체계
② 면역 체계에 주로 작용하는 세포와 기관은 백혈구, 혈장세포, 대식세포, 림프절, 비장, 골수, 흉선 등이 있음

24 면역의 종류

자연 면역	- 비특이성 면역, 선천적 면역 - 선천적으로 타고난 저항력 또는 방어력 - 병을 스스로 치유해 나가는 면역 - 체내로 침입한 이물질을 비만세포, 백혈구, 탐식세포 등이 제거하는 것
획득 면역	- 특이성 면역, 후천적 면역 - 체내에 침입한 물질을 림프구가 영구적으로 기억하여 똑같은 종류의 항원이 체내에 들어왔을 때 그 항원을 인식하여 림프구가 활성화 되고 항원을 배제하는 것

25 면역 체계

① 항원 : 자신의 정상적 구성 성분과 다른 이물질이 체내에 들어 왔을 때 면역계를 자극하여 이물질에 대응하는 특이한 항체 형성을 유도하고 만들어진 항체와 반응하는 물질
② 항체
- 고분자 단백질로 면역글로블린이라 하는데 세균이나 다른 세포에 대해 이를 응집시키거나 용해시켜 이물질의 침입을 방어함
- 항체는 항원에 대응하는 개념상의 용어이며 면역글로블린은 그 기능을 담당하는 실제 물질
③ 림프구 : 항체를 형성하여 감염에 저항, 골수에서 유래, B림프구와 T림프구의 상호 작용

B림프구	면역글로블린, 독소와 바이러스를 중화, 세균을 죽이는 면역 기능 수행
T림프구	혈액 내 림프구의 90% 구성, 항원을 직접 공격하여 파괴, 세포성 면역 반응을 유도

④ 식세포 : 미생물이나 이물질을 잡아먹는 식균 작용을 하는 세포의 총칭, 체내 1차 방어계를 뚫고 들어온 이물질 제거

26 노화의 원인에 따른 분류

내인성 노화(유전, 생리 요인)	외인성 노화(환경 요인)
- 시간에 의해 자연적으로 발생 - 표피와 진피의 구조적 변화로 피부가 얇아짐 - 영양 교환의 불균형, 피지 분비 저하로 피부 윤기 감소 - 수분 부족 현상으로 주름 생성 - 세포 재생 주기의 지연으로 상처 회복 둔화 - 자외선 방어 능력 저하, 면역력 및 신진 대사 기능 저하	- 자외선에 의한 DNA 파괴는 피부암으로 발전 가능성이 있음 - 탄력 저하로 주름 생성 및 색소 침착 - 피부 건조로 각질층의 두께가 두꺼워짐

27 원발진

반점	주변 피부색과 달리 경계가 뚜렷한 타원형으로 기미, 주근깨, 몽고반점 등
홍반	모세 혈관 울혈에 의한 피부 발작 상태
구진	경계가 뚜렷한 직경 1cm 미만의 단단한 융기물로 주변 피부보다 붉음
농포	피부 표면에 황백색 고름으로 처음에 투명하다 점차 혼탁해져 농포가 됨
팽진	피부 표면이 부풀어 오른 발진, 가려움을 동반하여 시간이 지나면 사라짐(두드러기)
소수포	표피에 액체나 피가 고이는 피부 융기물, 2도 화상
수포	피부 표면에 부풀어 올라 그 안에 액체가 들어있는 것으로 1cm 이상의 혈액성 물질
결절	구진보다 크고 주위와 비교적 뚜렷하게 구별될 수 있을 정도로 융기된 것, 진피나 피하 지방층에 형성, 통증 수반, 흉터 등
종양	직경 2cm 이상의 피부 증식물, 여러 가지 모양과 크기가 있으며 양성과 악성이 있음
낭종	주위 조직과 뚜렷이 구별되는 막, 심한 통증과 흉터

28 속발진

인설, 비듬	표피성 진균증, 건성 등에서 많이 나타남
가피	혈청, 혈액, 고름 등이 건조해서 굳은 것 (딱지)
표피 박리	긁거나 벗겨지거나 혹은 기계적 자극으로 인해 생긴 표피 결손
미란	염증으로 인해 표피가 제거되어 짓무른 상태, 수포나 농포가 터졌으며, 치유되고 나면 흔적을 남기지 않음
균열	심한 장기간의 염증으로 인해 진피까지 깊게 찢어진 상태
궤양	염증성 괴사, 피하조직에 이르는 결손으로 상처를 남김
반흔	흉터, 상흔, 피부가 재생되면서 만들어진 부분, 다소 융기되어 있음
켈로이드	상처의 치유과정에서 진피의 교원질이 과다 생성되어 흉터가 피부 표면에 융기 한 것
위축	진피 세포나 성분 감소로 피부가 얇아져 잔주름이 생기거나 둔탁한 광택이 남
태선화	장기간에 걸쳐 굵고 비벼서 건조화 된 것, 만성 소양증

29 과색소 침착증

주근깨	- 선천성으로 사춘기 전후 발생 - 여름철에 증가, 색이 진해진 뒤 겨울에 소멸하거나 흐려짐 - 백인에게 많이 발생
기미	- 후천성, 연한 갈색 및 흑갈색으로 다양한 크기와 불규칙한 모양 - 임신 기간이나 폐경기에 발생하며 자외선에 의해 더 진해짐 - 유전적 요인에 의해서도 발생
릴 안면 흑피종	- 진피 상층부에 멜라닌이 증가하여 발생 - 이마나 뺨 등 암갈색 색소가 넓게 나타남 - 피부에 염증이 생기고 일광에 의해 검게 됨 - 백인보다는 흑인에게, 40대 이후 여성에게 많이 나타남
오타씨 모반	- 눈 주위, 관자놀이, 코, 이마에 나타나는 갈색이나 흑청색을 띠는 반점 - 멜라닌 세포의 비정상적 증식으로 진피 내 존재 - 백인과 흑인에게는 드물고 남성보다는 여성에게 많이 발생
비립종	- 지방 조직의 신진 대사 저하로 인해 발생하는 좁쌀 크기의 작은 낭종 - 지름 1~4mm인 백색구진의 형태 - 표피 유핵층에 발생

30 저색소 침착증

백색종	- 선천적인 멜라닌 색소 결핍으로 자외선 방어 능력이 저하되어 일광 화상을 입기 쉬움 - 멜라닌 세포수는 정상이지만 멜라닌 소체를 만들지 못하는 질환
백반증	- 멜라닌 색소가 감소되어 생기는 후천성 색소 결핍 질환 - 다양한 크기 및 형태의 백색반

31 감염성 질환

농가진	- 여름철에 소아나 영유아에게 나타나는 화농성 감염 - 전염력이 높고 화농성 연쇄상구균이 주 원인균 - 두피, 안면, 팔, 다리 등에 수포가 생기거나 진물이 나며 노란색 가피를 보임
절종(종기)	- 모낭과 그 주변 조직에 괴사가 일어난 것 - 절종이 뭉쳐 나타난 것이 종기
봉소염	- 초기에는 작은 부위에 홍반이나 소수포로 시작 - 점차 커져서 임파절 종대 - 전신 발열이 동반됨

32 바이러스 질환

단순 포진	- 수포성 병변으로 입술에 물집이 생기는 질환 - 일주일 이상 지속되다가 흉터 없이 치유
대상 포진	- 지각 신경절에 잠복해 있던 베리셀라-조스터 바이러스에 의해 발생 - 띠 모양으로 홍반이 생긴 후 물집이 생김 - 발진이 발생하기 약 4~5일 전부터 심한 통증이 있고 흉터가 생길 수 있음 - 수두 바이러스의 신경에 염증이 생기는 질환
사마귀	- 파필로마 바이러스에 의해 발생하며 벽돌 모양 - 소아에게 발생되며 전염성이 강해 다발적으로 옮김
수두	- 대상포진 원인균과 같으며 10세 이하의 어린이에게 발생 - 모든 병변이 가피가 될 때까지 격리해야 함

33 진균성 피부 질환

족부 백선	무좀, 곰팡이에 의해 발생
두부 백선	두피에 발생, 피부 사상균에 의한 질환
조갑 백선	손발톱에 발생하는 진균증
칸디다증	모닐리아증(손, 발톱, 피부, 점막에 발생)

34 화장품의 정의

인체를 청결·미화하여 매력을 더하고 용모를 밝게 변화시키거나 피부·모발의 건강을 유지 또는 증진하기 위하여 인체에 사용되는 물품으로서 인체에 대한 작용이 경미한 것

35 화장품의 4대 요건

① 안전성 : 피부에 대한 자극이나 알러지, 경구독성, 이물질 혼입이나 파손 등 독성이 없을 것
② 안정성 : 미생물 오염으로 인한 변질, 변치 등 시간이 경과하여도 제품에 변화가 없을 것
③ 사용성 : 사용이 간편하고 휴대성 등 사용 시 편리, 향, 색 등이 취향에 맞을 것
④ 유효성 : 보습, 세정, 자외선 차단, 노화 억제, 주름 방지 효과 등

36 화장품의 분류

분류	사용 목적	주요 제품
기초 화장품	세정, 정돈, 보호	클렌징 워터, 로션, 크림, 폼, 마사지 크림, 수렴 화장수, 유연 화장수, 로션, 크림, 에센스, 팩, 딥 클렌징 등
메이크업 화장품	피부 표현, 결점 보완	파운데이션, 메이크업 베이스, 립스틱, 아이섀도, 마스카라 등
모발 화장품	세정, 정발, 트리트먼트	샴푸, 트리트먼트, 스프레이, 왁스, 젤, 퍼머넌트, 염모제 등
바디 화장품	세정, 보호, 탈취	바디클렌저, 바디스크럽, 바디오일, 바디로션, 핸드크림, 샤워코롱, 데오도란트 등
네일 화장품	미용, 보호, 향취	네일 에나멜, 네일 컬러, 큐티클 오일, 리무버, 네일 영양제 등
방향 화장품	향취	퍼퓸, 오데 코롱 등
기능성 화장품	주름 개선, 미백, 자외선 차단	아이 크림, 미백 크림, 선크림, 안티 에이징 제품 등

37 화장품의 천연 유성 원료

수분 증발 억제, 피부에 유연감과 광택 부여, 지용성, 인공 피지막을 형성하여 피부 보호

식물성 오일	- 호호바 오일 : 인체 피지 성분과 유사, 여드름 피부에도 적합 - 아몬드 오일 : 에몰리언트(피부 유연) 효과 - 올리브 오일 : 수분 증발 억제 효과 - 아보카도 오일 : 피부 친화성 탁월, 에몰리언트 효과 - 마카다미아 오일, 달맞이꽃 오일 : 피부 재생 효과 - 살구씨 오일, 해바라기 오일, 로즈 힙 오일 등
동물성 오일	- 라놀린 : 양털을 정제하여 추출, 보습제, 피부 유연 효과 탁월 - 밍크 오일 : 밍크의 피하 지방에서 추출, 재생 효과 - 스쿠알렌 : 상어 간에서 추출, 흡수성, 밀착성 - 에뮤 오일 : 에뮤의 앞 가슴살에서 추출, 항염증
식물성 왁스	- 호호바 왁스, 칸데릴라 왁스, 카르나우바 왁스
동물성 왁스	- 밀납 : 벌집에서 추출, 피부 친화성 높음, 립스틱 원료 - 라놀린 : 양모에서 추출, 밀착성 높음, 립스틱과 모발 화장품의 원료

38 화장품의 합성 유성 원료

① 광물성 오일(탄화수소) : 석유에서 추출, 천연 오일과 혼합 사용 시 효과적
② 유동 파라핀 : 정제가 쉽고 안전성이 높아 경제적, 클렌징이나 마사지 제품 등에 사용
③ 바셀린 : 무취, 안정성 높음, 수분 증발 억제, 립스틱 등 메이크업 제품 등에 사용
④ 실리콘 오일 : 내수성과 발수성이 높음, 워터프루프 화장품이나 샴푸 등에 사용
⑤ 고급 지방산 : 천연 왁스의 에스테르에서 추출, 라우린산, 미리스틴산, 팔미트산, 스테아린산, 올레인산 등
⑥ 에스테르 : 무색의 휘발성 액체, 사용감이 우수, 이소프로필 미리스테이트, 미리스틴산 이소프로필, 이소프로필 팔미테이트
⑦ 고급 알코올 : 점도 조절, 유화 상태의 안정화 효과, 세틸알코올, 라우린산, 팔미틴산, 스테아릴알코올

39 화장품의 수성 원료

① 정제수 : 화장품의 주원료가 되는 성분, 기초 물, 세균과 금속 이온(칼슘, 마그네슘 등)을 제거한 물, 세정액과 희석액으로도 사용
② 증류수 : 수증기가 된 물 분자를 차갑게 만든 물
③ 에틸알코올(에탄올) : 휘발성, 무색, 투명, 알코올 함량 10% 내외로 함유, 친유성과 친수성이 동시에 존재하여 수렴 효과를 줌, 살균·소독 작용, 화장품용 에탄올은 변성제(메탄올)를 함유한 변성 알코올

40 계면 활성제

물에 녹기 쉬운 친수성기와 기름에 녹기 쉬운 친유성기를 함께 갖고 있는 물질, 유화제

음이온성 계면 활성제	- 세정 효과 및 기포 형성 작용 우수 - 비누, 샴푸, 클렌징 폼 등에 사용
양이온성 계면 활성제	- 살균 소독 작용, 정전기 방지, 유연 효과 - 린스, 모발 트리트먼트에 사용
양쪽성 계면 활성제	- 세정력, 살균력, 유연성 - 저자극 샴푸, 베이비 샴푸, 세정제에 주로 사용
비이온성 계면 활성제	- 독성이 가장 적음 - 클렌징 크림의 세정제, 산성의 크림, 화장수 등에 사용

41 보습제

① 피부 건조 방지, 수용성 물질, 다른 물질과의 혼용성이 좋음, 응고점이 낮음
② 폴리올 : 글리세린, 프로필렌글리콜, 소르비톨, 폴리에틸렌글리콜
③ 천연 보습 인자 : 각질 형성 세포층에 수분을 일정하게 유지하는 보습 성분, 각질층 수분 10~20% 함유, 아미노산, 젖산나트륨
④ 고분자 보습제 : 히알루론산, 콜라겐

42 안정제

① 화장품의 품질을 최대한 일정하게 유지
② 파라옥시향산에스테르(파라벤류), 이미디아졸리디닐, 페녹시에탄올, 이소치아졸리논

43 산화방지제

① 항산화제, 화장품 성분을 산화 방지하는 원료
② 합성 산화 방지제, 천연 산화 방지제(레시틴), 산화 방지 보조제(구연산)

44 자외선 차단제

자외선 산란제	- 물리적 산란 작용, 백탁 현상, 피부 자극이 적음 - 티타늄옥사이드, 징크옥사이드, 텔크
자외선 흡수제	- 화학적 흡수 작용, 피부 자극이 있음 - 벤조페논, 신나메이트, 살리실레이트

45 점증제

① 염료(색소) : 화장품에 색상을 부여
 - 천연색소 : 헤나, 카로틴 등
 - 레이크(유기 합성 색소) : 물과 오일 등에 녹지 않음, 네일 에나멜에 사용
② 안료 : 메이크업 제품에 주로 사용
 - 유기 안료 : 색상이 화려, 립스틱에 주로 사용

체질 안료	무기염료의 한 종류, 흰색 분말, 파우더, 파운데이션에 주로 사용
백색 안료	커버를 결정하는 안료, 산화아연, 이산화티탄
착색 안료	색상을 부여하여 색조를 조정, 산화철류, 산화크롬, 군청, 감청 등
펄 안료	광택 부여

 - 무기 안료 : 천연 광물에서 추출, 마스카라에 주로 사용

46 화장품의 기술

① 분산
 - 기체, 액체, 고체 등 하나의 상에 다른 상이 미세한 상태로 분산되어 있는 것
 - 물과 오일 성분을 계면 활성제에 의해 분산시킨 상태
 - 화장품의 경우 모든 제품이 분산계의 상태라 볼 수 있음
② 가용화
 - 물에 녹지 않는 소량의 오일 성분이 계면 활성제에 의해 투명한 상태로 용해시키는 것
 - 가시광선보다 미셀의 크기가 작아서 빛을 그대로 투과시켜 투명한 상태로 보임

- 스킨 토너, 에센스, 헤어토닉, 향수류 등이 가용화 현상을 이용한 화장품
③ 유화 : 유화 입자의 크기는 가시광선보다 커서 빛을 통과시키지 못하고 산란시키기 때문에 유화제품은 뿌옇게 보임

유중수형 (W/O형)	물보다 오일이 많음, 사용감이 무겁지만 지속력이 뛰어남	크림, 선크림, 마사지 크림, 클렌징 크림
수중유형 (O/W형)	물이 오일보다 많음, 사용감이 가벼움, 지속력 떨어짐	보습 로션, 로션 타입 선크림

47 화장품의 종류
① 기초 화장품
② 메이크업 화장품
③ 바디 화장품
④ 방향 화장품
⑤ 아로마 오일 및 캐리어 오일
⑥ 기능성 화장품

48 기초 화장품의 기능
① 피부 세정 효과(메이크업 잔여물 제거)
② 피부 정돈 효과(pH 균형 유지, 피부결 정돈)
③ 피부 영양 공급 효과(유·수분 공급)
④ 피부 보호 효과(외부 유해 환경으로부터)

49 기초 화장품의 종류
① 세안 화장품 : 피부에서 분비되는 물질과 잔여물을 제거시켜 신진대사 등 피부 상태를 유지하는 목적(세정, 각질 제거)

클렌징 워터	옅은 메이크업을 지울 때 사용	피부 세정
클렌징 젤	옅은 메이크업을 지울 때 산뜻한 사용감	
클렌징 로션	가벼운 메이크업에 적합, 클렌징 크림보다 세정력이 약함	
클렌징 크림	진한 메이크업에 적합, 높은 피부 세정력	
클렌징 오일	수용성 오일로 모든 피부 타입에 적합, 짙은 메이크업 세정력이 뛰어남	
클렌징 폼	수용성 노폐물을 세정, 피부 건조 방지와 피부 보호 기능이 있음	

비누	대부분 알칼리성 피부의 유·수분을 과도하게 제거, 피부 건조 유발	각질 제거
스크럽	물리적인 각질 제거	
고마쥐	물리적 각질 제거, 제품을 바르고 건조되면 피부결 방향으로 밀어줌	
효소	생물학적 방법, 단백질 분해 효소로 각질 제거	
AHA	건조한 피부의 각질 제거	
BHA	지성 및 여드름 피부에 적당, 살균 효과가 높음	

② 화장수 : 피부 정돈, pH 4.5~6.5 약산성 유지, 수분 공급

세정 화장수	노폐물 제거, 메이크업 잔여물 제거 시 일반 화장수보다 알코올 함량이 높음
유연 화장수	각질층에 수분 공급, 보습제, 유연제 함유
수렴 화장수	모공 수렴 작용 및 피지 분비 조절 작용, 피부결 정리

③ 유액(로션) : 유·수분 균형 조절(수분 로션, 클렌징 로션, 마사지 로션, 선 로션, 바디로션, 핸드로션 등)
④ 에센스 : 고농축 보습 성분, 유효 성분 다량 함유, 빠른 흡수와 가벼운 사용감, 피부 보호 및 영양 공급
⑤ 크림
 – 수용성 성분과 유용성 성분이 혼합된 유화 형태
 – 피부 보습, 유연 기능, 보호 기능
 – 유분감이 많고 사용감이 무거움
 – 낮은 피부 흡수율
 – 보습 크림, 마사지 크림, 클렌징 크림, 아이크림, 화이트닝 크림, 선크림, 데이 크림, 나이트 크림, 핸드크림, 바디크림, 영양크림
⑥ 팩
 – 팩제의 유효 성분이 흡수되면 peel off type, wash off type, tissue off type, sheet type, powder type 등으로 제거하는 제품
 – 보습, 청정, 혈액 순환 촉진, 각질 제거, 영양 공급 작용

50 메이크업 화장품의 기능
① 피부톤 정리
② 미적 효과 부여
③ 얼굴 수정 및 결점 보완
④ 자외선으로부터 피부 보호

51 메이크업 화장품의 종류

메이크업 베이스	색소 침착 방지, 밀착력을 높여 메이크업 지속성을 높임, 다양한 피부색의 컬러를 보완
파운데이션	결점 커버, 외부 오염 물질로부터 피부 보호, 얼굴의 윤곽 및 수정, 입체감 표현
컨실러	피부 결점 커버
파우더	메이크업 투명감 부여, 파운데이션 고정 효과, 메이크업의 지속력, 밀착력 높임
아이섀도	눈에 입체감 부여, 눈 모양 수정·보완
아이브로	눈썹 디자인을 통해 얼굴형 보완, 인상을 잘 표현
아이라이너	눈 모양 수정 및 보완 효과, 또렷한 눈매 표현
마스카라	눈을 깊이 있게 표현
립 제품	입술 모양을 수정·보완, 입술에 영양 공급, 보호 효과
치크	건강미나 혈색 부여, 얼굴 수정 효과

52 바디 화장품의 종류

① 바디 세정제 : 바디 샴푸, 버블 바스, 비누
② 바디 각질 제품 : 바디 스크럽, 바디 솔트
③ 태닝 제품 : 선 케어 제품
④ 슬리밍 제품 : 지방 분해 크림
⑤ 방취용 제품 : 데오도란트 로션, 스틱, 스프레이
⑥ 트리트먼트 제품 : 풋 크림, 핸드크림, 바디오일, 바디로션, 바디크림

53 방향 화장품(향수)

① 특성 : 향의 조화성, 향의 지속성, 향의 확산성, 향의 독창성
② 사용 : 처음 접하는 경우 오데 코롱 타입의 가벼운 유형이 적합, 목욕 후 사용하는 것이 좋고, 마스킹 효과가 있음
③ 제조 방법 : 향료와 배합 비율을 뜻하는 부향률에 따라 다양한 종류의 향수를 얻을 수 있음
④ 제조 과정 : 천연향료 + 합성 향료 → 알코올 첨가된 조합 향료 → 희석 및 용해 → 냉각 숙성 → 여과 및 침전물 제거 → 향수 완성

54 농도에 따른 향수 구분

구분	부향률 (농도)	지속 시간	특징 및 용도
퍼퓸	10~30%	6~7시간	고가, 향기가 풍부하고 완벽함
오데 퍼퓸	9~10%	5~6시간	향의 강도가 약해서 부담이 적고 경제적임
오데 토일렛	6~9%	3~5시간	고급스러우면서도 상쾌한 향
오데 코롱	3~5%	1~2시간	향수를 처음 접하는 사람에게 적당
샤워 코롱	1~3%	1시간	은은하고 상쾌한 전신 방향 제품

55 향의 발산 속도에 따른 단계 구분

탑 노트 (top note)	향수의 첫 느낌, 휘발성이 강한 향료
미들 노트 (middle note)	알코올이 날아간 다음 나타나는 향, 변화된 중간 향
베이스 노트 (base note)	마지막까지 은은하게 유지되는 향, 휘발성이 낮은 향료

56 아로마(에센셜) 오일

① 식물의 꽃, 줄기, 열매, 잎, 뿌리 등에서 추출한 오일을 정제한 100% 천연 오일
② 아로마(향기, aroma) + 테라피(치료, therapy) = 향기를 이용한 치료

57 아로마 오일 추출 방법

수증기 증류법	– 식물의 향기 부분을 물에 담가 가온하면 향기 물질이 수증기와 함께 기체로 증발, 증발된 기체를 냉각하여 물 위에 뜬 향기 물질을 분리하여 순수한 천연의 향을 얻음 – 대량으로 천연 향을 얻을 수 있는 장점 – 고온에서 일부 미세한 향기 성분이 파괴될 수 있음
압착법	– 식물의 과실, 특히 감귤류의 껍질 등을 직접 압착하여 천연 향을 얻음 – 일반적으로 레몬, 오렌지, 베르가모트, 라임과 같은 감귤류의 향기 성분을 얻는 데 이용

용매(소르벤트) 추출법	– 휘발성 혹은 비휘발성 용매를 사용하여 비교적 낮은 온도에서 천연 향을 얻는 데 이용 – 휘발성 용매 추출법 : 휘발성 용매에 식물의 꽃을 일정 기간 냉암소에서 침전시킨 후 향기 성분을 녹여 내는 방법, 향기를 얻는 일반적인 방법 – 비휘발성 용매 추출법 : 유리판에서 식물유를 얇게 바르고 식물의 꽃을 따 올려 두면 꽃잎은 호흡을 계속하면서 향기 성분을 발산, 유리판 위 식물유에 흡수되므로 미세한 꽃의 향기까지 포집할 수 있어 고급 향수 제조에 이용
냉침법	– 지방에 향을 흡수시켜 향료를 분리·추출
온침법	– 지방유를 가열하여 향료를 분리·추출, 산패가 빠름
여과법	– 증기와의 접촉 시간을 단축시켜 식물 성분의 파괴를 막아 오일을 추출
이산화탄소 추출법	– 낮은 온도에서 액체 이산화탄소를 접촉시켜 추출 – 질이 우수한 오일 추출 가능 – 비경제적(생산비가 많이 드는 단점)

58 아로마 오일 종류별 효능

허브 계열	스파이스, 그린 등 향이 복합적인 식물(로즈마리, 바질, 페퍼민트 등)
수목 계열	신선하고 중후하면서 부드러운 나무향(유칼립투스, 삼나무)
시트러스 계열	휘발성이 강해 확산력이 높음, 지속성이 짧음(오렌지, 라임, 레몬, 시나몬 등)
플로랄 계열	꽃이나 꽃잎에서 추출(캐모마일, 제라늄, 자스민, 로즈 등)
스파이시	자극적인 향(시나몬, 블랙페퍼 등)
사이프러스	셀룰라이트 분해, 여드름 피부에 효능, 임신 중 사용 금지
그레이프프루트	림프 기능 촉진, 셀룰라이트 분해, 광독성으로 자외선 노출 삼가
라벤더	항박테리아, 불면증, 스트레스 완화, 임신 초기 사용금지
제라늄	호르몬 기능 정상화, 장미향, 소염, 항균, 갱년기 장애에 효과, 생리전 증후군에도 효과가 있음, 임신 초기 사용 금지
캐모마일	사과향, 항알레르기, 피로 회복, 항균, 진정
로즈	수렴, 진정, 소염, 임신 시 사용 금지
샌달우드	통증 이완, 소염, 진정, 우울증 환자에게 사용 금지
일랑일랑	호르몬 조절, 항우울증, 머리카락 성장
페퍼민트	진통, 통증 완화, 피로 회복, 호흡기계·순환계에 효과, 간질, 발열, 심장병, 임산부 사용금지
파출리	입냄새 방지, 수렴 작용, 불면증 해소

59 아로마 오일 활용 방법

건식 흡입법	손수건, 티슈, 종이에 아로마 오일 1~2방울을 떨어뜨린 후 호흡을 통해 흡입
증기 흡입법	뜨거운 물에 향을 떨어뜨려 수증기를 통해 흡입
목욕법	따뜻한 욕조에 아로마 오일을 떨어뜨려 목욕
마사지법	캐리어 오일과 아로마 오일을 혼합해서 전신을 부드럽게 마사지
확산법	아로마 램프, 스프레이 등 다양한 기기를 이용하여 공기 중에서 흡입
족욕법	족욕물에 아로마 오일을 떨어뜨리는 방법
습포법	물에 오일을 떨어뜨려 수건, 시트에 담가 적신 후 피부에 붙임
얼굴 증기법	뜨거운 물에 아로마 오일을 떨어뜨려 얼굴에 증기를 확산

60 에센셜 오일 사용 시 주의사항

① 새로운 에센셜 오일을 사용하기 전 반드시 테스트
② 용량을 정확히 준수
③ 식용 금지
④ 피부에 직접 바르거나 마사지하지 않기
⑤ 유통 기한이 지난 오일은 무조건 버리기
⑥ 사용 후 반드시 마개를 닫아 보관
⑦ 갈색 또는 암청색 병에 넣어 냉암소에 보관
⑧ 1회 블렌딩 양은 최대 1~2주 사용분을 넘지 않기

61 캐리어(베이스) 오일

① 에센셜 오일을 희석해서 사용
② 식물의 씨를 압착시켜 추출
③ 종류

호호바 오일	피부 친화력과 침투력 탁월, 인체 피지와 비슷한 화학 구조
아몬드 오일	비타민, 미네랄, 단백질 성분 다량 함유
아보카도 오일	노화 피부에 효과적
올리브 오일	민감성 피부에 효과적
코코넛 오일	모든 피부 타입
달맞이꽃 오일	항염증, 호르몬 조절, 생리 전 증후군 등에 효과적

62 기능성 화장품

① 피부 기능을 개선하기 위한 미백, 주름개선, 자외선 차단 등 피부 보호 기능을 위한 화장품
② 미백 화장품

기능	- 티로신의 산화를 촉진하는 티로시나아제의 작용을 억제하는 물질(알부틴, 코직산, 상백피 추출물, 감초 추출물, 닥나무 추출물) - 멜라닌 세포 사멸(멜라닌 합성 억제) - 도파의 산화 억제 : 티로신이 멜라닌 색소로 생성되는 과정에서 진행되는 단계 중 도파 단계부터 산화를 억제(비타민 C 유도체, 코엔자임 Q-10) - 각화 현상을 촉진(AHA, BHA) - 자외선 차단 : 징크옥사이드, 티타늄 옥사이드
주요 성분	- 비타민 C(항산화, 항노화, 주름 및 미백 효과) - 알부틴(월귤나무 추출, 티로시나아제 효소의 활성 억제, 색소 침착 방지) - 삼백피(미백, 항산화 효과) - 코직산(누룩의 발효에서 추출, 티로시나아제 효소의 활성 억제) - 감초 추출물(감초 뿌리에서 추출, 해독, 상처 치유, 자극 완화, 티로시나아제 효소 활성 억제) - 하이드로퀴논(의약품으로 사용, 백반증과 같은 부작용 유발)

③ 주름 개선 화장품의 주요 성분

AHA	수용성 각질 제거, 피부 재생 효과
비타민 E (토코페롤)	지용성 비타민, 항산화, 항노화, 재생 작용
레티놀	상피 보호 비타민, 각질의 턴 오버 기능 정상화, 잔주름 개선과 재생 작용 탁월
프로폴리스	면역력 향상, 피부 진정 효과
알라토인	보습, 상처 치유, 재생 작용

④ 여드름 화장품의 주요 성분

살리실산 (BHA)	살균 작용, 피지 억제
유황	살균 작용, 각질 제거, 피지 조절 기능
피리독신	염증 피부에 효과적(여드름, 지루성 피부염)
비오틴	지루성 피부염에 효과

⑤ 자외선 차단제

자외선 산란제 (무기계 차단제)	- 자외선을 반사시킴, 피부 자극이 적음, 접촉성 피부염이 발생이 적어 안정적, 예민한 피부에 사용 가능, 백탁현상 발생, 차단 효과가 뛰어남 - 산화아연, 이산화티탄, 탈크 등
자외선 흡수제 (유기계 차단제)	- 자외선이 피부로 침투하는 것을 방지, 투명하고 사용감 좋음, 접촉성 피부염의 유발 가능성 높음, 백탁 현상 없음 - 벤조페논, 살리실산 유도체, 신나메이트 등

2 메이크업 고객 서비스

1 서비스에 대한 이해

생산과 동시에 소멸하는 특성, 주관적이고 표준화하기 어려움, 만질 수는 없으나 느낄 수 있는 특성, 요금을 책정할 때에는 비용도 포함하는 특성

2 서비스의 품질 결정 요소

① 신뢰성 : 서비스를 정확하게 수행하는 능력
② 반응성 : 서비스를 신속하게 제공하는 능력
③ 확신성 : 직원의 지식, 정중한 태도 등의 능력
④ 공감성 : 고객의 욕구에 대한 배려, 실현하는 능력
⑤ 유형성 : 물리적 시설과 환경 등의 제공

3 메이크업 숍에서의 환경 조성

① 주변 환경이 깨끗하고 안전해야 함
② 메이크업 시술을 받는 동안 앉아 있는 의자가 고객이 최대한 편안하도록 설계되어 있는 것이 좋으며 다리를 올려놓을 수 있는 보조 의자를 제공하기도 함
③ 차 대접 시 고객이 원하는 다양한 메뉴를 제공할 수 있도록 함
④ 메이크업 시술이 끝난 후 또는 대기 시간을 활용하여 릴렉스 할 수 있는 마사지 기기 등을 설치함
⑤ 고객이 숍에 머무는 시간에는 고객 한 사람 한 사람이 가장 행복한 시간이 될 수 있도록 손 마사지 등 다양한 방법을 구상하여 시도함

4 상황에 따른 고객 응대의 종류

전화 고객 응대하기	– 전화 예절 및 전화 응대술 익히기 – 전화 예약 시스템 익히기
숍에 들어오는 고객 응대하기	– 인사하는 방법 – 인사 예절을 갖추고 응대하는 방법 익히기
대기 고객 응대하기	– 안내, 차 대접하는 방법 – 안내와 차 대접하는 예절을 갖추고 응대하기
시술 고객 응대하기	– 의사소통 기술 – 시술 중 고객이 만족할 수 있도록 응대하기
불만 고객 응대하기	– 불만 사례법 응대 기법 – 불만 고객의 사례별 유형을 이해하고 응대하기 – 의사소통 기술 – 고객의 말을 경청할 수 있는 기술 익히기 – 올바른 대화 방법 익히기

5 대화를 할 때 기본자세

① 고객과 대화할 때 관리자의 태도와 말투가 중요한 역할을 함
② 사람들이 대화할 때 상대방이 하는 말보다 태도와 얼굴 모습 등 비언어적인 부분으로 이해를 하는 경우가 많으므로 대화할 때의 바른 태도와 말투를 알고 익히는 것이 중요함

6 고객 만족을 위한 대화 방법

① 고객의 마음 상태를 이해하고 대화할 때는 상대방의 이야기를 경청함
② 유쾌하게 대화를 이끌어 가야 함
③ 정확한 단어와 서로 공통적으로 이해할 수 있는 단어를 사용해야 함
④ 적절한 주제를 가지고 대화를 이끌어 나가야 함
⑤ 유쾌하고 경쾌한 음색을 사용함
⑥ 아름다움 전반에 관한 전문 지식과 응용 능력이 있어야 함
⑦ 대화를 주도하지 말아야 하며 논쟁은 절대 피해야 함
⑧ 사람에 대하여 말하는 것보다 생각에 대하여 대화하는 것이 좋음

7 메이크업 숍을 찾는 고객 심리 이해

① 돈을 지불한 만큼 대우를 받고 싶어 함
② 여왕이나 높은 지위에 있는 사람으로 대접받고 싶어 함
③ 자신만 누릴 수 있는 특별한 대우를 원함
④ 메이크업은 일생에 한 번 있는 결혼식이나 특별한 이벤트에 많이 하기 때문에 다른 사람보다 아름다워지길 원하며 평상시 자신의 모습보다 아름다워지길 원함
⑤ 고객 본인이 원하는 메이크업이 되길 원함
⑥ 시간 내에 이루어지길 원함

3 메이크업 카운슬링

1 고객의 정의

① 고객은 메이크업 서비스 행위를 직접적으로 받는 주체로 고객이 가장 중요시하는 것은 '경험'임
② 고객은 서비스를 경험한 후 이성적으로 어떻게 이해하느냐보다는 감성적으로 어떻게 그 경험을 기억하느냐에 따라 충성도를 결정
③ 따라서 고객에 대한 서비스를 제대로 수행하려면 고객이 무엇을 기대하고 요구하는지를 정확히 파악하고 분석하여 대응하는 것이 필요

2 고객의 특징

① 고객은 메이크업 행위와 관련된 것을 다양한 방법으로 요구하는 특징이 있음
② 기술적 측면의 기대 : 전문가적 감각을 갖추고 있고 시술이 정확하고 노련할 것이라는 기대와 시술시간이 적당하고 제공된 시술에 대해 요금은 적정한 것으로 기대
③ 서비스 측면의 기대 : 예의바르고 정중하며 상담 시 신뢰도가 높을 것이라는 기대와 시술 받는 공간이 위생적이고 분위기가 쾌적할 것이라는 기대

3 고객의 정보

① 이름 : 고유한 식별로 상담 시 친밀감과 예약을 하기 위해 필요한 정보
② 성별 : 성적 식별로 메이크업 디자인의 스타일을 결정하기 위한 정보
③ 연령 : 고객의 취향이나 스타일을 판단하는 데 필요한 정보

④ 연락처 : 예약 및 추후 서비스 및 관리를 위해 필요한 정보
⑤ 주소 : 거주지를 파악하여 이동거리 및 소요시간, 필요한 경우 우편물 발송 등을 위한 정보
⑥ 직업 : 메이크업의 목적 및 방향을 선정하고 그에 따른 적절한 콘셉트를 결정하는 데 필요한 정보
⑦ 성향 : 선호하는 메이크업 디자인의 방향을 파악하기 위해 필요한 정보
⑧ 스타일 : 메이크업 콘셉트를 결정하기 위해 필요한 정보

4 고객 상담

① 고객과의 원활한 상담은 메이크업의 디자인을 결정하고 전달하는 데 중요한 역할을 함
② 고객 상담을 위한 '말하기'와 '듣기'의 체계적인 교육과 끊임없는 연습과 훈련을 통해 습득할 수 있음
③ 말하는 법과 듣는 법

말하는 법	- 상대방을 배려하여 친절하고 부드럽게 정중히 말하기 - 정확하고 명료한 발음으로 고객의 수준을 고려하여 적절한 용어를 사용하고 상황이나 분위기를 고려한 대화로 구체적이고 간결하게 표현
듣는 법	- 고객이 하는 말을 이해하기 위해 노력하는 행동으로 시선을 마주치며 경청해야 함 - 몸을 정면을 향해 앞으로 내밀 듯 앉고 기록하며 적극적인 태도를 보이는 것이 좋음

5 메이크업 TPO

① 고객과 상담을 통해 메이크업 디자인의 방향을 결정할 때 반드시 TPO를 고려해야 함
② T(time)는 어느 시간에 필요한 것인지, P(place)는 어떤 장소에, O(occasion)는 어떤 목적으로 하는 메이크업인지를 파악하는 것
③ 시간(time) : 일반적으로 시간은 낮 시간대와 저녁 시간대를 기준으로 데이 메이크업과 나이트 메이크업으로 구분

데이 메이크업 (day make-up)	- 하루의 생활과 활동을 위한 메이크업 - 햇볕에 노출이 많고 많은 사람들과 접하게 됨
나이트 메이크업 (night make-up)	- 해가 진 밤 활동을 위한 메이크업 - 밝고 화려한 조명 아래에서 사람들과 접하게 됨

④ 장소(place) : 메이크업을 하고 가야 할 지점이 어디인지를 기준으로 크게 실내 메이크업과 실외 메이크업으로 구분

실내 메이크업 (indoor make-up)	- 천장이 있고 사방이 막혀 있는 장소에 갈 경우에 적합한 메이크업 - 고객의 상황과 목적에 따라 조명이 밝고 넓은 장소, 조명이 어둡고 협소한 장소, 화려한 장소, 웅장한 장소 등 크기, 환경, 조명 등의 조건이 다양
실외 메이크업 (outdoor make-up)	- 천장이 없고 사방이 트인 장소에 갈 경우에 적합한 메이크업 - 기후와 온도에 따라 변화가 큼

⑤ 목적(occasion) : 메이크업을 하는 목적이 무엇인지를 기준으로 분류하고 이 목적에 따라 시간과 장소 등을 파악하여 적합한 메이크업의 콘셉트를 파악할 수 있음

6 고객 요구 파악하기

① 고객의 특징을 이해하고 고객의 개념을 정확히 숙지
② 상담 일지 준비
③ 상담자의 소개
④ 상담 시작
⑤ 고객의 직업, 연령, 환경 등의 정보 파악
⑥ 메이크업 TPO를 파악하여 기록

7 고객의 스타일 및 콘셉트 파악

스타일	콘셉트
고전적인, 전통적인, 모범적인	클래식(Classic)
현대적인, 도시적인, 지적인	모던(Modern)
남성적인, 중후한	매니시(Mannish)
여성적인, 부드러운, 온화한	페미닌(Feminine)
사랑스러운, 귀여운	로맨틱(Romantic)
우아한, 품위 있는, 세련된	엘레강스(Elegance)
건강한, 활동적인, 경쾌한	액티브(Active)
토속적인, 소박한	에스닉(Ethnic)
편안한, 자연스러운	내추럴(Natural)

8 고객 성향과 메이크업 디자인

고객의 성향을 이해하고 적절한 방법으로 메이크업 디자인에 대한 정보를 전달할 때 고객의 이해와 만족을 높일 뿐 아니라 불안과 불평에 대한 대처도 할 수 있음

9 고객 컴플레인 응대법

① 컴플레인(complain) : 고객이 서비스를 받거나 상품을 구매하는 과정에서 불만을 제기하는 것
② 컴플레인에 대해 신속히 처리하고 관리하는 것은 서비스를 하는 데 있어 고객과의 관계 형성뿐 아니라 기업의 매출에 직접적인 영향을 미치는 요소로 작용
③ 컴플레인 발생 요인
　- 불쾌한 언행
　- 불확실한 정보나 잘못된 정보의 전달
　- 약속 불이행
　- 불친절한 태도
　- 서비스 본질에 대한 불만족
④ 불만 고객의 응대
　- 적극적으로 경청하라
　- 상황을 파악하라
　- 감사를 표시하라

4 퍼스널 이미지 제안

1 메이크업과 색채

① 색이 인생을 바꾸는 대표적인 경우는 메이크업을 통한 여성들의 아름다움을 표현하는 것
② 메이크업은 얼굴에 여러 색상을 자연스럽고 아름답게 표현해야 하며 또한 색상 표현에 경계선이 보이지 않도록 하며 모델의 모든 여건을 고려하여 알맞은 색을 선택하여야 함

2 색의 분류

무채색	색상과 순도가 없고 밝고 어두운 명암만 있는 색(검정, 하양, 회색)
유채색	색상 및 순도를 갖고 있는 모든 색(빨강, 노랑, 파랑 등)

3 색의 3속성과 톤

색상(Hue)	- 물체의 표면에서 선택적으로 반사되는 색의 기미로 색의 고유한 성질 - 색을 구별할 때는 대부분 색상에 의해서 구분
명도(Value)	- 색상에 관계없이 밝고 어두움의 정도 - 물체의 표면이 빛을 반사하는 양이 많을수록 밝은 색을 띠고 반사하는 양이 적을수록 어두운 색을 띰
채도(Chroma)	- 색의 맑고 탁함의 정도를 말하는 것 (색의 순도) - 유채색에서만 존재 - 원색 또는 순색일수록 채도가 높음 - 채도가 높은 색은 맑고 깨끗하고 선명하지만 채도가 낮은 색은 색이 흐리고 탁함
톤(Tone)	- 명도와 채도의 복합적 개념을 감성적으로 분류한 것 - 같은 색상이라도 톤에 따라 다양한 이미지를 나타냄

4 색채 조화(Color harmonies)

두개 또는 그 이상의 색을 사용하여 질서를 부여하는 것으로 주변 환경과 조화를 이루는 색채 계획을 위한 수단

5 배색기법

동일 배색	- 한 가지 색의 조화로 다양한 명도와 채도로 변화를 줌
유사 배색	- 색상환에서 30~60° 사이에 인접한 유사 컬러 코디네이션
보색 배색	- 색상환에서 180°로 마주보고 있는 두색의 조화로 두드러짐의 배색 개념
하모니	- 어느 누구나 가장 쉽게 사용할 수 있는 방법으로 동색계열의 컬러를 서로 매치시키는 방법으로 정리개념의 배색 - 비슷한 색상끼리 서로 매치시키므로 큰 변화를 주기 어려움

6 퍼스널 컬러

신체 고유의 색상과 조화를 이루는 색으로 이미지를 연출함으로써 얼굴의 단점을 커버하고 장점을 부각시킬 수 있음

7 퍼스널 컬러의 유형

따뜻한 유형 (warm tone)	– 밝은 색과 중간색을 활용하여 은은하고 부드럽게 표현하며 아이라인과 아이브로우는 강하지 않게 표현함 – 베이지, 아이보리, 산호, 핑크베이지, 피치, 오렌지, 오렌지 브라운, 코랄, 옐로, 옐로 그린, 블루 그린 등
차가운 유형 (cool tone)	– 우아하고 깨끗한 느낌으로 표현하며 아이라인과 아이브로우는 간결하게 포인트를 주는 원 포인트(one point)로 표현 – 크림 베이지, 라이트 핑크, 인디언 핑크, 로즈 핑크, 아쿠아 블루, 라벤더, 블루 그린, 퍼플, 블루, 그레이 등

8 퍼스널 컬러 유형에 따른 신체 색상의 특징

피부색	– 피부색은 멜라닌의 갈색, 헤모글로빈의 붉은색, 카로틴의 황색이 나타나는 것임 – 멜라닌 색소가 많은 피부는 검게 보이며 카로틴이 비교적 많은 경우는 혈색이 없어 노랗게 보이고 헤모글로빈이 많이 비쳐 보이는 피부는 붉은색으로 보임
모발색	– 모발색 또한 피부색과 같이 멜라닌 색소에 의해 검은색, 갈색, 금색 등으로 분류됨 – 모발색에 따라 얼굴의 밝기나 혈색, 피부의 투명감 등이 달라 보이며 인상에 영향을 미침 – 퍼스널 컬러 시스템에서 모발색은 노란빛의 갈색이나 붉은빛의 갈색을 띠는 따뜻한 톤과 푸른빛의 검정이나 회색빛의 검정은 차가운 톤으로 분류 – 봄 타입은 밝은 브라운, 가을 타입은 다크 브라운, 여름 타입은 로즈 브라운과 라이트 브라운, 겨울 타입은 블랙이나 다크 브라운의 모발색을 띰
눈동자색	– 멜라닌 색소를 함유하고 있는 홍채 부분이 눈동자색을 나타내며 홍채의 색상은 멜라닌 색소의 양으로 결정됨 – 한국인은 밝은 갈색부터 어두운 갈색까지 다양한 색상을 보이며 대부분 중간에서 어두운 갈색의 눈동자를 가지고 있음 – 봄 타입은 라이트 브라운과 브라운, 가을 타입은 다크 브라운, 여름 타입은 소프트 브라운, 겨울 타입은 다크 브라운, 블랙 브라운을 띰

5 메이크업 기초화장품 사용

1 메이크업 도구

피부 표현	– 라텍스 스펀지(latex sponge) – 파운데이션 브러쉬(foundation brush) – 면 퍼프(cotton puff) – 파우더 브러쉬(powder brush) – 윤곽 수정용 섀딩 브러쉬(shading brush) – 노즈 섀도 브러쉬(nose shadow brush) – 하이라이트 브러쉬(highlight brush) – 팬 브러쉬(fan brush) – 스파츌라(spatular)
눈 화장	– 아이섀도 브러쉬(eye shadow brush) – 팁 브러쉬(sponge tip brush) – 아이라이너 브러쉬(eyeliner brush) – 면봉(cotton swab) – 콤 브러쉬(comb brush) – 아이래시 컬러(eyelash curler)
눈썹 손질	– 수정 가위(sissors) – 쪽집게(tweezers) – 스크루 브러쉬(screw brush) – 눈썹용 브러쉬(eyebrow brush)
입술 화장용	– 립 브러쉬(lip brush)
볼 화장용	– 블러셔 브러쉬(blusher brush)

6 베이스 메이크업

1 피부 표현용 메이크업 제품과 기능

① 메이크업 베이스 : 피부 보호, 지속력, 피부 톤 보완
② 파운데이션 : 리퀴드 파운데이션, 크림 파운데이션, 스킨 커버, 스틱 파운데이션
③ 루즈 파우더, 프레스드 파우더 : 유분기 제거, 지속성

2 메이크업 베이스 색상과 특징

그린, 연두색	모든 피부에 사용, 특히 동양인 피부에 적합
연보라색	웨딩 메이크업, 나이트 메이크업에 사용, 노랗고 어두운 피부에 적합
흰색	어두운 피부 톤을 밝게 표현, 흑백사진 촬영 시 사용
핑크색	생기 없는 피부를 화사하게 할 때, 혈색이 필요한 부분에 부분적으로 사용
오렌지색	데일리 메이크업으로 적합
청색	붉은기 있는 피부 커버

3 파운데이션

① 컬러별 : 베이스 컬러, 하이라이트 컬러, 섀딩 컬러(로우 라이트 컬러)
② 피부 타입별
  - 건성 피부 : 유분이 함유된 oil based 파운데이션 선택(스킨 커버, 크림 파운데이션)
  - 중성 피부 : water based 파운데이션 선택
  - 지성 피부 : oil free 파운데이션 선택(리퀴드 타입 파운데이션)
③ 계절별
  - 봄, 여름 : 리퀴드 파운데이션
  - 가을, 겨울 : 크림 파운데이션
  - 여름 : 팬케이크(방수 효과 탁월)

7 색조 메이크업

1 아이 메이크업 제품과 기능

아이브로	- 펜슬, 케이크, 마스카라, 리퀴드, 젤 타입 - 얼굴형과 눈매 보완, 인상을 결정, 모발이나 눈동자 색상과 맞춤
아이섀도	- 케이크, 크림, 펜슬 타입 - 음영 효과, 입체감, 단점 커버
아이라이너	- 펜슬, 리퀴드, 케이크, 젤, 타입 - 눈매를 또렷하게, 단점 보완
마스카라	- 볼륨, 롱 래쉬, 컬링 업, 워터 프루프 타입 - 속눈썹을 길게, 풍성하게, 깊은 눈매 연출
인조 속눈썹	- 스트립 타입, 인디비주얼 타입

2 입술 화장용 메이크업 제품과 기능

립스틱	색감 표현 우수, 입술 모양 수정 및 보완
립 라이너 펜슬	입술 윤곽 수정
립글로스	윤기 부여, 영양 공급
립 틴트	아름다운 입술 색상 유지
립크림	입술 보호 목적
립 라커	립스틱과 립글로스의 광택을 더함

3 색조 화장방법

① 메이크업 베이스 : 0.5g 정도를 양볼, 턱, 코, 이마 다섯 군데에 찍어 펴 바르고, T존은 양을 적게 하여 눈 밑 또는 잔주름이 생기기 쉬운 부위는 세심하게 발라 줌
② 파운데이션
  - 슬라이딩 기법(sliding) : 문질러 바르기
  - 블렌딩 기법(blending) : 섞어 바르기
  - 패팅 기법(patting) : 두드려 주기
  - 선긋기 기법(lining) : 섀딩이나 하이라이트 적용 시 부분에 선 긋기
③ 파우더
  - 퍼프 : 묻히기, 털어 주기, 비비기, 바르기
  - 브러쉬 : 파우더 브러쉬와 팬 브러쉬를 함께 사용하여 바르고 털어내기를 반복
④ 아이섀도
  - 강조하고 싶은 부분은 두껍게 바르지 않고 여러 번 덧바름
  - 넓은 부위는 넓은 브러쉬 사용, 눈 앞머리와 눈꼬리 부분은 좁은 브러쉬를 사용
  - 밝은 색에서 어두운 색으로 사용
⑤ 아이라이너
  - 감추기 : 펜슬이나 젤 타입을 이용하여 속눈썹 사이를 메우듯이 그림
  - 드러내기 : 속눈썹 위 라인을 선명하게 그림
  - 거울을 얼굴보다 조금 밑으로 하여 눈을 내려뜬 상태에서 그림
  - 눈 중앙에서 꼬리-눈 앞머리에서 중앙으로 연결
  - 언더라인은 눈꼬리에서 1/3지점까지 그림
⑥ 마스카라
  - 시선을 아래로 하여 위에서 아래 방향으로 바름
  - 아래 속눈썹은 시선을 위로 하고 브러쉬를 세워 바름

- 마스카라가 굳기 전에 전용 브러쉬나 빗으로 빗음
⑦ 인조 속눈썹
  - 아이 메이크업 후 속눈썹을 컬링
  - 인조 속눈썹에 접착제를 바른 뒤 5초 후 속눈썹 중앙 부분을 족집게로 잡고 붙임
  - 마스카라로 마무리 한 뒤 확인
⑧ 아이브로우
  - 펜슬 사용 : 숱이 적은 경우 사용, 대중적임
  - 케이크 타입 사용 : 자연스러운 눈썹 표현, 눈썹의 숱이 많은 경우 사용
⑨ 치크 메이크업
  - 얼굴에 혈색을 주어 화사한 이미지 연출
  - 정면으로 보았을 때 눈동자 바깥부분과 콧방울 위쪽 이내로 발라 줌
  - 중심 부분을 가장 진하게, 주위는 자연스럽게 표현

한 모발의 색상과 헤어스타일의 연출로 인한 장식

2 속눈썹 디자인

① 속눈썹 디자인의 방법

메이크업 기법	아이래시 컬러(뷰러), 마스카라, 인조속눈썹 연출 등
미용기술	속눈썹 연장, 속눈썹 증모, 속눈썹 펌 (permanent wave) 등

② 속눈썹 디자인의 특징
  - 눈매를 크고 또렷하거나 아름답게 표현하고 눈썹이 풍성해 보이는 효과
  - 숱이 없거나 얇고 처진 속눈썹을 선명하고 컬이 있어 보이게 하는 효과

③ 속눈썹 디자인의 종류

아이래시 컬러 (eyelash curler)	- 속눈썹을 말아올리는 데 사용하는 미용 도구 - 속눈썹 뿌리를 고무나 실리콘으로 된 패드로 눌러서 위로 고정시키는 원리로 대부분 가위 형태의 손잡이로 되어 있으며, 마스카라를 바르기 전에 주로 사용 - 흔히 뷰러라는 영어 단어가 있는 것으로 착각하기 쉽지만, 실제로는 1930년 일본 케이호도 제약회사에서 실용신안으로 등록한 비우라(Beaula)라는 상표에서 유래된 말
마스카라 (mascara)	- 속눈썹을 길고 풍성하게 표현하여 눈을 커 보이게 하는 효과를 주는 메이크업 제품 - 브러시의 형태로, 성분에 따라 속눈썹 숱을 풍성해 보이게 하거나 길어 보이게 하거나 높이 올라가게 함 - 숱을 풍성하게 하는 것은 볼륨, 길어 보이게 하는 것은 롱이나 렝스닝, 높이 올라가게 하는 건 컬링으로, 대부분 제품명이나 라인명을 살펴보면 어떤 형태와 기능의 제품인지 알 수 있음
인조 속눈썹 (false eyelashes)	- 디자인이 되어 있는 인조 속눈썹에 접착글루를 이용하여 속눈썹에 붙여 속눈썹이 길어 보이게 하는 기법 - 다양한 속눈썹의 길이와 굵기, 색상 등을 선택할 수 있고 제거가 간단하여 사용하기 비교적 간편함

8 속눈썹 연출

1 속눈썹 연출

① 속눈썹 : 단백질이 결합된 길고 굵은 털인 경모 (terminal hair)
② 위쪽 눈꺼풀에 약 100~150개, 아래쪽 눈꺼풀에 약 70~80개가 군생하며 아래위의 눈꺼풀을 닫아서 안구를 보호
③ 속눈썹의 굵기와 길이는 성별, 인종, 나이, 환경 등에 따라 차이가 있으며, 일반적으로 서양 여성이 동양 여성에 비해 속눈썹이 더 굵고 짙
④ 속눈썹의 기능
  - 먼지나 이물질이 눈에 들어가기 전에 민감한 눈을 보호하는 역할로 땀과 외부 이물질을 방어하고 차단
  - 외부의 물리적 충격으로부터 완충작용을 하고 추위나 뜨거운 일광자외선 등의 자연환경으로부터 보호
  - 먼지나 수은, 아연 등의 중금속을 체외로 배출시킴
  - 각각의 개성과 인체를 아름답게 나타내기 위

속눈썹 연장	- 기존 속눈썹 또는 모근에 한올씩 나눠진 속눈썹을 연장해 붙이는 기법 - 속눈썹을 한올 한올 붙여서 숱이 많아 보이거나 컬의 각도나 길이 등을 선택 가능 - 길어 보이게 하는 연장과 풍성하게 보이는 증모로 분류되며, 일회용 속눈썹보다 훨씬 자연스러워 보임 - 컬의 종류 : C컬, J컬, JC컬 - C컬이 가장 화려해 보이고, J컬은 자연스럽게 보이며, JC컬은 그 중간 형태 - 눈이 또렷해 보이는 효과가 있어 화장할 때 아이라이너나 마스카라를 안 해도 되는 장점이 있고, 관리 방법에 따라 2~6주 정도 지속 가능
속눈썹 펌 (permanent wave)	- 속눈썹 전용 펌제를 사용하여 속눈썹의 컬을 만들고 고정시키는 기술 - 컬의 지속기간은 3~4주 정도 지속되고 유지기간은 속눈썹의 길이와 두께, 자라는 속도에 따라 차이가 있을 수 있음

3 인조 속눈썹 디자인

① 인조 속눈썹 : 가공된 속눈썹으로 현대인에게 대중화됨
② 인조 속눈썹을 붙이는 것은 메이크업 디자인의 목적에 맞게 추가로 하는 아이 메이크업 기술 중 하나

4 인조 속눈썹의 효과

① 길이나 굵기, 모양, 형태 등에 따라 속눈썹이 더 길고 풍성해짐
② 눈매가 더 또렷하고 커 보임
③ 아이 메이크업 이미지 연출에 큰 영향

5 인조 속눈썹 선택 방법

① 눈이 작은 사람 : 바깥쪽이 짧고 중간 길이가 긴 것
② 자연스러운 눈매 : 눈꼬리쪽에서 1/3이나 1/2 정도만 붙이고 자연스러운 컬과 적당한 숱이 있는 속눈썹을 선택

6 인조 속눈썹 부착을 위한 도구

① 아이래시 컬
② 핀셋
③ 속눈썹 접착제
④ 눈썹 가위
⑤ 면봉이나 스틱
⑥ 아이라이너와 마스카라

7 인조 속눈썹 붙이는 순서

① 위쪽 속눈썹을 컬링한 후 마스카라를 바름
② 족집게로 인조 속눈썹을 집고 글루에 바른 후 눈 바깥쪽에서 안쪽으로 붙임
③ 다시 족집게를 사용하여 낱개의 속눈썹에 글루를 바르고 적당한 간격으로 아래쪽 언더라인 속눈썹에 붙여줌
④ 자연스럽게 건조된 후 속눈썹과 인조 속눈썹이 결합되도록 뷰러를 이용해 컬링
⑤ 마스카라를 이용해 자연스럽게 조화를 이룸

8 인조 속눈썹의 제거와 관리

① 인조 속눈썹을 제거할 때에는 절대 무리하게 뜯지 말아야 함
② 떼어낸 인조 속눈썹은 묻어 있는 접착제와 마스카라를 깨끗이 제거한 후 보관
③ 스트립 래시와 인디비주얼 래시의 경우 일회용 글루를 사용하지만 연장용 래시에 경우에는 일회용이 아닌 전문 글루를 사용
④ 속눈썹 유지 기간은 관리 상태에 따라 짧게는 1주일, 길게는 1개월 이상

9 속눈썹 연장

1 속눈썹 연장 재료와 도구

속눈썹 가모 (연장 모)	– 속눈썹 연장 시술에 사용되는 주재료 – 가모를 생산하는 원사에 따라 구분할 수 있고 가모의 굵기와 컬의 모양 등의 기준에 따라서도 구분할 수 있음
글루	– 사람의 가장 민감한 부위인 눈에 시술하는 제품으로 검증되지 않은 불법 제품일 경우에는 심각한 부작용을 초래할 수 있으므로 반드시 KC 인증 제품을 사용해야 함 – 글루 보관방법 : 침전 현상을 방지하기 위해서 좌우로 흔들어 사용하고 사용 후 뚜껑을 닫아 서늘한 곳에서 세워서 보관
핀셋	– 일반적으로 두 개를 한 쌍으로 사용 – 모양에 따른 구분 : 일자 형태, 45° 곡자, 완전 곡자, 끝만 곡자 – 시술 전 반드시 소독 – 핀셋 끝이 안구를 향하지 않도록 함
전처리제	– 가모를 부착하기 전에 속눈썹의 유분기와 먼지 등을 제거 – 시술 후 지속력과 밀착력을 높여 주어 완성된 속눈썹 연장을 더 오래 유지해 주는 역할 – 무향, 무취로 자극이 없으므로 향이 강한 제품은 피하도록 함
송풍기	– 속눈썹 시술 후 눈썹 모의 접착 상태를 빠르게 건조하는 역할을 함 – 속눈썹 드라이기 종류에는 수동 펌프형과 전동 자동 송풍기가 있음
아이패치	– 아이패치는 위아래 속눈썹이 붙지 않도록 아래 속눈썹을 고정하는 역할 – 핀셋, 글루, 리무버 등으로부터 고객의 피부를 보호 – 속눈썹을 잘 보이게 하여 시술을 수월하게 해주는 역할
스킨 테이프	– 3M 테이프, 코팅 테이프 등을 주로 사용하는데 피부에 직접 닿기 때문에 접착력이 강하지 않고 자극이 적은 제품을 사용하는 것이 좋음 – 눈 밑 라인에 맞추어 주되 눈 점막에 닿지 않도록 주의

2 속눈썹 연장 디자인

① 눈 형태에 따른 디자인
  – 속눈썹 연장 디자인은 가모의 컬과 길이를 선택하여 눈매의 이미지를 보완하고 아름다운 눈매를 만드는 것
  – 눈 형태에 따른 속눈썹의 길이, 굵기, 컬 등을 선택하는 것이 중요함
② 가모에 따른 디자인 : 가모의 길이와 굵기는 사람마다 차이가 있으며 속눈썹 상태에 따라 가모의 굵기를 선택하여 사용해야 함

가모의 길이	– 8~15mm까지 다양하며 일반적으로 10~12mm를 가장 선호함
가모의 굵기	– 0.10~0.20mm의 굵기를 가장 많이 사용
가모의 컬	– 눈의 형태에 따라 컬을 선택하여 눈매의 단점을 보완할 수 있음 – J컬, JC컬, C컬, CC컬, L컬 등 컬의 각도에 따라 선택하여 눈매를 연출

3 속눈썹 리터치

일정 기간의 시간이 지남에 따라 글루이 접착 면이 약해진 연장 모를 제거한 후 가모가 탈락한 부분에 새로운 가모를 재부착하여 자연 모의 손상을 줄이고 다시 아름답게 재시술하는 것

4 속눈썹 연장 제거

속눈썹 연장에서 사용하는 글루는 순간접착제라고 알려진 시아노아크릴레이트 성분이 함유되어 있는데 이런 접착제를 제거하기가 어려우므로 적절한 도구와 전용 리무버를 사용하여 전문가에게 제거 시술을 받아야 자연모의 손상을 최소하고 2차 부작용을 피할 수 있음

5 속눈썹 제거의 요인

① 시간이 지나 가모가 거의 탈락하고 몇 가닥만 남아 지저분할 경우
② 속눈썹 시술 후 완성도나 모습이 마음에 들지 않는 경우
③ 시술 후 불편함을 느끼거나 이상 증상이 나타나는 경우

10 본식웨딩 메이크업

1 웨딩 메이크업의 구분

야외 촬영	웜 컬러 색상인 옐로, 오렌지, 레드, 그린, 브라운 톤 사용, 일광 조명시 메이크업이 잘 보이지 않아 진하게 표현
본식 촬영	인공조명에서는 핑크, 자주, 보라 등 쿨 톤을 사용하여 과장되지 않고 자연스럽고 깨끗하게 메이크업

2 이미지별 신부화장

이미지	목적	색채	색조
엘레강스	우아하고 품위있는 스타일, 성숙한 여성의 이미지	골드 브라운, 베이지 브라운, 피치	그레이시(grayish) 다크(dark) 톤, 웜 톤의 리퀴드 파운데이션 사용, 피치 톤으로 혈색을 줌
로맨틱	사랑스럽고 낭만적이며 부드러운 느낌, 봄과 어울림	핑크, 피치, 코랄, 브라운 계열	페일(pale) 라이트(light) 그레이시(graysh) 톤, 펄이 있는 파우더 사용, 핑크 톤 파운데이션 사용, 채도가 낮은 누드 핑크 계열의 립스틱으로 글로시하게 표현
클래식	우아하고 단아하며 기품을 유지하는 고전적인 분위기로 연출	브라운, 베이지, 골드, 네이비, 와인	다크(dark), 딥(deep) 덜(dull) 톤, 펄이 적거나 없는 베이스로 투명하게 피부 표현, 채도가 낮은 컬러들로 차분하게 표현, 얼굴 윤곽을 살리고 로즈 핑크로 광대뼈를 감싸듯이 표현
내츄럴	피부 톤이 밝고 깨끗하여 순수한 느낌	오렌지, 핑크, 베이지	페일(pale) 라이트(light) 톤, 립 틴트로 입술 중앙 부위에 혈색을 주고 실키한 질감을 표현, 연한 핑크 컬러로 그라데이션하여 볼터치
트렌디	현재 신부들의 개성과 여성스러움을 표현	베이지, 골드 피치, 누드 피치	딥(deep), 덜(dull) 톤, 눈매를 강조하는 세미 스모키 메이크업 표현, 누디한 컬러의 립 메이크업

3 신랑 메이크업

① 이미지 : 자연스럽고 부드러운 이미지, 신랑의 피부 색상과 유사하게 그라데이션
② 색채 : 베이지, 살구색, 브라운
③ 색조 : 딥(deep), 덜(dull), 라이트(light) 톤 등 숱이 많거나 눈꼬리가 처진 눈썹은 가로로 정리, 광대뼈를 중심으로 브라운 계열을 사선으로 남성다운 표현, 베이지 계열로 T존에 하이라이트를 줌

4 혼주 메이크업

① 이미지 : 한복의 곡선과 색상에 조화되는 우아한 느낌
② 색채 : 바이올렛, 코랄 핑크, 오렌지
③ 색조 : 스트롱(strong) 라이트(light) 덜(dul) 톤, 주름 커버를 위해 리퀴드 파운데이션으로 얇게 도포, 립 라이너로 입술 윤곽 정리, 눈이 처진 경우 아이라이너로 눈매 교정

11 응용 메이크업/트렌드 메이크업

1 패션쇼 메이크업

① 패션쇼 무대 뒤는 세계적인 탑 메이크업 아티스트의 크리에이션 장소임
② 예리한 예술적인 감각으로 패션의 변화와 함께 미래의 유행 메이크업 변화를 예측할 수 있음
③ 패션쇼를 보면 메이크업의 유행을 예견할 수 있기에 미래의 메이크업 아티스트들에게는 필수적임

2 에스닉 메이크업

① 에스닉(ethnic) 패션은 세계 여러 나라 민속 의상과 민족 고유의 염색, 직물, 자수, 액세서리 등에서 영감을 얻어 디자인한 패션으로 오리엔탈리즘(Orientalism), 이그조틱(Exotic), 트로피컬(Tropical), 포클로어(Folklore) 분위기의 패션이 포함
② 에스닉 메이크업은 종교적 의미가 가미된 토속적이며 소박한 느낌을 주는 패션으로 종교 의상, 잉카의 기하학적인 문양, 인도의 사리 등에서 영감을 받음

③ 특히 아프리카, 중근동, 중남미, 중앙 아시아, 몽고 등의 스타일을 가르킴
④ 인도네시아의 바틱(Batik), 이카트(Ikat)와 티베트, 부탄의 전통 무늬인 에스닉 자카드, 케냐 스트라이프 등이 샤롱스커트나 자연의 색과 천연 소재를 사용하며 판타롱 팬츠나 차이니스 칼라 등이 사용됨
⑤ 메이크업 역시 민속풍의 스타일과 컬러에 맞게 붉은 계열이나 자연스러운 갈색 등으로 표현

3 글로시 메이크업
① 글로시(glossy)란 광택이 있는, 윤이 나는, 번들거림의 뜻으로 로맨틱하고 신비감을 주는 메이크업으로 펄(pearl)감이 많은 눈매와 입술을 강조함
② 질감에 있어 매트(mat)한 분위기와 대조적인 느낌으로 반짝이면서 윤기와 부드러움이 동시에 공존하게 되는 메이크업
③ 명확하고 정제된 이미지가 아닌 꿈결 같고 부드러운 여성의 느낌으로 비단처럼 광택이 느껴지는 샤인&실키(shiny&silky) 메이크업

4 돌리 메이크업
① 돌리(dolly) 메이크업은 1959년에 만들어진 바비 인형(Barbie doll)의 선풍적인 인기에 힘입어 인형 같은 메이크업으로 영화나 뮤지컬에 사용되는 무대 캐릭터의 성격을 잘 살릴 수 있는 메이크업을 의미
② 로맨틱하면서 달콤하고 사랑스러운 꿈 많은 소녀의 이미지를 형상하는 파스텔 톤의 부드러운 메이크업으로 연출됨

5 메탈릭 메이크업
① 메탈릭(metallic) 메이크업은 금속적인 성분의 요소가 강한 메이크업
② 시각적으로는 골드(gold), 실버(silver), 쿠퍼(copper)의 화려하면서도 활기찬 역동적인 느낌으로 미래 지향적인 이미지
③ 사이버틱 한 메이크업과 유사하면서 피부 톤에 맞추어 다양한 이미지를 연출
④ 골드와 쿠퍼의 금속이 가진 따뜻한 느낌의 건강함과 과거를 회고할 수 있는 인간적인 색과 더불어 기계적이고 현대적인 차갑고 냉정한 색의 실버 느낌으로 포스트 모더니즘의 다양성이 공존하는 메이크업

6 스모키 메이크업
① 스모키(smoky) 메이크업은 도발적이고 섹시한 느낌을 살리며 눈매를 고혹적이고 깊게 하는 메이크업
② 자신의 피부 톤보다 한 톤 어둡게 표현하고 눈썹은 회색 톤으로 가볍게 그려주며 아이라이너는 얇게 그림
③ 립은 진하게 표현하지 않으며 옅은 브라운 계통으로 발라줌
④ 스모키 메이크업은 무엇보다 눈이 강조된 메이크업이기 때문에 마스카라를 눈썹에 그윽하게 잘 펴 바름

7 페일 메이크업
① 페일(pale) 메이크업은 '얇다, 약하다, 흐리다'라는 의미로 '창백한, 생기 없는'의 뜻을 내포하고 있으며 전체적으로 흰 빛이 많이 도는 메이크업
② 눈 주위의 하이라이트는 얼굴의 인상을 밝고 환한 인상으로 연출해 줌

8 팝아트 메이크업
① 도시 문화에 밀접하게 접촉한 미국의 미술가들은 그 문화의 특수한 풍조와 속성을 포착하고자 하였고, 영국의 팝아트는 구태의연한 사회 질서를 공격하는 사회 비판적 의도를 내재하고 있음
② 팝아트 메이크업의 색상은 화려하고 경쾌한 원색을 사용하여 섹시하고 강렬한 이미지를 연출함
③ 1960년대의 복고적 성향과 다양하고 화려한 색을 중심으로 팝 아트 작가인 앤디 워홀과 리히텐슈타인의 그림에서 강한 영감을 얻는 새로운 팝아트 메이크업은 밝은 톤의 옐로, 핑크, 블루 컬러에 투명한 현대의 메이크업이 더해지면서 생동감 넘침

9 액티브 메이크업
① 액티브(active)란 활동적이면서 힘이 넘치는 건강하고 섹시해 보이는 이미지로 여성스러운 로맨틱과 엘레강스한 이미지와는 상반됨

② 청량감과 활동성을 높이기 위해 선명한 색이 활용되고 적극적이면서도 능동적인 여성의 이미지를 표현하기 때문에 레저 스포츠에 활용되는 이미지를 의미
③ 액티브 메이크업은 눈이나 입술에 선명하거나 화려한 색의 메이크업을 더해 다이나믹하면서 강한 이미지를 연출

12 미디어 캐릭터 메이크업

1 미디어 캐릭터 메이크업

전파 매체	- 광고 : 얼굴 클로즈업 시 섬세한 메이크업 필요 - 영화, 드라마 : 일반 메이크업, 성격(역할, 캐릭터) 메이크업 - 방송 : 뉴스와 시사 프로그램은 클래식 메이크업, 예능 및 쇼 프로그램은 유행하는 메이크업
인쇄 매체	- 신문 : 선명도가 떨어지기 때문에 진한 메이크업 - 화보 및 포스터 : 다양한 메이크업 표현 및 포인트 이해

13 무대공연 캐릭터 메이크업

1 무대공연 캐릭터 메이크업

① 기획 의도 파악하기 : 연극, 오페라, 뮤지컬, 마당놀이, 창극 등
② 현장 분석 및 이미지 분석하기 : 소극장(500석 이하), 중극장(500~1000석), 대극장(1000석 이상)
③ 메이크업 디자인하기 : 거리감 해소를 위해 배우 얼굴에 음영과 돌출 효과를 주고 배우의 역할에 몰입할 수 있도록 디자인

14 공중위생관리

1 공중 보건
질병 예방, 수명 연장, 신체적·정신적(건강) 효율 증진

2 세계보건기구(WHO, World Health Organization)가 규정한 건강
단지 질병이나 허약함이 없는 상태일 뿐만 아니라 신체적·정신적·사회적으로 완전한 안녕(Well-being) 상태

3 질병
① 의미 : 인체가 기능적, 구조적으로 정상적인 상태에서 벗어나 문제가 생기거나 불편한 상태에 놓이는 것
② 질병 발생의 3요인

병인(병원체)	질병을 일으키는 직접적 원인
숙주	숙주의 감수성에 따라 발병, 유전적 요인, 생활 습관
환경 요인	외적인 모든 원인

4 인구
① 의미 : 일정 기간에 일정한 지역에 생존하는 인간의 집단
② 성비 : 여자 100명에 대한 남자의 비
③ 구성

영아 인구	1세 미만의 영·유아
소년 인구	1~14세의 인구
생산 인구	15~65세 미만의 인구
노년 인구	65세 이상의 비생산층 연령

④ 인구 문제 : 지속적인 출산율 감소, 고령화, 다문화 가정 증가, 수도권 인구 편중, 이혼율 증가 등 다양

5 보건 지표
① 건강 지표 : 세계보건기구가 제시한 개인이나 인구 집단의 건강 수준을 수량적으로 나타내는 지표
② 국가의 보건 수준 비교 시 이용되는 3대 지표 : 평균 수명, 비례사망지수, 영아 사망률

③ 나라간 건강 수준을 비교하는 지표 : 평균 수명, 조사망률, 비례사망지수

평균 수명	사람이 앞으로 평균적으로 몇 년을 살 수 있는지에 대한 기대치
비례사망지수	50세 이상의 사망자 수의 비율, 보건 수준을 나타내는 지표
보통 사망률 (조사망률)	인구 1,000명당 1년간 발생한 사망자 수를 표시하는 비율
영아 사망률	출생 1,000명에 대한 생후 1년 미만의 사망 영아 수, 국가나 지역 사회의 보건 수준을 나타내는 대표적인 지표

6 역학

① 역학 : 인간 집단을 대상으로 "질병의 발생·분포 및 유행 경향"을 밝히고 그 원인을 규명, "질병 관리와 예방 대책을 수립"하는 학문
② 역학 조사 시의 고려 사항
 - 질병의 분포
 - 질병의 결정 요인
 - 질병 발생 빈도 측정

7 감염 경로

병인	병원체, 병원소
환경	병원소의 탈출, 전파, 새로운 숙주 침입
숙주	숙주의 감수성, 면역

8 병원체의 종류와 감염

① 세균 : 세균성 이질, 콜레라, 장티푸스, 디프테리아, 파라티푸스, 페스트, 결핵
② 바이러스 : 일본 뇌염, 인플루엔자, 소아마비, 두창, 홍역, 수두, 유행성 간염
③ 곰팡이 : 무좀, 버짐, 부스럼
④ 리케차 : 발진티푸스, 발진열
⑤ 원충류 : 말라리아, 아메바성 이질, 아프리카 수면병
⑥ 기생충 : 회충, 구충, 선모충, 조충류

9 법정 감염병

제1급	에볼라바이러스병, 마버그열, 라싸열, 크리미안콩고출혈열, 남아메리카출혈열, 리프트밸리열, 두창, 페스트, 탄저, 보툴리눔독소증, 야토병, 신종감염병증후군, 중증급성호흡기증후군(SARS), 중동호흡기증후군(MERS), 동물인플루엔자 인체감염증, 신종인플루엔자, 디프테리아, 니파바이러스감염증
제2급	결핵(結核), 수두(水痘), 홍역(紅疫), 콜레라, 장티푸스, 파라티푸스, 세균성이질, 장출혈성대장균감염증, A형간염, 백일해(百日咳), 유행성이하선염(流行性耳下腺炎), 풍진(風疹), 폴리오, 수막구균 감염증, b형헤모필루스인플루엔자, 폐렴구균 감염증, 한센병, 성홍열, 반코마이신내성황색포도알균(VRSA) 감염증, 카바페넴내성장내세균목(CRE) 감염증, E형간염
제3급	파상풍(破傷風), B형간염, 일본뇌염, C형간염, 말라리아, 레지오넬라증, 비브리오패혈증, 발진티푸스, 발진열(發疹熱), 쯔쯔가무시증, 렙토스피라증, 브루셀라증, 공수병(恐水病), 신증후군출혈열(腎症侯群出血熱), 후천성면역결핍증(AIDS), 크로이츠펠트-야콥병(CJD) 및 변종크로이츠펠트-야콥병(vCJD), 황열, 뎅기열, 큐열(Q熱), 웨스트나일열, 라임병, 진드기매개뇌염, 유비저(類鼻疽), 치쿤구니야열, 중증열성혈소판감소증후군(SFTS), 지카바이러스 감염증, 매독(梅毒), 엠폭스(MPOX)
제4급	인플루엔자, 회충증, 편충증, 요충증, 간흡충증, 폐흡충증, 장흡충증, 수족구병, 임질, 클라미디아감염증, 연성하감, 성기단순포진, 첨규콘딜롬, 반코마이신내성장알균(VRE) 감염증, 메티실린내성황색포도알균(MRSA) 감염증, 다제내성녹농균(MRPA) 감염증, 다제내성아시네토박터바우마니균(MRAB) 감염증, 장관감염증, 급성호흡기감염증, 해외유입기생충감염증, 엔테로바이러스감염증, 사람유두종바이러스 감염증, 코로나바이러스감염증-19

10 감염병의 종류

① 소화기계 감염병
 - 환자나 보균자의 분뇨를 통해 병원체가 음식물, 식수를 오염시켜 감염을 일으키는 수인성 감염병
 - 콜레라, 세균성 이질, 폴리오, 파라티푸스, 장티푸스
② 호흡기계 감염병
 - 환자나 보균자의 객담, 콧물, 재채기를 통해 호흡기 계통으로 감염
 - 백일해, 홍역, 신종플루, 인플루엔자, 디프테리아
③ 절지동물 매개 감염병
 - 절지동물에 의해 전파되는 감염병
 - 일본뇌염, 말라리아, 발진티푸스, 페스트

④ 해충에 의한 질병

모기	일본뇌염, 말라리아, 사상충, 황열병, 뎅기열 등
파리	세균성 이질, 콜레라, 결핵, 장티푸스, 식중독, 파라티푸스, 디프테리아, 회충, 요충, 편충, 촌충, 소아마비 등
바퀴벌레	장티푸스, 결핵, 세균성 이질, 콜레라, 살모넬라, 디프테리아, 회충, 요충, 편충, 촌충, 소아마비 등
쥐	살모넬라증, 유행성 출혈열, 페스트, 서교열, 렙토스피라증, 발진열, 이질, 선모충증 등

11 기생충의 종류

윤충류	선충류	회충	분변, 오염된 음식, 파리의 매개로 경구 침입
		구충 (십이지장충)	장에 기생, 손발 등 피부로 경구·경피 감염
		요충	공동으로 쓰는 화장실을 통해 집단 감염이 잘됨, 예방 관리 – 집단 구충 실시
		편충	대장에 기생, 오염된 흙으로 인한 경구 침입, 예방 관리 – 깨끗한 환경 및 통풍
		말레이 사상충	모기의 흡혈로 감염, 예방 관리 – 환경 위생, 모기 구제 실시
	조충류	유구조충 (갈고리촌충)	소장에 기생, 중간숙주는 돼지, 돼지고기 생식 금지
		무구조충 (민촌충)	소장에 기생, 중간숙주는 소, 소고기 생식 금지
	흡충	간흡충 (간디스토마)	간의 담관에 기생, 민물고기 생식 습관으로 발생, 제1중간숙주(왜우렁이, 쇠우렁이), 제2중간숙주(잉어, 참붕어 등)
		폐흡충 (폐디스토마)	기생 부위는 폐장, 민물가재와 게 생식 금지, 제1중간숙주(다슬기), 제2중간숙주(가재, 게)
		요코가와흡충	어패류, 다슬기, 은어 등이 숙주이며 은어의 생식 금지
원충류		이질 아메바	분변에 의한 감염, 경구 감염, 음식물 위생 관리, 분변의 위생적 처리를 요함
		질 트리코모나스	성관계, 변기, 목욕탕, 타월을 통한 감염, 위생적인 관리 필요

12 모자 보건

① 모성의 건강 유지와 육아에 대한 기술 터득
② 정상적 자녀 출산
③ 예측 가능한 사고나 질환, 기형을 예방
④ 모성의 생명과 건강을 보호

13 노인 보건

① 정의 : 노인(연령 만 65세 이상)에 관한 보건에 대해 다루는 분야
② 노화의 특성

보편성	모두에게 동일	점진성	나이가 증가함에 따라
내인성	내적 변화	쇠퇴성	사망의 상태에 이름

③ 중요성 : 평균 수명이 늘어남에 따라 노인 인구 증가, 노화 기전이나 유전적 조절 등에 관심 증가, 노인성 질환은 장기적 치료가 필요함에 따라 의료비 증가, 노인 부양 부담 증가에 따른 갈등 최소화
④ 노인 질병 예방 및 건강 증진 : 생활의 질 저하 예방, 가족 구성원의 생활과 경제적 지지 체계의 붕괴 예방

1차 예방	예방접종(인플루엔자, B형 간염, 대상포진 등), 상담을 통한 음주, 흡연량, 치아 검사, 우울증, 영양 상태, 운동량 등을 체크
2차 예방	선별, 치료
3차 예방	노인 재활, 독립성 되찾기

14 자연 환경의 적정 조건

기온	대기의 온도, 적절한 실내 온도 약 18℃
기습	공기 중에 있는 습기(대기 중의 수증기량) 18~20℃에서 60~70%의 습도가 쾌적함
기류	바람(기압과 기온의 차이로 형성), 최적 기류는 기온 18℃ 내외, 기습 40~70%, 실내 0.2~0.5m/sec

15 수질 오염의 지표

생화학적 산소 요구량 (BOD)	하수 오염의 지표, 물속의 유기 물질을 미생물이 산화·분해하여 안정화시키는 데 필요로 하는 산소량 (BOD가 높을수록 오염)
용존 산소(DO)	물속에 녹아 있는 유기 산소량 (BOD가 높으면 DO는 낮음)
화학적 산소 요구량(COD)	물속 유기 물질의 오염된 양에 상당하는 산소량
부유 물질(SS)	물에 용해되지 않는 물질

16 주요 직업병

기압 이상 장애	고기압 - 잠수병(잠함병) 저기압 - 고산병(항공병)
진동 이상 장애	레이노 증후군 (Raynaud's Phenomenon)
분진 작업 장애	진폐증(규소 폐증) - 유리 규산, 석면 폐증
저온 작업 장애	참호족, 동상
소음 작업 장애	소음성 난청(직업성 난청)
중독에 의한 장애	납·수은·비소·카드뮴·크롬 중독 등

17 보건 행정의 특징

공공성 및 사회성	공공복지 증진
봉사성	공공기관의 적극적인 서비스
조장성 및 교육성	지역 주민의 교육 및 참여로 목표 달성
과학성 및 기술성	의료과학, 행정 기술 바탕
합리성	최소 비용, 최대 목표 달성

18 세계보건기구가 규정한 보건 행정 범위

① 보건 관련 기록 자료 보존
② 환경 위생
③ 모자 보건
④ 보건 간호
⑤ 공중 보건 교육
⑥ 감염병 관리
⑦ 의료, 의료 서비스

19 소독

① 소독의 정의 : 병원 미생물의 감염력과 생활력 파괴를 의미
② 소독의 종류

살균	세균을 죽이는 것
멸균	병원균, 아포 등 미생물을 사멸시키는 것
방부	병원성 미생물의 발육을 저지시키는 것
무균	미생물이 존재하지 않는 상태

③ 소독 기전
- 단백질의 변성과 응고 작용 : 균체 내 단백질의 변성과 응고 작용을 일으켜 그 기능을 상실케 하는 것
- 세포막 또는 세포벽의 파괴 : 영양 물질과 노폐물의 선택적 투과 기능을 상실케 하고 원형질을 객출시켜 미생물체를 사멸시키는 것, 활성 산소 등의 산화 작용에 의한 살균
- 화학적 길항 작용 : 세균의 세포 내로 침습하여 아주 낮은 농도에서는 조효소 등 특이 활성 분자들의 활성을 저해하거나 완전 정지시킴
- 계면 활성제 : 미생물이나 효소의 표면을 농후하게 피복하여 투과성을 저해하고, 타 물질과의 접촉을 방해함으로써 세포벽의 상해 작용을 일으킴

20 소독법의 분류

① 자연적 소독

희석	용액에 물이나 다른 용매를 넣어 농도를 묽게 만듦
태양광선	자외선 살균, 세균 사멸
한랭	온도를 낮추어 세균 활동을 지연, 정지시킴

② 물리적 소독

건열 멸균법	화염 멸균법, 건열 멸균법, 소각 소독법
습열 멸균법	고압 증기 멸균법, 자비 소독법, 간헐 멸균법, 저온 소독법, 초고온 단시간 소독법

③ 화학적 소독법 : 소독제(소독약)를 이용한 살균

21 소독약의 살균 작용

응고	석탄산, 생석회, 승홍, 알코올, 크레졸
산화	과산화수소, 과망간산, 붕산, 아크리놀, 염소 및 그 유도체
불활화	석탄산, 알코올, 역성 비누, 중금속염
가수분해	강산, 알칼리, 중금속염
탈수	알코올, 포르말린, 식염, 설탕
삼투성 변화	석탄산, 역성 비누, 중금속염

22 소독력의 기준 = 석탄산 계수 = 페놀 계수

석탄산 계수 = $\dfrac{\text{소독약의 희석 배수}}{\text{석탄산의 희석 배수}}$

① 계수가 클수록 살균력이 강하고, 계수가 1이라면 석탄산과 살균력이 같음을 의미
② 소독력 순서 = 멸균 > 소독 > 방부

23 소독약의 조건

① 안전성(인체 무해, 무독)이 높을 것
② 용해성이 높을 것
③ 무향, 탈취력이 있을 것
④ 독성이 낮을 것
⑤ 경제적이면서 사용 간편할 것
⑥ 살균력이 뛰어나고 환경 오염이 발생하지 않을 것

24 소독약의 사용 방법

석탄산 (phenol)	3~5% 수용액을 사용, 단백질 응고 작용, 고온일수록 효과가 큼, 금속에는 사용하지 않음
크레졸 (cresol)	크레졸 3%에 물 97%의 비율로 만들어 사용, 소독력은 석탄산보다 강함
승홍(昇汞)	0.1~0.5% 농도로 사용, 맹독성, 승홍 1 : 식염 1 : 물 1000의 비율로 사용
생석회 (CaO)	분변, 하수, 오수, 오물, 토사물 등의 소독에 적합
과산화수소 (H_2O_2)	3% 수용액으로 사용, 자극성이 적어 입 안 세척, 상처에 사용
역성 비누	10% 용액을 200~400배 희석하여 손 소독에 사용, 과일이나 식기에는 0.01~0.1%로 사용
약용 비누	손, 피부 소독 등에 주로 사용
포르말린	의류, 도자기, 목제품, 고무 제품 등에 사용
알코올	피부 및 기구 소독에 사용, 인체의 상처에는 사용하지 않음
머큐로크롬	점막과 피부 상처에 사용, 살균력이 강하지 않음
포름알데히드	강한 환원력이 있고 낮은 온도에서 살균 작용
염소제	일광과 열에 분해되지 않도록 냉암소 보관

25 공중위생 관리법

① 목적 : 공중이 이용하는 영업의 위생 관리 등에 관한 사항을 규정함으로써 위생 수준을 향상시켜 국민의 건강 증진에 기여
② 공중위생 영업 : 다수인을 대상으로 위생 관리 서비스를 제공하는 영업, 숙박업 · 목욕장업 · 이용업 · 미용업 · 세탁업 · 건물위생관리업을 의미

26 영업의 신고 및 폐업

① 공중위생 영업의 신고 : 시장 · 군수 · 구청장에게 영업 시설 및 설비 개요서, 교육수료증을 제출해야 함
② 변경신고 해당사항 : 영업소의 명칭 또는 상호, 영업소의 주소, 신고한 영업장 면적의 1/3 이상의 증감, 대표자의 성명 또는 생년월일, 미용업 업종 간 변경
③ 공중위생 영업의 폐업 신고 : 공중위생 영업을 폐업한 날부터 20일 이내, 신고서를 시장 · 군수 · 구청장에게 제출
④ 영업의 승계 : 이용업 또는 미용업의 경우에는 면허를 소지한 자에 한하여 공중위생 영업자의 지위를 승계, 지위를 승계한 자는 1월 이내에 보건복지부령이 정하는 바에 따라 시장 · 군수 · 구청장에게 신고해야 함

27 영업자 준수사항의 위생 관리 의무

① 의료 기구와 의약품을 사용하지 아니하는 순수한 화장 또는 피부 미용을 할 것
② 미용 기구는 소독을 한 기구와 소독을 하지 아니한 기구로 분리하여 보관
③ 면도기는 1회용 면도날만을 손님 1인에 한하여 사용할 것
④ 미용사 면허증을 영업소 안에 게시할 것

28 이 · 미용사의 면허

① 이 · 미용사의 면허 발급 등
 – 보건복지부령이 정하는 바에 의하여 시장 · 군수 · 구청장의 면허를 받아야 함
 – 면허를 받을 수 없는 경우 : 피성년후견인, 정신질환자, 감염병 환자, 마약 등 약물 중독자, 면허가 취소된 후 1년이 경과되지 아니한 자

② 이·미용사의 면허 취소 등
- 시장·군수·구청장이 면허를 취소하거나 6월 이내의 기간을 정하여 그 면허의 정지를 명할 수 있는 경우
- 피성년후견인, 정신질환자, 감염병 환자, 약물 중독자
- 면허증을 다른 사람에게 대여한 때
- 자격이 취소된 때
- 이중으로 면허를 취득한 때(나중에 발급받은 면허)
- 면허정지처분을 받고도 그 정지기간 중에 업무를 한 때
- 「성매매알선 등 행위의 처벌에 관한 법률」이나 「풍속영업의 규제에 관한 법률」을 위반하여 관계 행정기관의 장으로부터 그 사실을 통보받은 때
- 면허 취소·정지 처분의 세부적인 기준은 그 처분의 사유와 위반의 정도 등을 감안하여 보건복지부령으로 정함

③ 면허증의 반납
- 면허가 취소되거나 면허의 정지 명령을 받은 자는 지체 없이 관할 시장·군수·구청장에게 면허증을 반납하여야 함
- 면허의 정지 명령을 받은 자가 반납한 면허증은 그 면허 정지 기간 동안 관할 시장·군수·구청장이 이를 보관하여야 함

29 이·미용사의 업무

① 이·미용 종사 가능자
- 이용사 또는 미용사 면허를 받은 자
- 이용사 또는 미용사의 감독을 받아 이용 또는 미용 업무의 보조를 하는 경우

② 미용사의 업무 범위

종합	일반, 피부, 네일, 메이크업
미용사 일반	파마, 머리카락 자르기, 머리카락 모양내기, 머리피부손질, 머리카락 염색, 머리감기, 의료기기나 의약품을 사용하지 아니하는 눈썹 손질
피부	의료기기나 의약품을 사용하지 아니하는 피부상태 분석, 피부관리, 제모, 눈썹 손질
메이크업	얼굴 등 신체의 화장, 분장 및 의료기기나 의약품을 사용하니 아니하는 눈썹 손질
네일	손톱과 발톱을 손질, 화장

③ 영업소 외에서의 이·미용 업무
- 질병·고령·장애나 그 밖의 사유로 영업소에 나올 수 없는 자에 대해 미용을 하는 경우
- 혼례나 그 밖의 의식에 참여하는 자에 대해 그 의식 직전에 미용을 하는 경우
- 사회복지시설에서 봉사활동으로 미용을 하는 경우
- 방송 등의 촬영에 참여하는 사람에 대하여 그 촬영 직전에 미용을 하는 경우
- 특별한 사정이 있다고 시장·군수·구청장이 인정하는 경우

30 행정지도 감독

① 영업소 출입 검사
- 특별시장·광역시장·도지사 또는 시장·군수·구청장은 공중위생 관리상 필요하다고 인정하는 때에는 공중위생 영업자에 대하여 필요한 보고를 하게 하거나 소속 공무원으로 하여금 영업소, 사무소 등에 출입하여 공중위생 영업자의 위생관리 의무 이행 등에 대하여 검사하게 하거나 필요에 따라 공중위생 영업 장부나 서류를 열람하게 할 수 있음
- 관계 공무원은 그 권한을 표시하는 증표를 지녀야 하며, 관계인에게 이를 내보여야 함

② 영업 제한 : 시·도지사는 공익상 또는 선량한 풍속을 유지하기 위하여 필요하다고 인정하는 때에는 영업 시간 및 영업 행위에 필요한 제한이 가능
- 시장·군수·구청장은 공중위생 영업자가 명령에 위반거나 또는 관계 행정 기관의 장의 요청이 있는 때에는 6월 이내의 기간을 정하여 영업의 정지 또는 일부 시설의 사용 중지를 명하거나 영업소 폐쇄 등을 명할 수 있음
- 영업의 정지, 일부 시설의 사용 중지와 영업소 폐쇄 명령 등의 세부적인 기준은 보건복지부령으로 정함
- 폐쇄 명령을 받고도 계속하여 영업을 하는 때에는 관계 공무원으로 하여금 영업소의 간판이나 기타 영업 표지물 제거, 위법 영업소임을 알리는 게시물 등의 부착, 영업에 필요한 기구나 시설물을 사용할 수 없게 하는 봉인을 할 수 있음

31 공중위생 감시원

① 임명 : 특별시장·광역시장·도지사 또는 시장·군수·구청장이 소속 공무원 중에서 임명
② 자격 : 다음 자격자만으로 수급이 곤란할 때는 교육 훈련 2주 이상 수료자를 공중위생 행정에 종사하는 기간 공중위생 감시원으로 임명할 수 있음

- 위생사 또는 환경기사 2급 이상의 자격증이 있는 사람
- 대학에서 화학·화공학·환경공학 또는 위생학 분야를 전공하고 졸업한 사람 또는 이와 같은 수준 이상의 자격이 있는 사람
- 외국에서 위생사 또는 환경기사의 면허를 받은 사람
- 1년 이상 공중위생 행정에 종사한 경력이 있는 사람

③ 명예 공중위생 감시원은 시·도지사가 다음에 해당하는 자 중에서 위촉

- 공중위생에 대한 지식과 관심이 있는 자
- 소비자 단체, 공중위생 관련 협회 또는 단체의 소속 직원 중에서 당해 단체 등의 장이 추천하는 자

32 위생 관리 등급

① 구분 : 최우수 업소(녹색), 우수 업소(황색), 일반 관리 대상 업소(백색)
② 주요 내용
- 위생 평가 후 결과를 영업자에게 통보, 이를 공표해야 함
- 시·도지사 또는 시장·군수·구청장은 위생 서비스 평가의 결과 위생 서비스의 수준이 우수하다고 인정되는 영업소에 대하여 포상을 실시할 수 있음
- 영업소에 대한 출입·검사와 위생 감시의 실시 주기 및 횟수 등 위생 관리 등급별 위생 감시 기준은 보건복지부령으로 정함

③ 영업자 위생 교육
- 매년, 3시간, 방법과 절차는 보건복지부령으로 정함
- 위생 교육 실시 단체의 장은 위생 교육을 수료한 자에게 수료증을 교부하고, 교육 실시 결과를 교육 후 1개월 이내에 시장·군수·구청장에게 통보하여야 하며, 수료증 교부 대장 등 교육에 관한 기록을 2년 이상 보관·관리하여야 함

33 벌칙

① 1년 이하의 징역 또는 1천만 원 이하의 벌금
- 공중위생 영업의 신고를 하지 아니하고 공중위생영업을 한 자
- 영업 정지 명령 또는 일부 시설의 사용 중지 명령을 받고도 그 기간 중에 영업을 하거나 그 시설을 사용한 자 또는 영업소 폐쇄 명령을 받고도 계속하여 영업을 한 자

② 6월 이하의 징역 또는 500만 원 이하의 벌금
- 변경 신고를 하지 아니한 자
- 공중위생 영업자의 지위를 승계한 자로서 신고를 하지 아니한 자
- 건전한 영업 질서를 위하여 공중위생 영업자가 준수하여야 할 사항을 준수하지 아니한 자

③ 300만 원 이하의 벌금
- 다른 사람에게 면허증을 빌려주거나 빌린 사람
- 면허증을 빌려주거나 빌리는 것을 알선한 사람
- 면허의 취소 또는 정지 중에 업무에 종사한 사람
- 면허를 받지 아니하고 영업을 개설하거나 업무에 종사한 사람

34 과징금

① 대통령령으로 정한 행정법 위반에 대한 금전적 제재로, 시장·군수·구청장은 영업 정지가 이용자에게 심한 불편을 주거나 그 밖에 공익을 해할 우려가 있는 경우에는 영업 정지 처분에 갈음하여 1억 원 이하의 과징금을 부과할 수 있음
② 징수 절차 : 과징금 납입 고지서에는 이의 신청 방법과 기간이 적혀 있어야 함

35 과태료

① 300만 원 이하의 과태료
- 공중위생관리상 필요하다고 인정해 보고를 요청했으나 보고를 하지 아니하거나 관계 공무원의 출입·검사 기타 조치를 거부·방해 또는 기피한 자
- 개선 명령에 위반한 자
- 이용업 신고를 아니하고 이용 업소 표시등을 설치한 자

② 200만 원 이하의 과태료
- 미용 업소의 위생 관리 의무를 지키지 아니한 자
- 영업소 외의 장소에서 이용 또는 미용 업무를 행한 자
- 위생 교육을 받지 아니한 자

36 행정처분

① 미용사 면허에 관한 규정을 위반한 때

미용사 자격이 취소된 때	면허 취소
미용사 자격 정지 처분을 받은 때	면허 정지(국가 기술 자격 법에 의한 자격정지 처분 기간에 한함)
결격 사유에 해당하거나 이중으로 면허를 취득한 때	면허 취소(나중에 발급받은 면허)
면허 정지 처분을 받고 그 정지 기간 중 업무를 행한 때	면허 취소
면허증을 다른 사람에게 대여한 때	1차 위반 시 면허 정지 3월, 2차 위반 시 면허 정지 6월, 3차 위반 시 면허 취소

② 시설 및 설비 기준을 위반한 때
- 1차 위반 시 개선 명령
- 2차 위반 시 영업 정지 15일
- 3차 위반 시 영업 정지 1월
- 4차 위반 시 영업장 폐쇄 명령

③ 소독한 기구와 하지 않은 기구를 구별 보관하지 않은 경우, 일회용 면도날을 재사용한 경우
- 1차 위반 시 경고
- 2차 위반 시 영업 정지 5일
- 3차 위반 시 영업 정지 10일
- 4차 위반 시 영업장 폐쇄 명령

④ 약사법, 의료 기기법에 따른 의료 기기 사용, 점 빼기·귓불 뚫기·쌍꺼풀 수술 등의 의료 행위를 한 때
- 1차 위반 시 영업 정지 2월
- 2차 위반 시 영업 정지 3월
- 3차 위반 시 영업장 폐쇄 명령

⑤ 영업소 이외의 장소에서 업무를 행한 때, 손님에게 도박 및 사행 행위를 하게 한 때, 무자격 안마사로 하여금 업무를 하게 한 때
- 1차 위반 시 영업 정지 1월
- 2차 위반 시 영업 정지 2월
- 3차 위반 시 영업장 폐쇄 명령

미용사 필기 메이크업

NCS 국가직무능력표준 교육과정 반영

빈출문제 10회

따로 보는
정답과 해설

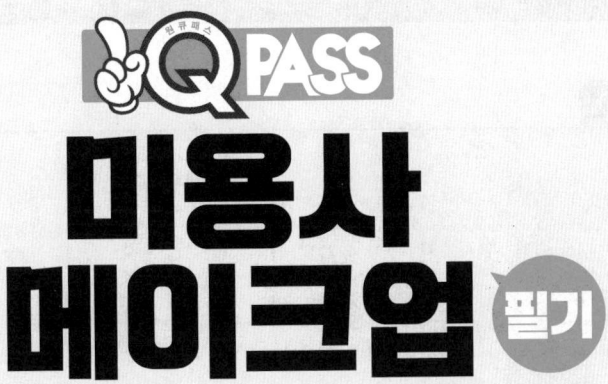

따로 보는
정답과 해설

★ 문제와 정답의 분리로 수험자의 실력을 정확하게 체크할 수 있습니다. ★
★ 틀린 문제는 꼭 표시했다가 해설로 복습하세요. ★
★ 정답과 해설을 가지고 다니며 오답노트로 활용할 수 있습니다. ★

미용사 메이크업 필기 모의고사 ❶ 정답 및 해설

정답

1	③	2	③	3	②	4	②	5	②	6	②	7	③	8	③	9	③	10	③
11	②	12	②	13	③	14	④	15	④	16	①	17	④	18	①	19	③	20	①
21	①	22	②	23	①	24	④	25	④	26	②	27	④	28	③	29	④	30	②
31	④	32	①	33	①	34	④	35	④	36	④	37	③	38	①	39	②	40	③
41	③	42	①	43	③	44	③	45	④	46	①	47	②	48	③	49	④	50	①
51	③	52	③	53	②	54	②	55	③	56	②	57	②	58	①	59	③	60	③

해설

1 역삼각형의 얼굴은 양볼에 하이라이트를 주어 팽창되어 보이도록 한다.

2 메이크업 기원 : 장식설, 이성유인설, 보호설, 종교설, 신분표시설, 위장설 등

3 그리스 페인트 메이크업 : 기름기가 많은 화장법으로 방송인에게 적합한 메이크업

4 여름은 시원한 이미지로 투명한 피부 표현을 하며, 화이트, 블루 계열의 색이 연상된다.

5 오리엔탈 메이크업 : 신비하고 요염하게 동양적으로 표현하는 메이크업으로 자극적이고 정적인 이미지로 입술은 레드계열, 눈은 블랙과 옐로우 계열의 컬러로 표현

6 스파츌라는 메이크업 제품을 용기로부터 덜어낼 때 사용하며 플라스틱이나 스테인리스 재질의 제품이 좋다.

7 사이버 메이크업 : 실버나 골드, 크리스탈을 사용하여 얼굴 전체 또는 부분적으로 투명하고 화사하게 피부 표현을 하고 건강하고 발랄한 느낌을 줄 수 있도록 광택나게 하는 메이크업

8 둥근형은 이마에서 코끝까지 하이라이트를 주고 갸름한 얼굴을 위해 양 볼의 뒷부분에 섀딩을 넣어주도록 한다.

9 색의 순도를 채도, 색의 밝기를 명도라고 한다.

10 카운슬링은 시술기법, 건강상태 등을 확인하고 고객과의 친밀과 신뢰를 쌓기 위한 것이다.

11 메이크업의 잔여물을 털어낼 때는 팬 브러쉬를 사용한다.

12 팬 브러쉬 : 파우더나 섀도 등의 메이크업 후 잔여물을 털어낼 때 사용하는 도구

13 메이크업 아티스트는 모델 얼굴의 장점을 부각시키고 단점을 보완해서 개성을 살리고 더 나은 이미지를 연출한다.

14 스파츌라는 메이크업 제품을 용기로부터 덜어낼 때 사용하며 플라스틱이나 스테인리스 재질의 제품이 좋다.

15 각진 얼굴형은 T존 부위에 세로 길이를 길게 강조해서 메이크업을 한다.

16 파운데이션의 커버력 순서 : 케이크 타입 〉 스틱 타입 〉 크림 타입 〉 리퀴드 타입

17 신부의 메이크업은 화사하지만 너무 화려하지 않게 드레스와 헤어 등의 전체가 조화를 잘 이룰 수 있게 메이크업 한다.

18 붉은 기운의 트러블의 경우 그린 컬러의 메이크업 베이스를 사용하여 붉은 기를 보정할 수 있다.

19 신부 메이크업은 핑크, 피치, 코랄, 오렌지, 라벤더, 브라운 계열의 색조를 사용한다.

20 속눈썹 제품은 천연제품이라도 절대 눈에 들어가지 않게 주의하고 눈에 들어갔을 경우 깨끗한 물이나 생수 등을 이용해 세척해야 한다.

21 미디어 메이크업은 인쇄 매체와 전파 매체에서 이루어지는 모든 형태의 미디어에서 행해지는 메이크업으로 컨셉에 따라 다양한 메이크업을 할 수 있다.

22 작품의 성격과 특징을 고려해 알맞은 메이크업을 선택한다.

23 생명 유지에 필요한 3대 영양소 : 탄수화물, 단백질, 지방

24 미생물의 성장과 사멸에 주로 영양을 미치는 요소는 영양소, 수분, 온도, 수소이온농도(pH), 산소 등이다.

25 모공을 자극하거나 트러블을 유발시키는 음식은 여드름 발생의 원인이 될 수 있다.

26 ② 건성 피부에 대한 설명이다.

27 공중보건은 지역사회를 대상으로 한다.

28 음용수의 일반적인 오염지표로 대장균 수를 사용한다.

29 $\frac{원액}{소독액} \times 100 = 농도(\%)$

→ $\frac{x}{1,000} \times 100 = 3$

$100x = 3,000$

∴ $x = 30$

원액 = 30

물 = 소독액 − 원액 = 970

30 원발진의 피부 변화로는 반점, 홍반, 면포, 농포, 팽진, 구진, 소수포, 대수포, 결절, 종양, 낭종 등이 있다.

31 색소 침착은 자외선에 의해 발생한다.

32 전처리제는 시술 전 속눈썹의 이물질, 유분기, 화장품의 잔여물을 제거하기 위해 사용하여 가모의 접착력을 높이는 효과가 있다.

33 광노화가 진행될 경우 랑게르한스 세포의 수와 기능이 감소되어 피부의 면역학적 기능이 떨어진다.

34 유행성 출혈열 − 쥐, 진드기

35 작업자의 작업환경과 근무시간 등을 고려하고 무조건 휴직과 부서 이동을 권고하지는 않는다.

36 승홍은 피부 소독에 0.1~0.5%의 수용액을 사용하며 금속을 부식시킨다.

37 피부 표면의 pH에 가장 큰 영향을 주는 것은 땀의 분비이다.

38 병원성 미생물은 질병의 원인이 되는 미생물로 최적 pH 6.5~7.5로 중성이나 약알칼리성에서 증식이 잘 된다.

39 재사용이 가능한 핀셋, 가위 등의 시술 도구는 알코올 또는 자외선 소독을 해서 사용한다.

40 석탄산은 소독약으로 사용되며 다른 소독약의 효력을 비교할 때 기준이 된다.

41 기구류의 소독에는 석탄산 3% 수용액이 적당하다.

42 고객의 개인정보 사생활에 관한 내용은 기록하지 않도록 한다.

43 실내에 다수인이 많을 경우 기온이 상승하고 습도가 증가하며 이산화탄소도 증가한다.

44 시장·군수·구청장은 위생서비스평가의 결과 위생서비스의 수준이 우수하다고 인정되는 영업소에 대하여 포상을 실시할 수 있다.

45 공중위생관리법상 위생교육을 받지 아니한 자는 200만 원 이하의 과태료에 처한다.

46 이·미용기구의 소독기준 및 방법은 보건복지부령으로 정한다.

47 공중위생영업소의 위생서비스수준 평가는 2년마다 실시한다.

48 신고를 하지 아니하고 영업소의 소재지를 변경한 경우의 1차 위반은 영업정지 1월, 2차 위반은 영업정지 2월, 3차 위반은 영업장 폐쇄명령이다.

49 보건복지부장관 또는 시장·군수·구청장은 신고사항의 직권 말소, 면허취소 또는 면허정지, 영업정지명령, 일부 시설의 사용중지명령 또는 영업소 폐쇄명령에 해당하는 처분을 하려면 청문을 해야 한다.

50 위생교육을 받은 자가 위생교육을 받은 날부터 2년 이내에 위생교육을 받은 업종과 같은 업종의 영업을 하려는 경우에는 해당 영업에 대한 위생교육을 받은 것으로 본다.

51 현대사회에서는 종교적인 면을 위해서 메이크업을 하지는 않는다.

52 팩은 보호용 화장품의 종류에 해당된다.

53 안전성 : 피부 자극성, 이물 혼입, 변취가 없을 것

54 대기압은 소독에 밀접하게 영향을 끼치지 않는다.

55 보건복지부장관 또는 시장·군수·구청장은 신고사항의 직권 말소, 면허취소 또는 면허정지, 영업정지명령, 일부 시설의 사용중지명령 또는 영업소 폐쇄명령에 해당하는 처분을 하려면 청문을 해야 한다.

56 유구조충증 : 돼지고기의 유구낭충을 먹었을 때 감염

57 장티푸스, 결핵, 콜레라는 제2급 감염병, 파상풍은 제3급 감염병이다.

58 아포크린 한선은 보통 대한선이라고 불리고 진피의 깊은 곳 또는 피하조직에 있으며 겨드랑이 밑이나 유두, 외이도, 항문 주위 등의 한정된 곳에만 존재한다.

59 유기 안료에 비해 내광성, 내열성이 우수하다.

60 천연보습인자는 아미노산(40%), 젖산염, 암모니아, 요소 등으로 구성된다.

미용사 메이크업 필기 모의고사 ❷ 정답 및 해설

정답

1	③	2	④	3	①	4	④	5	③	6	④	7	②	8	②	9	①	10	②
11	③	12	③	13	④	14	②	15	③	16	①	17	①	18	④	19	①	20	①
21	④	22	②	23	③	24	①	25	④	26	③	27	③	28	②	29	③	30	④
31	①	32	④	33	①	34	①	35	④	36	①	37	②	38	④	39	②	40	①
41	①	42	④	43	①	44	④	45	①	46	①	47	②	48	②	49	②	50	①
51	③	52	③	53	②	54	①	55	④	56	③	57	①	58	④	59	①	60	②

해설

1 미디어 메이크업은 프로그램의 특성에 따라 다양한 이미지의 메이크업을 표현한다. 음영의 표현이 강조되어야 하는 것은 무대 분장이다.

2 원형, 별모양 등 여러 가지 모양으로 잘라낸 검정 벨벳, 검정 실크 등의 작은 조각으로 여성 또는 남성 얼굴에 돋보이게 하기 위해 붙인 것은 패치로 무슈라고도 불렸다.

3 테다바라는 1910년대 대표적인 배우이다.

4 실제 골격을 만드는 메이크업의 종류는 특수효과 메이크업이다.

5 투알레트(toilette)는 1510년 경 영국에 전해져 토일렛(toilet)으로 변한 말로서 화장을 포함한 치장 전반을 가리키는 용어로 사용되었다.

6 코스메티케 테크네(kosmetike techne)는 고대 그리스에서 행해지던 미용법을 말한다.

7 메이크업에는 외모에 자신감을 부여하는 긍정적 효과를 나타내는 심리적 기능이 있다.

8 자연스러운 아이라인을 표현할 때는 섀도나 펜슬을 이용하는 것이 좋다.

9 하이라이트는 너무 과하지 않은 자연스러운 흰색 계열이 좋다.

10 부은 눈 또는 튀어나온 눈에는 밝고 펄이 많은 섀도는 피하는 것이 좋다.

11 볼륨 마스카라는 속눈썹 숱이 적은 사람에게 효과적인 마스카라다.

12 동양인의 피부에는 짙은 갈색이나 검정 계열의 아이라인이 눈을 또렷하고 선명하게 표현한다.

13 색의 순도는 색의 탁하고 선명한 정도를 나타내는 채도를 의미한다.

14 색상을 연속적인 원형으로 배치하여 색상의 위치나 변화를 쉽게 표현한 것을 색상환이라고 한다.

15 색의 경연감은 색채가 주는 딱딱하거나 부드러움의 정도를 말한다.

16 악센트 배색에서 강조색으로 사용되는 색상은 대조색이다.

17 까마이외 배색은 동일한 색상, 명도, 채도 내에서 약간의 차이를 이용한 배색 방법이다.

18 비비드톤 : 모든 톤의 기준이 되는 가장 선명한 톤으로 채도가 가장 높고 강한 이미지 효과이다.

19 파운데이션 전용 브러쉬를 사용하면 파운데이션을 얇고 고르게 펴바를 수 있다.

20 아이브로 전용 브러쉬를 사용하면 눈썹의 결을 잘 나타내어 자연스러운 표현이 가능하다.

21 립 브러쉬는 립스틱이나 립글로스를 바를 때 사용한다.

22 입술이나 라인을 수정할 때는 면봉을 사용하면 쉽게 수정 가능하다.

23 메이크업 시 어깨보를 사용하면 파우더 가루나 메이크업 제품들이 옷에 떨어지는 것을 방지할 수 있다.

24 스틱 파운데이션은 유수분을 혼합시켜 고체화 시킨 것으로 다른 제품에 비해 커버력이 우수하나 피부톤이 두터워보이는 단점이 있다.

25 그린색의 메이크업 베이스를 사용하면 얼굴의 붉은 기를 잡아줄 수 있다.

26 아이라인을 그린 후에 인조 속눈썹을 붙여준다.

27 아이브로의 컬러는 헤어 컬러와 비슷한 컬러를 선택하는 것이 좋다.

28 사각형 얼굴의 경우 애플 존 중심으로 동그랗게 표현하면 훨씬 더 부드러워 보인다.

29 시간(time), 장소(place), 목적(occasion)에 따라 메이크업이 달라질 수 있다.

30 파티의 목적과 장소의 특징에 맞게 헤어, 의상, 액세서리, 메이크업 등을 선택해야 한다.

31 피부 표피층은 각질층 – 투명층 – 과립층 – 유극층 – 기저층으로 구성된다.

32 진피는 모세혈관, 신경, 림프관이 있어 표피에 영양분을 공급하는 곳이다.

33 모발은 성장기 – 퇴행기 – 휴지기 – 발생기를 거치며, 휴지기는 모발 성장의 마지막 단계로 더이상 성장이 일어나지 않으며 모낭이 줄어들기 시작한다.

34 • 비타민 : 물질대사, 생리기능 조절, 필수영양소
• 단백질 : 다양한 기관, 효소, 호르몬 등 신체를 이루는 주성분
• 탄수화물 : 수소, 산소, 탄소로 구성된 화합물

35 랑게르한스 세포는 표피의 2~8%를 차지한다.

36 • 협막 : 세균 세포의 세포벽 외측에 있는 점액질의 층
• 세포벽 : 식물세포의 가장 바깥층을 에워싸는 두꺼운 막
• 점질층 : 세균의 균체 주위에 형성된 끈끈한 물질의 층

37 CO_2는 탄소가 완전 연소할 때 생기는 무색 기체로 이산화탄소를 말한다. 실내 공기의 오염 지표이다.

38 소독용 알코올이 살균제의 효과를 내려면 60~70% 농도여야 한다.

39 미생물의 번식에 가장 중요한 요소는 온도, 습도, 영양분이다.

40 보건행정은 공중보건학에 기초한 과학적 기술이 필요하다.

41 전처리제는 시술 전 속눈썹의 이물질, 유분기, 화장품의 잔여물을 제거하기 위해 사용하여 가모의 접착력을 높이는 효과가 있다.

42 이·미용사 자격증은 이·미용업소에 반드시 게시하지 않아도 된다.

43 공중보건은 조직적인 지역사회의 노력을 통하여 질병을 예방하고 수명을 연장하며 건강과 효율을 증진시키는 기술이며 과학이다.

44 시장·군수·구청장은 이·미용사가 면허증을 다른 사람에게 대여한 때에는 그 면허를 취소하거나 6월 이내의 기간을 정하여 그 면허의 정지를 명할 수 있다.

45 석탄산은 1864년 리스터가 소개한 세계 최초의 소독약으로 방역용 소독제로 적합하다.

46 변경신고를 하지 않고 영업소의 소재지를 변경한 경우의 1차 위반 행정처분기준은 영업정지 1월, 2차 위반 행정처분기준은 영업정지 2월, 3차 위반 행정처분기준은 영업장 폐쇄명령이다.

47 피부미용을 위하여 약사법에 따른 의약품 또는 의료기기법에 따른 의료기기를 사용하여서는 아니 된다.

48 용해성은 녹는 성질로 소독시에는 용해성이 높아야 한다.

49 질병 발생 3대 요인 : 병인, 숙주, 환경

50 지위승계신고 시 구비 서류는 영업양도의 경우 양도·양수를 증명할 수 있는 서류 사본, 영업자 지위승계신고서이고, 상속의 경우 가족관계 증명서, 상속인임을 증명할 수 있는 서류, 영업자 지위승계신고서이다.

51 무기 안료는 유기 안료에 비해 내광성, 내열성이 우수하다.

52 자외선 차단제는 피부를 보호하고 햇볕에 그을리는 것을 방지하기 위해 바른다.

53 천연보습인자는 수소이온농도가 아니라 수분을 일정하게 유지하려는 작용을 한다.

54 화장품 제조 기술에는 유화, 침투, 분산, 가용화 작용이 있다.

55 헤어펌제에 들어가는 성분 중에는 안구에 자극이 될 수 있는 성분이 있을 수 있으니 반드시 속눈썹 전용 펌제를 사용해야 한다.

56 석탄산은 다른 소독약의 효력을 비교할 때의 지표로 이용된다.

57 에센셜 오일은 증기를 이용한 압착을 통해 만들어지며 피부에 직접적으로 사용하지는 않는다.

58 화장품법상 화장품의 정의는 인체를 청결·미화하여 매력을 더하고 용모를 밝게 변화시키거나 피부·모발의 건강을 유지 또는 증진하기 위하여 인체에 바르고 문지르거나 뿌리는 등 이와 유사한 방법으로 사용되는 물품으로서 인체에 대한 작용이 경미한 것을 말한다.

59 • W/O형 유화 : 유층에 수층이 분산되어 있는 유화
• W/O/W형 유화 : 분산되어 있는 입자 자체가 유화를 형성하고 있는 것으로 수층에 분산된 경우
• O/W/O형 유화 : 분산되어 있는 입자 자체가 유화를 형성하고 있는 것으로 유층에 분산된 경우

60 알부틴은 미백 개선의 기능성 화장품의 성분이다.

미용사 메이크업 필기 모의고사 ❸ 정답 및 해설

정답

1	①	2	④	3	④	4	③	5	③	6	③	7	③	8	②	9	③	10	③
11	②	12	③	13	③	14	①	15	②	16	③	17	②	18	②	19	①	20	②
21	④	22	③	23	③	24	④	25	②	26	③	27	③	28	③	29	④	30	④
31	③	32	①	33	④	34	②	35	①	36	②	37	③	38	③	39	①	40	②
41	③	42	②	43	④	44	①	45	①	46	④	47	①	48	①	49	③	50	①
51	①	52	②	53	③	54	②	55	①	56	④	57	②	58	④	59	①	60	③

해설

1. 색채의 중량감은 명도와 관계있고 강약감은 채도와 관계있다.

2. 건강 보균자는 임상적 증상을 전혀 나타내지 않고 보균상태를 지속하고 있는 사람으로 감염병 관리상 관리가 가장 어려운 대상이다.

3. 세계보건기구(WHO)의 본부는 스위스 제네바에 있으며, 6개의 지역사무소를 운영하고 있다. 이 중 북한은 동남아시아 지역에, 남한은 서태평양 지역에 소속되어 있다.

4. 이·미용업소의 가장 적합한 실내 온도는 18~21℃이다.

5. 세균성 이질은 시겔라(shigella)균이 일으키는 질환으로 제2급 감염병이다.

6. 절족 동물 매개 감염병은 곤충류와 지주류에 의해 질병이 매개된다.

7. 웨딩 메이크업은 결혼식 본식 또는 촬영 시에 이루어진다.

8. 메이크업 제품으로 얼굴의 장점을 부각시키고 결점을 보완하여 아름다움을 추구하는 메이크업의 기능을 미화의 기능이라 한다.

9. 컨실러 브러쉬는 눈 밑 다크서클이나 여드름, 기미 등을 커버할 때 사용하며, 넓은 부위에 사용 시 넓고 둥근 브러쉬가 적당하고 작은 점이나 주근깨 등의 잡티에는 가늘고 얇은 브러쉬가 좋다.

10. 종교설 : 주술적, 종교적 행위로서 몸을 채색하거나 향을 이용해 병이나 제액을 물리치고 복을 비는 목적으로 메이크업을 한다는 설

11. 컨실러는 잡티, 주근깨 등 결점을 커버할 때 적절하게 사용한다.

12. 브러쉬는 세척한 후에 물기를 털어내고 브러쉬 끝을 가지런히 모아 그늘에 뉘어서 말린다.

13. 스파츌라는 메이크업 제품 등을 덜어 낼 때 사용하며 플라스틱이나 스테인리스 재질의 제품이 좋다.

14. 팁 브러쉬는 강한 포인트 색을 바르고자 할 때 주로 사용되는 브러쉬이다.

15. 내장근은 평활근(민무늬근)으로 내장 및 혈관벽을 구성하고 내장기관 활동을 담당한다. 의지와 관계없이 스스로 움직이는 불수의근이다.

16 지위승계신고 시 구비 서류는 영업양도의 경우 양도·양수를 증명할 수 있는 서류 사본, 영업자 지위승계신고서이고, 상속의 경우 가족관계증명서, 상속인임을 증명할 수 있는 서류, 영업자 지위승계신고서이다.

17 왼쪽 눈꼬리 : 왼쪽 눈머리

18 외모에 자신감을 부여함으로써 심리적으로 능동적이고 적극적인 자신감을 가지게 됨으로써 긍정적 효과를 기대할 수 있는 메이크업의 기능은 심리적 기능이다.

19 파우더 가루를 압축한 형태의 블러셔를 케이크 타입이라 한다.

20 향수의 농도에 따른 분류 : 퍼퓸 〉 오데 퍼퓸 〉 오데 토일렛 〉 오데 코롱 〉 샤워 코롱

21 공중위생관리법상 미용업이라 함은 손님의 얼굴, 머리, 피부 및 손톱·발톱 등을 손질하여 손님의 외모를 아름답게 꾸미는 영업을 말한다.

22 공중위생영업을 하고자 하는 자는 공중위생영업의 종류별로 보건복지부령이 정하는 시설 및 설비를 갖추고 시장·군수·구청장에게 신고하여야 한다.

23 화염을 대상에 직접 접하여 멸균하는 방식은 화염멸균법이다.

24 가법 혼합은 빛의 원리를 이용한 것으로 혼합하면 흰색이 되며 무대 조명, 컴퓨터 모니터나 컬러 텔레비전 화면 등에 사용된다.

25 감법 혼색의 3원색은 시안(cyan), 마젠타(magenta), 옐로(yellow)로 3색상을 모두 섞으면 검정색(black)이 된다.

26 슬라이딩 기법은 파운데이션을 밀듯이 도포할 때 사용하는 기법이다.

27 이·미용업자는 영업소의 명칭 또는 상호, 영업소의 소재지, 신고한 영업장 면적의 3분의 1 이상의 증감, 대표자의 성명 또는 생년월일, 미용업 업종 간 변경이 있을 때 변경신고를 해야 한다.

28 지방은 생체 내에서 이용할 수 있는 에너지원이다.

29 광노화는 자외선에 의한 노화로 피부의 보습력을 저하시켜 피부가 건조하고 거칠어지고 표피가 두꺼워지고 색소 침착이 증가하며 진피가 두꺼워진다.

30 베타 세포 : 췌장의 랑게르한스섬을 구성하는 세포의 하나

31 질병 발생 3대 요인 : 병인, 숙주, 환경

32 공중보건은 조직적인 지역 사회의 노력을 통하여 질병을 예방하고 수명을 연장하며 건강과 효율을 증진시키는 기술이며 과학이다.

33 1회용 면도날은 손님 1인에 한해서 사용해야 한다.

34 영업소 내부에 게시해야 하는 것 : 미용업 신고증, 개설자의 면허증 원본, 최종지불요금표

35 황열은 제3급 감염병, 세균성 이질, 풍진, 장티푸스는 제2급 감염병이다.

36 D.P.T는 디프테리아, 백일해, 파상풍을 예방하기 위한 백신이다.

37 소독제는 살균하는 대상물을 손상시키지 않아야 한다.

38 변경신고를 하지 않고 영업소의 소재지를 변경한 경우의 1차 위반 행정처분기준은 영업정지 1월, 2차 위반 행정처분기준은 영업정지 2월, 3차 위반 행정처분기준은 영업장 폐쇄명령이다.

39 공중위생영업자는 매년 위생교육을 받아야 한다. 위생교육은 3시간으로 한다.

40 알부틴은 주로 미백 화장품에 사용한다.

41 클렌징 밀크는 W/O 타입의 친수성이다.

42 파라옥시안식향산메틸은 미생물의 생육을 억제하여 화장품에 주로 사용되는 방부제이다.

43 에센셜 오일 추출법에는 수증기 증류법, 용매(용제) 추출법, 압착법, 냉침법 등이 있다.

44 화장품 제조 기술 : 유화, 분산, 가용화

45 색의 밝기를 명도라고 한다.

46 속눈썹 롯드는 속눈썹 펌 시술 시 컬의 모양을 잡기 위해 사용한다.

47 로마 시대에는 남녀 모두 얼굴과 목, 어깨, 팔에 백납을 이용해 화장을 했다.

48 얼굴 균형도를 통해 얼굴의 비율과 형태 등을 파악할 수 있다.

49 방송 메이크업은 미디어 메이크업에 속한다.

50 파상풍은 제3급 감염병, 결핵, 콜레라, 장티푸스는 제2급 감염병이다.

51 병원소는 병원체가 생존, 생장, 증식, 다른 숙주에 전파할 수 있도록 생활하는 모든 서식 장소로 인간병원소, 동물병원소, 토양이 이에 속한다.

52 소각법은 고체 폐기물을 연소시켜 그 양을 줄이고 발생되는 잔여물을 매립처리하는 가장 위생적인 방법이다.

53 카운슬링은 시술기법, 건강상태 등을 확인하고 고객과의 친밀과 신뢰를 쌓기 위한 것이다.

54 팬 브러쉬는 부채꼴 모양으로 생긴 브러쉬로 잔여물을 털어낼 때 사용한다.

55 스파츌라는 메이크업 제품 등을 덜어 낼 때 사용하며 플라스틱이나 스테인리스 재질의 제품이 좋다.

56 무스 타입 파운데이션은 파우더 타입으로 피지 분비량이 많은 지성 피부에 적합하다.

57 스모키 메이크업은 웨딩 메이크업에 적합하지 않다.

58 유극층은 핵을 가지고 있다.

59 아포크린 한선은 보통 대한선이라고 불리고 진피의 깊은 곳 또는 피하조직에 있으며 겨드랑이 밑이나 유두, 외이도, 항문 주위 등의 한정된 곳에만 존재한다.

60 입모근은 털을 지지하며 추위, 공포, 놀람 등의 상태일 때 위축된다.

미용사 메이크업 필기 모의고사 ❹ 정답 및 해설

정답

1	①	2	②	3	②	4	③	5	④	6	①	7	①	8	②	9	④	10	①
11	④	12	①	13	③	14	③	15	④	16	①	17	③	18	③	19	①	20	④
21	③	22	①	23	②	24	④	25	①	26	②	27	③	28	③	29	②	30	③
31	③	32	①	33	①	34	③	35	②	36	②	37	①	38	③	39	②	40	④
41	①	42	②	43	②	44	④	45	②	46	③	47	④	48	②	49	④	50	②
51	②	52	①	53	①	54	④	55	①	56	②	57	④	58	①	59	③	60	②

해설

1. 요충은 집단 감염을 일으킨다.

2. 1920년대 : 사회 진출로 여성 지위 향상, 눈썹 가늘게, 하얀 얼굴에 큰 눈, 빨갛고 작고 각진 앵두 같은 여성스러운 입술, 머리와 치마 길이 짧아지고 보브 스타일 헤어 유행

3. 영업장안의 조명도는 75럭스 이상이 되도록 유지하여야 한다.

4. 위생교육의 방법·절차 등에 관하여 필요한 사항은 보건복지부령으로 정한다.

5. 관계공무원의 업무를 행하게 하기 위하여 특별시·광역시·도 및 시·군·구에 공중위생감시원을 둔다.

6. 건성 피부는 피지 분비가 원활하지 않고 각질이 많아 세안 후 당기고 화장이 들뜨는 증상이 있다.

7. 농장 : 수정 화장

8. 유극층은 세포의 돌기 모양이 가시 모양이라 하여 가시층이라고도 불린다. 표피층 중 가장 두꺼운 층이다.

9. 여드름 발생은 피지의 과다 분비와 관련이 있다.

10. 거품에만 신경 쓰기보다는 피부 타입별로 맞는 제형을 택한다.

11. 모세혈관 확장 피부 : 자극을 주면 좋지 않으니 딥 클렌징은 피한다.

12. 페인팅은 셰익스피어 작품에서 최초로 사용되었다.

13. 미백은 기초화장품의 기능이 아니다.

14. 1920년대 ; 눈썹은 가늘고 길게, 입술은 붉게 표현, 영화배우 메이크업 유행

15. 공중위생영업이라 함은 다수인을 대상으로 위생관리서비스를 제공하는 영업으로서 숙박업·목욕장업·이용업·미용업·세탁업·건물위생관리업을 말한다.

16. 보건복지부장관 또는 시장·군수·구청장은 신고사항의 직권 말소, 면허취소 또는 면허정지, 영업정지명령, 일부 시설의 사용중지명령 또는 영업소 폐쇄명령에 해당하는 처분을 하려면 청문을 해야 한다.

17 인조 속눈썹은 눈 앞머리부터 5mm 떨어져서 붙인다.

18 영업소 내부에 게시해야 하는 것 : 미용업 신고증, 개설자의 면허증 원본, 최종지불요금표

19 이·미용사 면허를 받기 위한 자격 요건 : 전문대학 또는 이와 같은 수준 이상의 학력이 있다고 교육부장관이 인정하는 학교에서 이용 또는 미용에 관한 학과를 졸업한 자, 대학 또는 전문대학을 졸업한 자와 같은 수준 이상의 학력이 있는 것으로 인정되어 이용 또는 미용에 관한 학위를 취득한 자, 고등학교 또는 이와 같은 수준의 학력이 있다고 교육부장관이 인정하는 학교에서 이용 또는 미용에 관한 학과를 졸업한 자, 초·중등교육법령에 따른 특성화고등학교, 고등기술학교나 고등학교 또는 고등기술학교에 준하는 각종 학교에서 1년 이상 이용 또는 미용에 관한 소정의 과정을 이수한 자, 국가기술자격법에 의한 이용사 또는 미용사의 자격을 취득한 자

20 영업정지처분을 받고도 그 영업정지 기간에 영업을 한 경우 : 1차 위반 영업장 폐쇄명령

21 시장·군수·구청장은 이·미용사가 면허증을 다른 사람에게 대여한 때에는 그 면허를 취소하거나 6월 이내의 기간을 정하여 그 면허의 정지를 명할 수 있다.

22 영업소 외에서의 이용 및 미용 업무가 가능한 보건복지부령이 정하는 특별한 사유 : 질병이나 그 밖의 사유로 영업소에 나올 수 없는 자에 대하여 이용 또는 미용을 하는 경우, 혼례나 그 밖의 의식에 참여하는 자에 대하여 그 의식 직전에 이용 또는 미용을 하는 경우, 사회복지시설에서 봉사활동으로 이용 또는 미용을 하는 경우, 방송 등의 촬영에 참여하는 사람에 대하여 그 촬영 직전에 이용 또는 미용을 하는 경우, 그 외에 특별한 사정이 있다고 시장·군수·구청장이 인정하는 경우

23 공중위생영업자는 매년 위생교육을 받아야 한다. 위생교육은 3시간으로 한다.

24 멸균 : 병원성, 비병원성 미생물 및 포자를 가진 미생물 모두를 사멸 또는 제거하는 것

25 1회용 면도날은 손님 1인에 한해서 사용해야 한다.

26 탈색을 제외한 화장수, 클렌징크림, 팩은 얼굴에 사용하는 제품이다.

27 이용사 또는 미용사의 면허를 받은 자가 아니면 이용업 또는 미용업을 개설하거나 그 업무에 종사할 수 없다. 다만, 이용사 또는 미용사의 감독을 받아 이용 또는 미용 업무의 보조를 행하는 경우에는 그러하지 아니하다.

28 계면활성제는 표면장력을 낮춘다.

29 향수는 가용화 기술을 적용해 만들어졌다.

30 파운데이션과 파우더 사용은 케어가 아닌 메이크업에 속한다.

31 • 제1급 감염병 : 디프테리아
• 제2급 감염병 : A형 간염, 한센병
• 제3급 감염병 : 레지오넬라증

32 향의 강함과는 별도로 향수는 지속성이 있어야 한다.

33 데오드란트 파우더 : 겨드랑이 땀 냄새 방지, 뽀송한 피부 유지

34 샤워코롱은 샤워 후 사용하는 퍼퓸 제품이다.

35 레티노산은 여드름 치료와 잔주름 개선에 효과를 준다.

36 흰색 메이크업 베이스는 어두운 피부를 하얗게 연출하고 싶을 때 사용하며 어둡고 칙칙한 느낌을 중화시킨다.

37 메이크업 베이스는 피부 톤을 조절해 피부 톤을 일정하게 정리한다.

38 알파-하이드록시산은 각질 제거용 화장품에 주로 쓰이며 죽은 각질을 빨리 떼어내 떨어져 나가게 하고 건강한 세포가 피부를 구성할 수 있게 돕는다.

39 시술자의 기분에 따라 분장 메이크업이 달라지면 안 된다.

40 둥근 얼굴형에는 갸름해 보이도록 사선 방향으로 블러셔를 발라 둥근 느낌을 중화시킨다.

41 피부는 두껍지 않고 자연스럽게 보이도록 메이크업 한다.

42 백반증은 색소세포 파괴로 인해 나타나는 후천적 탈색소성 질환이다.

43 인간이 색을 지각하기 위한 3요소 : 물체, 광원, 시각

44 무채색은 색조가 없는 색으로 모던하고 침착한 이미지이다.

45 촉촉한 피부 표현의 경우 부드러운 크림 타입 블러셔를 사용한다.

46 1970년대 : 파운데이션 불투명, 볼연지 모카, 핑크빛, 베이지 또는 고풍스런 핑크, 입술은 포도주색, 밝고 붉은색으로 돋보임, 눈썹은 뽑지 않고 아이라이너는 보일 듯 말 듯 사용, 코올 연필 사용, 아이섀도 색 다양

47 주황은 원기, 희열, 풍부, 만족, 식욕, 활력이 연상되는 색채다.

48 재사용이 가능한 핀셋, 가위 등의 시술 도구는 알코올 또는 자외선 소독을 해서 사용한다.

49 분위기 창조에 조력 : 노랑 등의 따뜻한 색으로 행복하고 재밌는 상황, 청색 등 차분한 색으로 우울한 상황 연출

50 입모근은 교감 신경의 지배를 받아 피부에 소름을 돋게 하는 근육을 말한다.

51 피지 분비 상태로 건성, 중성, 지성 피부를 구분할 수 있다. 이는 기본적 피부 유형 분석 기준이다.

52 아로마 오일은 피지에 쉽게 용해된다.

53 홍역은 질병 중 접촉감염지수가 가장 높은 질병이다.

54 소독의 효과가 빠르게 나타나는 소독약을 고른다.

55 속눈썹 제품은 천연제품이라도 절대 눈에 들어가지 않게 주의하고 눈에 들어갔을 경우 깨끗한 물이나 생수 등을 이용해 세척해야 한다.

56 유기 물질이 많을수록 소독 효과가 작다.

57 골단연골은 성장기에 있어 뼈의 길이 성장이 일어나는 곳이다.

58 심장근을 무늬모양, 의지에 따라 바르게 분류한 것은 횡문근, 불수의근이다.

59 좁은 입술은 동양인들에게 많은 입술형으로 컨실러를 사용하여 입술산을 낮추며 입꼬리를 연장하여 그려준다.

60 한난 대비는 색의 차갑고 따뜻함에 변화가 오는 대비를 말한다.

미용사 메이크업 필기 모의고사 ❺ 정답 및 해설

정답

1	④	2	②	3	③	4	②	5	④	6	①	7	②	8	②	9	①	10	①
11	②	12	③	13	②	14	③	15	①	16	③	17	②	18	②	19	④	20	①
21	①	22	②	23	④	24	①	25	④	26	④	27	⑤	28	④	29	④	30	③
31	①	32	③	33	④	34	②	35	②	36	①	37	①	38	④	39	③	40	④
41	①	42	②	43	①	44	③	45	②	46	②	47	①	48	③	49	①	50	④
51	①	52	②	53	③	54	①	55	①	56	①	57	④	58	②	59	①	60	④

해설

1. 화장품의 4대 요건은 안전성, 안정성, 사용성, 유효성이다.

2. 화장에 소홀한 것이 아니라 오히려 화장 개념의 세분화가 촉진되었다.

3. 1960년대 : 짧은 머리, 커다란 눈, 작은 입술, 장밋빛 볼, 가짜 주근깨 등 전통적인 미인 모습과 다른 새로운 모습 등장

4. 포인트는 두어야 할 곳에만 두어야 시선을 집중시켜 얼굴의 단점을 커버할 수 있다.

5. 브러쉬 세척 방법은 비눗물이나 탄산 소다수에 10~20분 정도 담근 후 부드럽게 비벼 손질하여 세정 후 털을 아래로 하여 응달에서 말린다.

6. 톤인톤 배색 : 유사톤으로 이루어진 배색 방법

7. 블루밍 효과 : 보송보송하고 투명감 있게 피부 표현

8. 종족을 보호하고 방어하기 위함은 메이크업의 실용적인 목적이다.

9. 케이크 타입 섀도는 그라데이션, 색상 혼합이 용이하며 다양한 색상으로 가장 대중적인 섀도 종류이다.

10. TV 메이크업은 차가운 색보다는 따뜻한 색이 더 잘 어울리고 잘 표현된다.

11. 피부의 각화 과정이란 피부 세포가 기저층에서 태어나 성장을 계속하면서 피부 위로 올라오면서 유극층, 과립층을 거쳐 각질층까지 축척되어 탈락되는 현상을 말하며 그 주기는 28일 정도이다. 표피의 기저층에서 생성된 세포는 각질층까지 각화과정을 통해 올라오는 데 2주, 떨어져 나가는 데 2주가 소요된다.

12. 신랑 메이크업 시 아이섀도는 아이홀 부분에 섀딩 컬러로 음영을 주어 색감이 꺼지지 않도록 해주어야 한다.

13. 수정 메이크업이란 화장품의 명도 차이를 이용해 눈의 착시효과를 이용한 것으로 얼굴의 단점 보완과 입체감 부여를 위한 것이다.

14. 그린색은 모세혈관이 확장되어 붉은 피부에 적당하다.

15. 전처리제는 시술 전 속눈썹의 이물질, 유분기, 화장품의 잔여물을 제거하기 위해 사용하여 가모의 접착력을 높이는 효과가 있다.

16. 카운슬링은 시술기법, 건강상태 등을 확인하고 고객과의 친밀과 신뢰를 쌓기 위한 것이다.

17 오브라이트는 주로 화상 분장 시 사용된다.

18 붉은 톤의 피부에는 붉은 기를 잡아주기 위해 보색인 그린색 메이크업 베이스를 사용한다.

19 역삼각형 얼굴은 이마의 양쪽 끝과 턱 끝에 섀딩을 하고 꺼진 턱 바깥(볼 부분)을 하이라이트로 채워 완만해 보이도록 만들어 주어야 한다.

20 흑백사진에서는 명도가 높은 컬러가 밝게 보이기 때문에 밝은 파운데이션으로 튀어나와 보여야 하는 부분인 T존에 발라 입체적으로 보이도록 만들어 주어야 한다.

21 호텔 예식은 밝고 화사한 색조의 메이크업이 잘 어울린다.

22 브러쉬 끝이 둥근 브러쉬가 그라데이션 효과를 내기에 적합하다.

23 역삼각형 - 아치형 - 여성스러운 이미지

24 콤 브러쉬는 마스카라가 잘못 발리거나 뭉쳤을 때 빗어주어 수정하는 브러쉬이다.

25 컨실러 : 피부 결점 커버

26 리퀴드 타입 아이라이너는 탄력 있고 가는 브러쉬가 적합하다.

27 소독 약품은 부식성, 표백성이 없어야 한다.

28 가시광선은 눈으로 지각되는 파장 범위를 가진 빛으로 파장의 범위는 분류 방법에 따라 다소 차이가 있으나 대체로 380~780nm이다.

29 pH는 산성 혹은 알칼리성의 정도를 나타내는 수소이온농도를 나타낸 값이다. 건강한 피부는 pH 4.5~6.5 사이로 약산성을 띠며 가장 이상적인 피부는 pH 5.5이다.

30 주사는 주로 40~50대에 나타나는 증상으로 혈액 흐름이 나빠져 모세혈관이 파손, 코를 중심으로 양 뺨에 나비 형태로 붉어진 증상이다.

31 UV-A 광선은 320~400nm의 파장을 가진 생활 자외선으로 즉시 색소 침착 작용을 하며 인공 선탠에 주로 사용된다.

32 광노화로 콜라겐이 줄어든다.

33 세계보건기구(WHO)에서 규정된 건강의 정의 : 육체적, 정신적, 사회적 안녕이 완전한 상태

34 결핵은 결핵균에 의한 만성감염증으로 세균성 감염병에 속한다.

35 장티푸스는 제2급감염병, 후천성면역결핍증, 일본뇌염, B형 간염은 제3급감염병이다.

36 백일해는 보르데텔라 백일해균에 감염되어 발생하는 호흡기 질환으로 호흡기계 감염병에 속한다.

37 인조 속눈썹을 제거할 때는 속눈썹 전용 리무버를 사용해 속눈썹에 자극을 되도록 줄이면서 제거한다.

38 공중위생영업을 하고자 하는 자는 공중위생영업의 종류별로 보건복지부령이 정하는 시설 및 설비를 갖추고 시장·군수·구청장(자치구의 구청장에 한한다)에게 신고하여야 한다.

39 비타민 A는 상피 조직의 신진대사에 관여하며 각화 정상화 및 피부 재생을 돕고 노화 방지에 효과가 있는 비타민이다.

40 생석회 소독법은 소독약을 사용하는 소독법으로 화학적 소독법에 속한다.

41 저온소독은 대장균이 사멸되지 않는다.

42 1년 이하의 징역 또는 1천만 원 이하의 벌금 : 공중위생영업의 신고를 하지 아니한 자, 영업정지명령 또는 일부 시설의 사용중지명령을 받고도 그 기간 중에 영업을 하거나 그 시설을 사용한 자 또는 영업소 폐쇄명령을 받고도 계속하여 영업을 한 자

43 발진티푸스는 세균의 한 종류인 발진티푸스 리케차에 감염되어 발생하는 급성 열성 질환이며 주로 이가 서식하는 비위생적인 곳에서 발생한다.

44 이·미용업소에서 종업원 손 소독 시 역성비누를 사용한다.

45 생석회 분말 소독은 화장실 분변 소독 시 적합한 소독법이다.

46 핸드 새니타이저는 손소독제로 물 사용 없이 피부 청결 및 소독을 위해 사용한다.

47 고압증기멸균법은 높은 온도의 증기로 멸균하는 소독법으로 살균 효과가 가장 크다.

48 캐리어 오일은 식물의 씨와 과육에서 추출한 원재료 특유의 향이 나는 식물성 오일로 피부에 잘 흡수되고 에센셜 오일을 희석하는 데 사용한다.

49 이용사 또는 미용사의 면허를 받은 자가 아니면 이용업 또는 미용업을 개설하거나 그 업무에 종사할 수 없다. 다만, 이용사 또는 미용사의 감독을 받아 이용 또는 미용 업무의 보조를 행하는 경우는 그러하지 아니하다.

50 기초화장품의 사용 목적은 청결 유지, 수분 밸런스 유지, 신진 대사 촉진, 피부 보호이다.

51 흉터는 상처가 아물고 남은 자국으로 세포 재생이 더 이상 되지 않고 기름샘과 땀샘이 없다.

52 과징금 부과는 해당 영업소에 대한 처분일이 속한 년도의 전년도 1년간 총 매출 금액을 기준으로 한다.

53 영업소 외의 장소에서 이·미용 업무를 한 경우의 행정처분기준은 1차 위반 영업정지 1월, 2차 위반 영업정지 2월, 3차 위반 영업장 폐쇄명령이다.

54 식물성 오일은 각종 식물에서 채취 가능한 오일로 향은 좋으나 부패가 쉽다.

55 물에 용해될 때 친수기에 양이온, 음이온을 동시에 갖는 계면활성제는 유아용 제품과 저자극성 제품에 많이 사용한다.

56 화장품의 4대 요건은 안전성, 안정성, 사용성, 유효성이다.

57 화장수는 클렌징 후 남은 피부의 잔여물을 제거하고, 세안제의 알칼리성 성분을 닦아 내고, 다음 단계에 사용할 제품의 흡수를 용이하게 하기 위해 사용한다.

58 세균 증식에 가장 적합한 최적 수소 이온 농도 : pH 6.0~8.0

59 소독을 한 기구와 소독을 하지 아니한 기구를 구분하여 보관할 수 있는 용기를 비치하여야 한다. 소독기·자외선 살균기 등 기구를 소독하는 장비를 갖추어야 한다. 영업소 안에는 별실을 설치해서는 안 된다. 작업장소, 응접장소, 상담실 등을 분리하기 위해 칸막이를 설치하려는 때에는 출입문의 3분의 1 이상을 투명하게 해야 한다.

60 이·미용업자가 시설 및 설비 기준을 위반한 경우 1차 위반 행정처분 기준은 개선명령이다.

미용사 메이크업 필기 모의고사 ❻ 정답 및 해설

정답

1	④	2	①	3	④	4	④	5	③	6	④	7	②	8	③	9	④	10	③
11	②	12	④	13	①	14	④	15	②	16	①	17	④	18	②	19	④	20	④
21	①	22	②	23	③	24	④	25	③	26	②	27	②	28	④	29	④	30	③
31	②	32	④	33	③	34	③	35	③	36	④	37	④	38	③	39	④	40	③
41	②	42	④	43	④	44	②	45	④	46	④	47	①	48	④	49	①	50	③
51	②	52	①	53	②	54	④	55	④	56	①	57	①	58	①	59	④	60	①

해설

1 청록색의 반대색은 빨강으로 보색 대비를 이룬다.

2 이마에서 콧등까지 T자로 이어지는 부분을 T존이라고 한다.

3 무대 메이크업 시 수분 함량이 적은 스틱형 파운데이션을 사용한다.

4 모델의 특징을 잘 살피고 개성을 살려야 한다.

5 처진 눈 : 눈 앞머리에서 눈꼬리까지 사선 방향으로 라인을 올려 포인트 컬러를 폭 넓게 바른다.

6 작은 입술 : 구각의 위치를 좌우로 1~2mm 넓게, 밝은 컬러의 제품 또는 립글로즈로 볼륨을 준다.

7 메이크업으로 개인의 지위, 직업, 신분 역할을 표시하는 것은 메이크업의 사회적 기능에 속한다.

8 색채 조화의 공통 원리로는 질서의 원리, 동류의 원리, 명료성의 원리(비모호성의 원리), 대비의 원리가 있다.

9 팬 케이크 : 파운데이션과 파우더의 기능을 복합시켜서 물과 같이 사용 가능

10 메이크업 브러쉬는 비눗물이나 탄산 소다수에 10~20분 정도 담근 후 부드럽게 비벼 손질하여 세정 후 털을 아래로 하여 응달에서 말린다.

11 TV에 나오는 얼굴은 많이 확대되어 보여지므로 영상 메이크업 시 연기자의 피부 표현과 질감을 최대한 자연스럽게 표현하도록 유의해야 한다.

12 치크 브러쉬는 얼굴의 윤곽수정이나 볼 화장을 할 때 사용하는 브러쉬이다.

13 브러쉬는 메이크업에 필요한 필수 도구이다.

14 그리스시대 여성의 아름다움은 온화하고 조화로워야 하며 화장하는 여인은 판도라처럼 자연의 섭리를 어기는 비정상적인 태도라 여겼다.

15 조명에 따라 메이크업이 다르게 보일 수 있기 때문에 웨딩 메이크업 시 결혼식 장소에 따라 달라지는 조명까지 고려해 메이크업을 해야 한다.

16 팬 브러쉬 : 파우더나 섀도 등의 메이크업 후 잔여물을 털어낼 때 사용하는 도구

17 볼륨 마스카라는 짙고 풍성한 눈썹을 연출하고, 컬링 마스카라는 속눈썹을 처지지 않게 연출하며, 롱래쉬 마스카라는 섬유질로 속눈썹이 길어 보이는 효과가 있다.

18 가을 : 브라운, 카키, 다크 옐로, 다크 오렌지, 골드, 퍼플 등을 활용해 사색적이면서도 풍성한 가을의 이미지를 표현한다.

19 역삼각형 : 넓은 이마, 턱 끝 가운데 섀딩을 넣어주고 이마, 콧등 가운데, 양볼 들어간 부분에 하이라이트를 준다.

20 긴형 : 앞 광대 부분에서 귀 방향을 향해 바른다.

21 속눈썹 연장 시 눈에 시술하는 제품으로 KC인증 제품을 꼭 사용해야 한다.

22 빛의 3원색인 빨강, 파랑, 초록 중 빨강과 초록을 혼합하면 노란 조명이 만들어진다.

23 립 제품은 번짐과 유분이 적은 제품이 좋으며, 립글로즈 사용 시에는 립 라인과 자연스럽게 연결되도록 바른다.

24 블랙 스펀지 : 분장 시 수염 표현을 위해 사용

25 바이러스성 질환인 단순포진은 수포가 입술 주위에 생기고 흉터 없이 치유되나 재발이 쉽다.

26 피부의 구조 중 진피는 유두층과 망상층으로 이루어져 있으며 망상층에 섬유아세포가 존재하여 섬유성 결합 조직의 중요한 성분인 콜라겐과 엘라스틴을 만들어 낸다.

27 민감성 피부 : 모공이 작고, 모세혈관이 피부 표면에 드러남

28 비타민 C에는 미백 효과가 있다.

29 수염을 붙이거나 만들 때 면사는 사용하지 않는다.

30 장염비브리오 식중독은 주로 여름에 나타나며 어패류, 생식 등이 원인이 되어 급성 장염 등의 증상을 나타낸다.

31 SPF = Sun Protection Factor = 자외선 차단 지수

32 내인성 노화(자연 노화)의 경우 피하지방 세포, 멜라닌 세포, 랑게르한스 세포, 한선의 수, 땀의 분비가 감소하게 된다.

33 공중위생영업의 신고 시 첨부서류 : 영업시설 및 설비개요서, 교육수료증

34 건강 보균자는 감염되었으나 임상증상이 보이지 않고 병원체를 배출하는 보균자로 감염병 관리상 관리가 가장 어려운 대상이다.

35 페스트는 쥐, 결핵은 소, 야토병은 토끼류와 설치류에 의한 인수공통감염병이다. 나병은 한센병이라고도 불리며 제2급 감염병에 속한다.

36 요충은 산란과 동시에 감염 능력이 있으며, 건조에 저항성이 커 집단 감염의 가능성이 가장 크다.

37 이산화탄소는 실내 공기 오염의 기준 지표로 사용된다.

38 영업소 외에서의 이용 및 미용 업무가 가능한 보건복지부령이 정하는 특별한 사유 : 질병이나 그 밖의 사유로 영업소에 나올 수 없는 자에 대하여 이용 또는 미용을 하는 경우, 혼례나 그 밖의 의식에 참여하는 자에 대하여 그 의식 직전에 이용 또는 미용을 하는 경우, 사회복지시설에서 봉사활동으로 이용 또는 미용을 하는 경우, 방송 등의 촬영에 참여하는 사람에 대하여 그 촬영 직전에 이용 또는 미용을 하는 경우, 그 외에 특별한 사정이 있다고 시장·군수·구청장이 인정하는 경우

39 저온소독법 : 62~63℃에서 30분간 가열하는 소독법

40 크레졸 소독법은 소독약을 이용하는 살균법으로 화학적 소독법에 속한다.

41 지루성 피부염 : 기름기가 있는 인설(비듬)이 특징이며, 호전과 악화를 되풀이하고, 약간의 가려움증을 동반한다.

42 소독약은 밀폐시켜 일광이 직사되지 않는 곳에 보관한다.

43 식물성 오일은 식물의 씨나 열매에서 짜낸 기름을 말하므로 실리콘 오일은 식물성 오일에 포함되지 않는다.

44 과산화수소는 3% 수용액으로 사용하며 자극이 적어 인두염, 구내염, 입안 세척, 상처 등에 사용된다.

45 타월류 소독은 높은 온도의 증기 또는 물로 가열해 소독하는 증기소독법 또는 자비소독법으로 한다.

46 바이러스는 병원체 중 가장 작아 전자 현미경으로 관찰 가능하고 살아 있는 세포 속에서만 생존한다.

47
- 별형 : 생산층 인구가 증가되는 형(도시형)
- 항아리형 : 평균수명이 높고 인구가 감소하는 형(선진국형)
- 종형 : 출생률과 사망률이 낮은 형(이상형)

48 시장·군수·구청장은 보건복지부령이 정하는 바에 의하여 위생서비스평가의 결과에 따른 위생관리등급을 해당공중위생영업자에게 통보하고 이를 공표하여야 한다.

49 BOD = Biochemical Oxygen Demand = 생물학적 산소요구량

50 이·미용기구의 소독기준 및 방법 : 자외선소독 1㎠당 85㎼ 이상의 자외선을 20분 이상 쬐어준다. 섭씨 100℃ 이상의 건조한 열에 20분 이상 쬐어준다. 섭씨 100℃ 이상의 습한 열에 20분 이상 쬐어준다. 섭씨 100℃ 이상의 물속에 10분 이상 끓여준다. 석탄산수(석탄산 3%, 물 97%의 수용액을 말한다)에 10분 이상 담가둔다. 크레졸수(크레졸 3%, 물 97%의 수용액을 말한다)에 10분 이상 담가둔다. 에탄올수용액(에탄올이 70%인 수용액을 말한다)에 10분 이상 담가두거나 에탄올수용액을 머금은 면 또는 거즈로 기구의 표면을 닦아준다.

51 6월 이하의 징역 또는 500만 원 이하의 벌금 : 변경신고를 하지 아니한 자, 공중위생영업자의 지위를 승계한 자로서 신고를 하지 아니한 자, 건전한 영업질서를 위하여 공중위생영업자가 준수하여야 할 사항을 준수하지 아니한 자

52 영업자는 매년 3시간 위생교육을 받아야 한다.

53 1회용 면도날은 2인 이상의 손님에게 사용한 경우 : 1차 위반 경고, 2차 위반 영업정지 5일, 3차 위반 영업정지 10일, 4차 위반 영업장 폐쇄명령

54 석탄산수는 조직에 독성이 있어 인체에는 잘 사용되지 않고 소독제의 평가 기준으로 사용된다.

55 SPF가 높을수록 차단지수가 높다.

56 안전성 : 피부에 대한 자극, 알러지, 독성이 없어야 한다.

57 데오드란트 로션은 땀의 분비로 인한 냄새와 세균의 증식을 억제하기 위해 주로 겨드랑이에 사용하는 제품이다.

58 샤워 후 사용하는 향수는 샤워 코롱으로 샤워 코롱의 적정 부향률은 1~3%이다.

59 나이가 들면서 자연적으로 노화되는 현상은 내인성 노화로 외부 인자가 아니다.

60 샴푸, 린스, 헤어 오일 등은 모발 화장품에 속한다.

미용사 메이크업 필기 모의고사 ❼ 정답 및 해설

정답

1	①	2	①	3	②	4	④	5	①	6	①	7	③	8	④	9	③	10	①
11	①	12	③	13	④	14	②	15	④	16	②	17	③	18	②	19	②	20	④
21	①	22	④	23	①	24	④	25	③	26	④	27	①	28	①	29	③	30	①
31	④	32	①	33	①	34	①	35	④	36	②	37	①	38	③	39	④	40	④
41	②	42	③	43	①	44	①	45	①	46	②	47	①	48	③	49	②	50	②
51	④	52	④	53	④	54	④	55	①	56	④	57	④	58	②	59	③	60	②

해설

1 색채의 중량감은 명도와 관계있고 강약감은 채도와 관계있다.

2 • 눈화장 제품 : 아이섀도, 아이라이너, 아이래시 컬러
• 블러셔 제품 : 블러셔, 섀딩 컬러, 치크
• 입술 화장 제품 : 립 라이너, 립스틱

3 빛의 3원색인 레드, 그린, 블루가 합쳐지면 백색 조명이 나온다.

4 논란이 될 수 있는 종교, 정치 문제나 민감한 개인적 이야기는 피한다.

5 큰 코는 전체가 드러나지 않도록 코 전체를 다른 부분보다 진하게 바른다.

6 스크루 브러쉬는 눈썹을 그릴 때 사용한다.

7 메이크업 브러쉬는 비눗물이나 탄산 소다수에 10~20분 정도 담근 후 부드럽게 비벼 손질하여 세정하고 털을 아래로 하여 응달에서 말린다.

8 계통색명은 색의 성질과 계통을 일정한 법칙에 따라 체계화하여 표시한 색 이름이다.

9 결점 커버는 컨실러의 기능이다.

10 귀여운 이미지 : 웃으면 생기는 볼록한 뺨 부분에 둥글게 바른다.

11 건성 피부 : 수분과 유분이 부족하므로 유수분이 많이 함유된 제품 사용

12 스파츌라는 메이크업 제품을 용기로부터 덜어낼 때 사용하며 플라스틱이나 스테인리스 재질의 제품이 좋다.

13 메이크업은 미의 창조 작업이자 자신의 결점을 보완하고 장점을 강조해 주는 자기표현의 목적으로 얼굴에 균형을 잡아주면서 볼륨감과 얼굴 형태의 조화를 맞추어 나가려는 작업이라 할 수 있다.

14 팬 브러쉬는 여분의 파우더나 눈화장 후 눈 밑에 떨어진 섀도 가루 등을 털어낼 때 사용한다.

15 19세기 : 자연주의 영향으로 자연스러운 화장을 선호

16 핑크는 흰 피부에 생기를 불어넣어주며, 같은 붉은 계열 피부에는 어울리지 않는다.

17 컨실러는 다크서클, 주근깨, 점 등의 잡티를 커버해주고 펜슬 타입, 크림 타입, 스틱 타입이 있으며, 파운데이션보다 밝은색을 선택하여 파운데이션 전이나 후에 사용한다.

18 장식설 : 인간의 욕구와 미적 본능의 장식적 수단이었다는 설

19 눈썹 : 각지게 그려준다.

20 역삼각형 얼굴의 경우 꺼진 볼 부분을 밝혀주어야 한다.

21 철분(Fe)은 헤모글로빈을 구성하는 매우 중요한 물질로 피부 혈색과 밀접한 관계가 있으며 결핍 시 빈혈이 발생한다.

22 클래식한 이미지의 웨딩 메이크업은 펄이 없는 차분한 컬러의 립스틱을 바른다.

23 건성 피부는 각질층의 수분이 10% 이하로 부족하다.

24 면역 세포는 항체를 만드는 세포로서 T세포와 B세포가 있다. N.K.세포는 바이러스에 감염된 세포나 암세포를 직접 파괴하는 면역세포이다.

25 기온역전현상이 발생하면 대류작용이 악화되어 복사안개와 오염된 대기가 결합하여 스모그 현상이 발생하며 대기오염을 주도한다.

26 통각점은 피부의 감각기관 중 가장 많이 분포한다.

27 간흡충증은 잉어, 참붕어, 피라미 등 민물고기 생식 시 감염될 수 있다.

28 미디어 메이크업 : 영상 매체를 위한 메이크업으로 피부 표현과 질감을 최대한 자연스럽게 표현한다.

29 스트레이트 메이크업이란 영상분장, 보통분장이라 하는데 출연자의 성격, 개성보다는 용모를 아름답게 표현하고 피부색을 최상의 상태로 나타내며 조명의 강력한 광선으로부터 반사를 막아주는 목적으로 행해진다.

30 용존산소(DO, Dissolved Oxygen)는 수질오염측정지표로 물에 녹아있는 유리산소를 의미한다.

31 260nm 부근의 자외선 파장의 경우 살균작용이 강하지만 아포 사멸은 불가능하다.

32 블랙, 그레이, 브라운 등 명도가 낮은 색은 어둡게, 옐로, 베이지, 핑크 같이 명도가 높은 컬러는 누드톤으로 표현된다.

33 E.O 가스 멸균법의 장점 : 멸균 후 장기간 보존 가능, 일반 세균은 물론 아포까지 불활성화, 고무장갑, 플라스틱, 전자기기 소독 가능

34 파상풍, 장티푸스, 결핵은 사균백신을 이용하는 인공능동면역이다.

35 보건행정은 공중보건학에 기초한 과학적 기술이 필요하다.

36 피부는 피지 분비 상태에 따라 건성, 중성, 지성, 복합성 등의 종류로 나뉜다.

37 액체 라텍스 : 볼드캡, 화상, 상처 제작에 사용되는 액체

38 간헐멸균기는 가열과 가열 사이 20℃ 이상의 온도를 유지해야 한다.

39 인수공통감염병이란 사람과 동물 사이 상호 전파되는 병원체에 의한 전염성 질병으로 광견병에 걸린 동물을 통해 감염되는 공수병은 인수공통감염병에 속한다.

40 건열멸균법은 160℃에서 1시간 반 정도 처리한다.

41 고압증기멸균법은 멸균 시간이 짧다.

42 항체는 항원에 대응하여 만들어지는 항균물질로 면역반응이 일어나는 부위로 이동하여 반응하며 생성된 후에는 체내에 그대로 남아있다.

43 공중위생영업의 신고를 하고자 하는 자는 미리 위생교육을 받아야 한다.

44 바이러스는 가장 작은 크기의 미생물로 접촉이나 기침, 재채기에 의해서도 전염된다.

45 공중위생영업자가 정당한 사유 없이 6개월 이상 계속 휴업하는 경우의 행정처분은 영업장 폐쇄명령이다.

46 세 가지 색으로 나누는 배색방법은 트리콜로 배색법이다.

47 남녀 모두 희고 아름다운 피부를 가꾸는 데 노력했다.

48 이·미용사 면허를 받기 위한 자격 요건 : 전문대학 또는 이와 같은 수준 이상의 학력이 있다고 교육부장관이 인정하는 학교에서 이용 또는 미용에 관한 학과를 졸업한 자, 대학 또는 전문대학을 졸업한 자와 같은 수준 이상의 학력이 있는 것으로 인정되어 이용 또는 미용에 관한 학위를 취득한 자, 고등학교 또는 이와 같은 수준의 학력이 있다고 교육부장관이 인정하는 학교에서 이용 또는 미용에 관한 학과를 졸업한 자, 초·중등교육법령에 따른 특성화고등학교, 고등기술학교나 고등학교 또는 고등기술학교에 준하는 각종 학교에서 1년 이상 이용 또는 미용에 관한 소정의 과정을 이수한 자, 국가기술자격법에 의한 이용사 또는 미용사의 자격을 취득한 자

49 영업장 면적의 3분의 1 이상 증감이 있을 경우 변경신고를 해야 한다.

50 지성 피부는 피지 분비량이 많고 모공이 크고 확장되어 있으며 피부가 두껍고 피부결이 곱지 못하다.

51 공중위생영업은 다수인을 대상으로 위생관리 서비스를 제공하는 영업으로 미용업, 이용업, 숙박업, 세탁업, 목욕장업, 건물위생관리업이 있다.

52 에멀전은 두가지 또는 그 이상의 액체가 균일하게 혼합된 것이다.

53 1차 위반 시의 행정처분이 면허취소인 경우 : 면허를 받을 수 없는 경우(피성년후견인, 정신질환자, 감염병환자, 약물 중독자), 국가기술자격법에 따라 자격이 취소된 경우, 이중으로 면허를 취득한 경우(나중에 발급 받은 면허를 말함), 면허정지처분을 받고도 그 정지 기간 중 업무를 한 경우

54 피부 채색은 메이크업 화장품의 주된 사용 목적이다.

55 무기 안료는 내광성과 내열성이 우수하다.

56 인체 소독용으로 에탄올을 주로 사용한다.

57 청문 : 신고사항의 직권 말소, 이용사와 미용사의 면허취소 또는 면허정지, 영업정지명령, 일부 시설의 사용중지명령 또는 영업소 폐쇄명령

58 화장수의 역할 : 수렴작용, 피부정돈, 수분공급, pH 균형 유지

59 콜라겐은 일시적 주름개선에 효과가 있다.

60 레티놀은 주름 개선 화장품에 사용되는 원료이다.

미용사 메이크업 필기 모의고사 ❽ 정답 및 해설

정답

1	③	2	④	3	③	4	③	5	③	6	①	7	②	8	①	9	④	10	①
11	①	12	④	13	②	14	③	15	②	16	③	17	①	18	②	19	②	20	①
21	②	22	②	23	②	24	②	25	①	26	①	27	②	28	①	29	③	30	④
31	①	32	③	33	①	34	①	35	①	36	③	37	④	38	②	39	③	40	②
41	②	42	②	43	④	44	③	45	①	46	②	47	①	48	④	49	③	50	①
51	①	52	③	53	④	54	①	55	①	56	③	57	③	58	①	59	①	60	②

해설

1. 호루스의 눈은 파라오의 왕권을 보호하는 상징이며 눈화장의 모티브가 되었다.

2. 서양의 근대 메이크업 역사에서 창백한 얼굴을 꾸미는데 사용했던 재료는 백납분이다.

3. 메이크업의 목적에는 사회적 에티켓으로 사용된다는 사회적 기능이 있다.

4. 고려시대에는 신분에 따라 다른 화장 경향을 보여 분대 화장과 비분대 화장으로 구분하였다.

5. 그리스인들은 화장보다는 목욕 문화가 발달하였다.

6. 환타지 메이크업은 1960년대 나타난 화장형태로 꿈과 같이 환상적 세계를 표현하는 하나의 가면 같은 장식적 메이크업이다.

7. 1970년대는 냉소적이고 불확실한 사회 분위기를 대표하는 펑크 스타일이 유행했다.

8. 눈, 코, 입이 있는 머리의 앞을 의미한다.

9. 윗입술과 아랫입술의 비율은 1:1.5이다.

10. 컨투어링 메이크업 : 튀어나와야 할 곳, 들어가야 할 곳을 구분지어 입체적 윤곽을 잡아주는 메이크업

11. 스펀지를 사용하면 제품을 편하고 빠르게 펴바르기 쉽다.

12. 수평형 눈썹 : 어려보이고 활동적인 느낌

13. 아이섀도, 블러셔 색상을 함께 고려하여 선택한다.

14. 가장 이상적인 입술 화장의 비율은 윗입술과 아랫입술의 1:1.5 비율이다.

15. 그레이 스케일 : 무채색의 명도를 단계별로 정리한 것, 명도자라고도 부름

16. 톤 : 명도와 채도의 복합 개념, 동일한 색상에서 밝고 어두움, 진하고 흐림, 강약의 차이를 말함

17. 메이크업의 조건에는 T.P.O, 조화, 대비, 그라데이션이 있다.

18. 녹색은 색의 온도감이 나타나지 않는 중성색이다.

19. 파랑은 차가운 느낌을 주는 색인 한색이다.

20 백열등은 불그스름한 빛을, 형광등은 푸르스름한 빛을 발한다.

21 감법 혼색의 3원색은 시안(cyan), 마젠타(magenta), 옐로(yellow)로 색료의 3원색은 물감의 3원색 또는 인쇄 잉크의 3원색이라고도 한다.

22 아이섀도 브러쉬 중 큰 브러쉬는 넓게 눈두덩이 전체를 펴바를 때 사용하며, 중간 정도 크기의 브러쉬는 메인 색상이나 좁은 면적을 바르는 데 사용한다.

23 팬 브러쉬는 여분의 파우더나 눈화장 후 눈 밑에 떨어진 섀도 가루 등을 털어낼 때 사용한다.

24 입술 수정 화장 시 면봉을 사용한다.

25 파운데이션은 피부 결점을 커버하는 역할을 한다.

26 볼에 붉은 기가 있는 경우 같은 붉은 계열의 핑크 파우더는 피하는 것이 좋다.

27 마스카라는 눈썹이 아닌 속눈썹에 사용하는 제품이다.

28 립 라커는 립스틱과 립글로스의 광택을 더하는 역할을 한다.

29 스틱 타입 파운데이션은 커버력이 강하며 지속력이 우수하다.

30 여름철엔 땀이 나고 피지 분비가 증가하므로 두껍지 않게 피부 표현해준다.

31 역삼각형 : 넓은 이마의 양쪽과 뾰족한 턱선의 끝부분에 음영을 넣어주어 완만해 보이도록 한다.

32 좋아하는 색상보다는 얼굴에 어울리고 전반적인 분위기에 어울리는 색으로 정한다.

33 눈썹 산의 위치는 눈썹 전체 길이의 2/3 지점 정도가 되도록 하는 것이 좋다.

34 결혼식장의 조명을 기준으로 메이크업한다.

35 과립층은 유극층과 투명층 사이에 존재하며 수분저지막을 통해 수분증발 및 과잉수분침투를 방지한다.

36 에탄올의 역할은 수렴효과, 소독작용, 청량감, 방부와 보존제 역할을 한다.

37 라놀린은 양모에서 추출한 것으로 피부 친화성과 윤택성이 높아 크림이나 립스틱 등에 사용한다.

38 비타민 B는 물에 용해되고 열에 강하다.

39 SPF = Sun Protection Factor = 자외선 차단지수

40 진피 조직은 피부의 90% 이상으로 혈관, 신경관, 림프관, 땀샘, 기름샘, 입모근을 포함한다.

41 클렌징 로션은 민감성 피부에도 적합하다.

42 확산 : 물질 이동 시 물질을 이루고 있는 입자들이 스스로 운동하여 농도가 높은 곳에서 낮은 곳으로 액체나 기체 속을 분자가 퍼져나가는 현상

43 아줄렌은 카모마일에서 얻어진다.

44 캐리어 오일은 에센셜 오일을 희석하는 데 사용된다.

45 보브 스타일의 헤어스타일은 1920~1930년대에 유행했다.

46 팩의 유형 : 티슈 오프 타입, 필 오프 타입, 워시 오프 타입

47 호호바 오일 : 인간의 피지와 화학구조가 매우 유사한 오일로 여드름, 습진, 건성 피부에 안심하고 사용할 수 있으며 침투력과 보습력이 우수해 일반 화장품에도 많이 함유되어 있다.

48 건강한 피부 표면의 pH는 4.5~6.5이다.

49 모발은 대부분의 성분이 단백질로 이루어져 있다.

50 탄저균, 곰팡이균, 아포균, 파상풍균은 100℃에서도 살균되지 않는다.

51 영업소 외에서의 이용 및 미용 업무가 가능한 보건복지부령이 정하는 특별한 사유 : 질병이나 그 밖의 사유로 영업소에 나올 수 없는 자에 대하여 이용 또는 미용을 하는 경우, 혼례나 그 밖의 의식에 참여하는 자에 대하여 그 의식 직전에 이용 또는 미용을 하는 경우, 사회복지시설에서 봉사활동으로 이용 또는 미용을 하는 경우, 방송 등의 촬영에 참여하는 사람에 대하여 그 촬영 직전에 이용 또는 미용을 하는 경우, 그 외에 특별한 사정이 있다고 시장·군수·구청장이 인정하는 경우

52 질병 발생의 3대 요소 : 환경, 병인, 숙주

53 발진티푸스는 발진티푸스리케차(rickettisia prowazekii)에 감염되어 발생하는 급성 열성 질환이다.

54 파상풍의 예방 접종은 세균의 독소를 순화해 사용한다.

55 이·미용사 면허를 받기 위한 자격 요건 : 전문대학 또는 이와 같은 수준 이상의 학력이 있다고 교육부장관이 인정하는 학교에서 이용 또는 미용에 관한 학과를 졸업한 자, 대학 또는 전문대학을 졸업한 자와 같은 수준 이상의 학력이 있는 것으로 인정되어 이용 또는 미용에 관한 학위를 취득한 자, 고등학교 또는 이와 같은 수준의 학력이 있다고 교육부장관이 인정하는 학교에서 이용 또는 미용에 관한 학과를 졸업한 자, 초·중등교육법령에 따른 특성화고등학교, 고등기술학교나 고등학교 또는 고등기술학교에 준하는 각종 학교에서 1년 이상 이용 또는 미용에 관한 소정의 과정을 이수한 자, 국가기술자격법에 의한 이용사 또는 미용사의 자격을 취득한 자

56 이·미용업소의 조명은 75럭스 이상으로 유지해야 한다.

57 수돗물로 사용할 상수의 대표적 오염지표는 대장균 수이다.

58 개선명령을 명할 수 있는 경우 : 공중위생영업의 종류별 시설 및 설비기준을 위반한 공중위생영업자, 위생관리의무 등을 위반한 공중위생영업자

59 손님에게 도박 그밖에 사행행위를 하게 한 경우 : 1차 위반 영업정지 1월, 2차 위반 영업정지 2월, 3차 위반 영업장 폐쇄명령

60 희석 : 가구나 용품 등을 일차적으로 청결하게 세척하는 것

미용사 메이크업 필기 모의고사 ❾ 정답 및 해설

정답

1	④	2	③	3	④	4	①	5	①	6	②	7	③	8	①	9	①	10	③
11	③	12	②	13	②	14	④	15	③	16	③	17	③	18	②	19	②	20	①
21	②	22	②	23	②	24	③	25	②	26	②	27	②	28	③	29	①	30	②
31	②	32	②	33	②	34	③	35	①	36	④	37	④	38	②	39	①	40	③
41	③	42	③	43	③	44	③	45	①	46	②	47	④	48	③	49	①	50	①
51	①	52	①	53	②	54	④	55	①	56	④	57	④	58	④	59	②	60	④

해설

1 분대 화장은 기생의 화장이다.

2 전문 용어보다는 고객들이 알아듣기 쉽도록 설명한다.

3 1950년대 : 가늘고 짧은 눈썹, 아이라이너로 눈꼬리를 올린 오드리 햅번

4 립 브러쉬 : 브러쉬 클리너 또는 클렌징 크림으로 세척

5 실버는 차가운 이미지를, 와인 컬러는 우아한 이미지를 연출할 수 있다.

6 주관적 스타일보다는 쇼의 주제에 맞는 게 더 중요하다.

7 정발 기능이란 헤어 정리 작업으로 헤어 스프레이와 헤어 무스를 사용해야 한다.

8 아이섀도의 하이라이트 컬러는 밝은 컬러로 돌출되거나 넓어 보이게 표현할 때 사용하는 컬러다.

9 수평 형태 직선 눈썹은 긴 얼굴을 짧아보이게 하는 효과가 있다.

10 비비드 톤은 선명한 색조로 활동적, 화려한 이미지를 연출하기 적합하다.

11 대비 현상 : 어떤 색이 주위 색이나 배경색의 영향으로 다르게 느껴지는 현상

12 건강한 모발의 pH 범위는 4.5~5.5이다.

13 퍼프 : 피부 표현 시 사용

14 땀샘의 역할은 땀 분비, 체온 조절, 분비물 배출로 피지 분비는 모공과 이어진 피지선에서 일어난다.

15 염료는 물이나 오일에 녹아 메이크업 화장품에는 사용하지 않는다.

16 표피의 구조 순서 : 각질층, 투명층, 과립층, 유극층, 기저층

17 지성 피부의 화장품 적용 목적과 효과 : 피지 분비 및 정상화, 모공 수축, 항염, 정화 기능

18 탄수화물, 지방, 단백질은 인체의 영양분으로 쓰이는 열량영양소이고, 비타민, 무기질은 인체의 생리적 조절 작용에 관여하는 조절영양소이다.

19 에센스는 기초화장품에 속한다.

20 UV-A는 320~400nm으로 파장이 가장 길고 인공 선탠 시 활용된다.

21 매니큐어를 바르는 순서 : 베이스 코트-네일 에나멜-톱 코트

22 철분은 혈액 속의 헤모글로빈의 주성분으로 결핍 시 적혈구가 감소하고 빈혈이 발생된다.

23 기능성 화장품이란 화장품 중에서 피부의 미백에 도움을 주는 제품, 피부의 주름개선에 도움을 주는 제품, 피부를 곱게 태워주거나 자외선으로부터 피부를 보호하는 데에 도움을 주는 제품, 모발의 색상 변화·제거 또는 영양공급에 도움을 주는 제품, 피부나 모발의 기능 약화로 인한 건조함, 갈라짐, 빠짐, 각질화 등을 방지하거나 개선하는 데에 도움을 주는 제품 중 어느 하나에 해당되는 것으로서 총리령으로 정하는 화장품을 말한다.

24 눈썹모를 피부에 밀착시키기 위해 스프리트 검을 붙이는 작업을 먼저 해준다.

25 휘발성이 없을수록 보습 효과가 뛰어나다.

26 수두는 대상포진 바이러스 일차감염으로 인해 전신에 감염 증상이 나타나는 바이러스성 질환으로 전염성이 강하며, 주로 2~10세에게 많이 발생하는 질환이다.

27 콜레라 예방접종은 면역 혈청 또는 항독소 등을 주사해 인위적으로 얻은 후천적 면역 방법인 인공능동면역 방법이다.

28 공중보건의 주된 목적은 질병예방, 생명연장, 신체적·정신적 건강증진이다.

29 유극층은 피부 표피층 중 가장 두꺼운 층으로 세포 표면에는 가시 모양 돌기를 가지고 있다.

30 트라코마는 사용하던 타월 등을 통해 간접적으로도 전파되는 질환이기에 이·미용실에서 사용하는 수건을 철저히 소독하지 않을 시 발생할 수 있다.

31 콜레라는 인공능동면역으로 사균백신 접종을 통해 예방된다.

32 객담(가래)이 묻은 휴지는 환경 미생물에 의해 오염된 재생 가치가 없는 것들을 불에 태워 멸균시키는 쉽고 안전한 방법인 소각소독법으로 소독한다.

33 소독 : 병원성 미생물의 생활력을 파괴 또는 멸살시켜 감염, 증식력을 없애는 조작

34 이·미용 업소에서 일반적 상황에는 타월을 끓는 물에 넣어 소독하는 자비 소독법으로 소독한다.

35 자외선 살균법은 자연적 살균법에 속한다.

36 공중위생영업을 하고자 하는 자는 공중위생영업의 종류별로 보건복지부령이 정하는 시설 및 설비를 갖추고 시장·군수·구청장에게 신고하여야 한다.

37 공중위생영업자가 준수하여야 할 위생관리기준 기타 위생관리서비스의 제공에 관하여 필요한 사항으로서 건전한 영업질서유지를 위하여 영업자가 준수하여야 할 사항은 보건복지부령으로 정한다.

38 변경신고를 해야 하는 사항 : 영업소의 명칭 또는 상호, 영업소의 소재지, 신고한 영업장 면적의 3분의 1 이상의 증감, 대표자의 성명 또는 생년월일, 미용업 업종 간 변경

39 영업소 외에서의 이용 및 미용 업무가 가능한 보건복지부령이 정하는 특별한 사유 : 질병이나 그 밖의 사유로 영업소에 나올 수 없는 자에 대하여 이용 또는 미용을 하는 경우, 혼례나 그 밖의 의식에 참여하는 자에 대하여 그 의식 직전에 이용 또는 미용을 하는 경우, 사회복지시설에서 봉사활동으로 이용 또는 미용을 하는 경우, 방송 등의 촬영에 참여하는 사람에 대하여 그 촬영 직전에 이용 또는 미용을 하는 경우, 그 외에 특별한 사정이 있다고 시장·군수·구청장이 인정하는 경우

40 시장·군수·구청장은 영업정지가 이용자에게 심한 불편을 주거나 그 밖에 공익을 해할 우려가 있는 경우에는 영업정지 처분에 갈음하여 1억 원 이하의 과징금을 부과할 수 있다.

41 이용사 또는 미용사의 면허를 받은 자가 아니면 이용업 또는 미용업을 개설하거나 그 업무에 종사할 수 없다. 다만, 이용사 또는 미용사의 감독을 받아 이용 또는 미용 업무의 보조를 행하는 경우에는 그러하지 아니하다.

42 300만 원 이하의 벌금 : 다른 사람에게 이용사 또는 미용사의 면허증을 빌려주거나 빌린 사람, 이용사 또는 미용사의 면허증을 빌려주거나 빌리는 것을 알선한 사람, 면허의 취소 또는 정지 중에 이용업 또는 미용업을 한 사람, 면허를 받지 아니하고 이용업 또는 미용업을 개설하거나 그 업무에 종사한 사람

43 영업소 출입·검사 시 관계공무원은 그 권한을 표시하는 증표 즉, 공중위생감시원증을 지녀야 하며 관계인에게 이를 내보여야 한다.

44 위생교육 실시단체의 장은 수료증 교부대장 등 교육에 관한 기록을 2년 이상 보관·관리하여야 한다.

45 이·미용사의 면허결격사유 : 피성년후견인, 정신질환자, 공중 위생에 영향을 미칠 수 있는 감염병환자, 약물중독자

46 방역용 석탄산수의 사용 농도는 3%이다.

47 이·미용실에서 사용하는 타월은 높은 온도의 증기나 물을 이용해 소독하는 증기 소독이나 자비 소독법으로 소독한다.

48 공중위생영업의 신고를 하려는 자는 공중위생영업의 종류별 시설 및 설비기준에 적합한 시설을 갖춘 후 신고서에 영업시설 및 설비개요서, 교육수료증을 첨부하여 시장·군수·구청장에게 제출하여야 한다.

49 위반행위의 종별에 따른 과징금의 금액은 영업정지 기간에 산정한 영업정지 1일당 과징금의 금액을 곱하여 얻은 금액으로 한다. 다만, 과징금 산정금액이 1억 원을 넘는 경우에는 1억 원으로 한다. 1일당 과징금의 금액은 위반행위를 한 공중위생영업자의 연간 총매출액을 기준으로 산출한다. 연간 총매출액은 처분일이 속한 연도의 전년도의 1년간 총매출액을 기준으로 한다.

50 영업장 안의 조명도는 75럭스 이상이 되도록 유지하여야 한다.

51 안전성 : 보관으로 인한 변색, 변질, 변취, 미생물의 오염이 없을 것

52 왁스류는 식물성과 동물성 왁스로 나뉜다.

53 시트러스 에센셜 오일 : 자몽, 오렌지, 레몬, 베르가모트

54 바니싱 크림의 스테아린산은 15~30%로 주성분이라 할 수 있다.

55 콜레겐 제품은 피부 수분을 유지시키며 피부 수분 양에 관여한다.

56 캐리어 오일은 빛과 열에 약하여 산패된 향이 나면 사용하지 않는다.

57 W/S형 제품은 물과 땀에 강하다.

58 기능성 화장품은 법으로 정해져 있다.

59 레이크는 색채의 명암 조절 및 커버력을 높이는 착색 안료에 사용된다.

60 실리콘 오일은 광물성 오일에 속하지 않는다.

미용사 메이크업 필기 모의고사 ❿ 정답 및 해설

정답

1	④	2	①	3	④	4	②	5	③	6	④	7	②	8	②	9	②	10	③
11	②	12	②	13	①	14	①	15	③	16	③	17	②	18	③	19	①	20	③
21	④	22	①	23	①	24	③	25	③	26	③	27	①	28	①	29	②	30	②
31	②	32	③	33	①	34	①	35	④	36	③	37	①	38	②	39	③	40	②
41	③	42	①	43	①	44	①	45	②	46	④	47	①	48	②	49	③	50	②
51	①	52	③	53	②	54	③	55	④	56	④	57	③	58	①	59	②	60	②

해설

1 메이크업의 기본 개념인 장식설은 아름다운 부분을 돋보이고자 하는 욕망으로부터 유래한 설이다.

2 화장 : 개화 이전에 사용하던 야용과 함께 얼굴 화장을 일컫는 말

3 바로크시대에는 남녀모두 과도한 메이크업과 패치의 사용이 유행하고 몸의 악취를 감추기 위해 향수가 유행했으며 머리를 높이 올려 기교를 부른 퐁탕주형의 헤어스타일이 유행하였다.

4 숍의 안전한 관리를 위해서 정기적인 점검 일지 작성을 통해 안전과 위생을 최우선으로 관리해야 한다.

5 글로시 메이크업 : 패션쇼 현장에서 사용, 파우더 사용을 절제해 촉촉하고 윤기있는 피부 표현을 강조하는 메이크업

6 1970년대 : 계절별(봄-입술 화장, 여름-자외선 차단, 가을-눈화장, 겨울-기초 손질)로 중점 미용법이 정착된 시기

7 긴 웨이브에 퐁탕주를 쓰고 흰색 분을 바른 머리에 홍조를 띄거나 붉은 연지를 칠한 것이 바로크시대의 미인형이었다.

8 • 동물성 : 복어(테트로도톡신), 섭조개(삭시톡신), 굴(베네루핀)
• 식물성 : 독버섯(무스카린, 아마니타톡신), 감자(솔라닌), 독미나리(시큐톡신), 매실(아미그달린)

9 메이크업을 위해 피부 상태 파악은 꼭 해야 한다.

10 • 큰 얼굴에서 느껴지는 이미지 : 듬직함, 장대함, 포용, 너그러움, 늠름함
• 작은 얼굴에서 느껴지는 이미지 : 귀여움, 깜찍함, 총명함, 당돌함, 애교

11 파운데이션을 소량씩 넓게 펴 발라 주어야 뭉치지 않는다.

12 피부 색상 결정 요소는 멜라닌, 카로틴, 헤모글로빈 이렇게 세 가지다.

13 • Y-zone : 양쪽 눈 밑과 턱 부분으로 하이라이트를 하는 곳
• T-zone : 이마와 콧등으로 하이라이트를 하는 곳, 번들거리기 쉬움
• O-zone : 얼굴에서 움직임이 가장 많은 입 주위로 파운데이션을 소량만 바름

14 • 베이스 컬러 : 아이섀도의 분위기를 좌우하는 색상이다. 아이섀도의 가장 넓은 부분으로 눈을 떴을 때 어느 정도 보이도록 바르는 것이 일반적이다.
• 하이라이트 컬러 : 팽창 효과가 있으며, 섀도 컬러와 조화를 이룸으로써 새로운 윤곽을 만들어낸다. 은회색, 흰색, 펄이 들어간 연한 핑크색이 효과적이다.

15 슬라이딩 기법은 파운데이션을 밀듯이 도포할 때 사용하는 기법이다.

16 빨강, 노랑, 파랑 등을 유채색이라 한다.

17 색상은 H(Hue), 명도는 V(Value)로 규정한다.

18 가산 혼합을 모두 섞으면 흰색이 된다.

19 가시광선(visible rays)이란 보통 빛이라고 하는 수많은 전자파 중에서 우리 눈으로 지각할 수 있는 광선으로 약 380~780nm까지의 범위를 말한다.

20 컨실러는 파운데이션보다 커버력이 높기 때문에 소량씩만 사용한다.

21 펄감이 많은 아이섀도를 과도하게 사용하면 메이크업이 지저분해 보일 수 있으므로 소량을 효과적으로 사용하도록 한다.

22 스파츌라는 플라스틱이나 스테인리스 재질의 제품이 좋다.

23 장티푸스, 파라티푸스, 콜레라는 제2급감염병이고 발진티푸스는 제3급감염병이다.

24 파우더는 피지에 의한 광택과 번들거림을 방지하여 블루밍(blooming) 효과를 준다.

25 메이크업 시 트렌드, 제품 정보 등을 고객에게 설명해준다.

26 마름모형 얼굴의 경우 눈썹을 너무 길게 그리지 않는다.

27 시간, 장소, 목적에 따라 메이크업이 달라질 수 있다.

28 표피층은 각질층 - 투명층 - 과립층 - 유극층 - 기저층으로 구성된다.

29 유극층은 세포의 돌기 모양이 가시 모양이라 하여 가시층이라고도 불린다. 표피층 중 가장 두꺼운 층이다.

30 DO가 높으면 BOD, COD는 낮고, DO가 낮으면 BOD, COD는 높다.

31 열량 영양소 : 탄수화물, 단백질, 지방

32 인수 공통 감염병은 사람과 동물에게 공통으로 감염되는 질병으로 공수병이 해당된다.

33 기초화장품의 사용목적은 피부세정, 피부정돈, 피부보호이다.

34 호호바 오일은 노폐물의 배출을 용이하게 하여 지성피부, 여드름 피부, 습진에 효과적이다.

35 인체의 생리적, 기능 조절을 하는 것은 비타민, 무기질, 물이 있다.

36 세균이 번식하기 좋은 온도는 25~37℃이다.

37 보툴리누스균 식중독은 오염된 통조림이나 어패류에 의해 발생된다.

38 혐기성 세균은 산소가 필요 없는 균으로 파상풍균, 보툴리누스균 등이 있다.

39 미생물 증식의 필요 조건으로는 영양분, 수분, 온도, 산소, pH 등이 있다.

40 병원성 미생물을 완전히 제거한 무균상태를 멸균이라 한다.

41 고압증기멸균법은 120℃에서 20분간 가열하는 방식으로 소독방법 중 완전멸균으로 가장 빠르고 효과적이다.

42 소독약액은 필요 시 필요양 만큼만 만들어 사용한다.

43 석탄산 소독은 안정성이 높고 화학변화가 적다.

44 이·미용실의 기구(가위, 레이저)는 70~80% 알코올로 소독한다.

45 압착법은 천연향 추출 방법 중 주로 열대성 과실에서 향을 추출한 경우 사용하는 방법이다.

46 귓볼뚫기 시술의 1차 위반은 영업정지 2월, 시설 및 설비기준을 위반한 때의 1차 위반은 개선명령, 신고를 하지 아니하고 영업소 소재를 변경한 때의 1차 위반은 영업정지 1월이다.

47 락스는 피부 자극을 유발하기 때문에 손 소독 방법으로는 적합하지 않다.

48 영업신고를 하지 아니하고 영업소의 소재지를 변경한 경우 1차 위반 영업정지 1월, 2차 위반 영업정지 2월, 3차 위반 영업장 폐쇄명령이다.

49 일광소독은 의류 및 침구류에 적합한 소독방법이다.

50
- 별형 : 생산층 인구가 증가되는 형(도시형)
- 항아리형 : 평균수명이 높고 인구가 감소하는 형(선진국형)
- 종형 : 출생률과 사망률이 낮은 형(이상형)

51
- 양이온성 : 소독작용 및 살균작용 우수(린스, 트리트먼트 등)
- 음이온성 : 세정 및 기포형성 작용 우수(샴푸, 비누, 클렌징 폼)
- 비이온성 : 피부에 대한 자극이 적음(클렌징 크림의 세정제, 크림의 유화제 등)
- 양쪽성 : 양이온과 음이온을 동시에 가짐(베이비 샴푸 및 세정제)

52 식물성 향료는 자극과 독성이 있어 알레르기가 생길 수 있다.

53 화장품 포장에 기재해야 할 내용 : 화장품의 명칭, 영업자의 상호 및 주소, 해당 화장품 제조에 사용된 모든 성분, 내용물의 용량 또는 중량, 제조번호, 사용기한 또는 개봉 후 사용기간, 가격, 사용할 때 유의사항

54 소독용 과산화수소 수용액은 3%가 적당하며 구내염, 입안세척 및 상처소독, 지혈제로 사용한다.

55 화장품 재료에 사용되는 기술 : 가용화, 유화, 분산

56 인쇄공 : 백내장, DJ : 난청, 잠수부 : 잠수병

57 공중위생관리법에서 규정하고 있는 공중위생영업이란 다수인을 대상으로 위생관리서비스를 제공하는 영업으로서 숙박업, 목욕장업, 이용업, 미용업, 세탁업, 건물위생관리업을 말한다.

58 살리실산은 에탄올 함유로 피부가 건조해지기 쉽기 때문에 건성 피부에는 적합하지 않다.

59 장티푸스는 살모넬라 타이파균 감염에 의해 신체 절반에 걸쳐 감염 증상이 발생하는 질병이며 주로 파리에 의해 전파된다.

60
- 건수율 : 산업체 근로자 1,000명당 발생하는 재해건수
- 도수율 : 연 근로시간 100만 시간당 발생하는 재해건수
- 강도율 : 근로시간 1,000시간당 발생한 근로 손실 일수

미용사 메이크업 필기

**NCS 국가직무능력표준
교육과정 반영**

빈출문제 10회